La Próxima Gran Revolución

The Next Big Revolution

Jorge I. Carpinteyro E.

La Próxima Gran Revolución
The Next Big Revolution

Primera edición: 2024

ISBN: 9788419808264
ISBN eBook: 9788419808769

© del texto:
   Jorge I. Carpinteyro E.

© del diseño de esta edición:
   Caligrama, 2024
   www.caligramaeditorial.com
   info@caligramaeditorial.com

Impreso en España – Printed in Spain

A mis hijas, Ema Carolina y Camila Beatriz

Para mis hijas:

Hija, el tiempo no se detiene, por lo tanto, todo puede cambiar en un instante, eso significa que el tiempo está de tu lado, siempre podrá cambiar para mejor. Nunca desistas, nunca te rindas, siempre da lo mejor de ti, te mereces todo, te mereces lo mejor, pero nadie te debe nada. Sé humilde que el mundo es tuyo, disfrútalo, vive al máximo cada día y recuerda que el límite lo pones tú. Sé feliz por ti misma, tu felicidad no depende de los demás, disfruta, escucha, valora, vive la vida al máximo por ti y para ti, y no culpes a los demás si no eres feliz. Nunca juzgues a nadie por cometer errores, todos cometemos errores, cometer errores no es algo malo, solo es negativo si no consigues aprender de ellos. Vive un día a la vez, sin importar qué tan bueno o malo fue el pasado, haz que dependa de ti hacer del futuro lo que tú quieres que sea. Sueña en grande, muy en grande, pero no vivas en el sueño, construye día con día el camino para alcanzarlo. Tú tienes lo que tienes porque te lo ganaste, bueno y malo, los demás también, un amigo solía decir «cuanto más trabajo, más suerte tengo». Si no te gusta lo que tienes, haz lo necesario para cambiarlo. No te conformes con nada, si hay algo en tu vida que no te gusta, es decisión tuya que sea de forma diferente. Antes de culpar a los demás, pregúntate qué puedes hacer diferente. No dejes que el miedo te detenga de luchar por lo que quieres y amas, arriesga y, hagas lo que hagas, hazlo por ti. No importa lo que digan, no importa lo que hagan, no importa lo que suceda, no importa si te caes, no importa si estás equivocada, no importa qué piensen, hazlo por la razón correcta, hazlo por ti, hazlo por amor, hazlo por tus valores y nunca te rindas. No es posible controlar los sentimientos de los demás, siempre da lo mejor y nunca dejes nada sin decir o hacer. Todo lo que sientes y haces es lo único que puedes controlar. La vida es un cúmulo de instantes, vamos tomando decisiones instante a instante, por tanto, la decisión más importante es hacer de ese instante algo positivo, disfrutarlo y aprender. La vida está siempre en constante cambio, hoy vivimos en una nueva realidad, saber adaptarse es una decisión tuya, tu mayor fuerza está en tu capacidad de decidir, de expresar lo que sientes y lo que piensas, no dejes que otros piensen o decidan por ti. La vida es la historia que nos contamos y una misma historia puede tener una versión negativa y una positiva, un problema vivido puede ser contado como una tragedia o puede ser contado como una victoria, y cada victoria te demostrará lo fuerte que eres. Siempre estaré para ti. Te amo.

Agradecimientos

Gracias a todos aquellos que han contribuido a mi desarrollo personal y profesional; a mis padres, que han sido mi pilar; a mis hijas, que son mi motivación para hacer de este un mundo mejor; a todos mis familiares, amigos, socios, clientes y empresas a través de los cuales aprendí, fui construyendo y poniendo en práctica los conceptos y conocimientos que me permitieron escribir este libro. Gracias a Mila y Rosario por su apoyo, amor y contribuciones para este libro. Mila, te amo.

Prólogo

Vivimos un momento apasionante. Las tecnologías que ya estamos desarrollando hoy nos van a llevar a escenarios desconocidos que tenemos que saber gestionar.

Existe un consenso entre historiadores y economistas sobre que, en general, cada nueva gran tecnología ha ido aportando progreso y desarrollo económico. También hay acuerdo en que este progreso no ha sido equitativo.

En la Edad Media, los avances en las técnicas constructivas fueron utilizados por la nobleza para la construcción de castillos y catedrales y no repercutieron en la población hasta mucho tiempo después.

Asimismo, durante la primera revolución industrial, en el siglo XVIII, el uso de la máquina de vapor y la mecanización de la producción aumentó la producción de manera significativa. Lo que antes producía cuerdas sobre ruedas giratorias simples, la versión mecanizada lograba ocho veces el volumen en el mismo tiempo. No obstante, el empleo generado no era de calidad. No fue hasta la denominada «segunda revolución industrial», entre 1850 y 1914, cuando avances tecnológicos, basados en la utilización de la electricidad, trajeron consigo profundos cambios sociales que contribuyeron de forma generalizada a una mejora en la calidad de vida de la mayor parte de la población.

Continuado con esta evolución histórica, la tercera revolución industrial, basada en el uso masivo de las tecnologías de la información y la comunicación, ha continuado la tendencia de un desarrollo económico basado en la tecnología. Hoy, las empresas de mayor valor bursátil son de este negocio y las tecnologías digitales promueven tendencias como el emprendimiento o una nueva economía de mercado basada en plataformas.

Según Jeremy Rifkin, quien fue el padre de este concepto, la tercera revolución industrial se ha basado en un uso generalizado de las tecnologías digitales y en la necesidad de cambiar de forma radical la manera de producir y consumir energía:

- Una mayor utilización de las energías renovables y con baja producción de carbono atmosférico, como el hidrógeno verde.
- La tendencia a convertir en unidades energéticamente autónomas a las distintas edificaciones existentes (un edificio = una microcentral energética).
- El desarrollo de nuevas y más potentes tecnologías de almacenamiento de la energía, como baterías y pilas de mayor envergadura.
- El desarrollo de una red eléctrica inteligente (*smart grid*), que administre de manera racional la distribución energética y que opere de manera similar a internet.
- El desarrollo de vehículos eléctricos y dotados de sistemas de propulsión no basados en combustibles fósiles. Ahora estamos ante el nacimiento de la denominada «cuarta revolución industrial» o «industria 4.0». Estos términos fueron acuñados por Klaus Schwab, presidente ejecutivo

del Foro Económico Mundial, para referirse a un futuro paradigma en el que el crecimiento de las tecnologías actuales rompan las fronteras entre el mundo físico, biológico y digital.

Estaríamos ahora en la transición entre la tercera y la cuarta revolución industrial. Cuando todavía estamos abordando cuáles son las mejores soluciones energéticas en la nueva era poscarbónica, surgen los retos derivados de las nuevas tecnologías que llegan. Estamos hablando de la creación de materiales biológicos de forma sintética, de la robótica, con vehículos autónomos y robots que nos acompañarán en las tareas cotidianas, de la nanotecnología, de la computación cuántica, de la impresión 3D y, sobre todo, de la inteligencia artificial.

Este nuevo escenario plantea varios retos desde el punto de vista de la gestión de la tecnología. En primer lugar, estamos ante una aceleración en los tiempos de expansión y uso masivo de las nuevas aplicaciones. Como ejemplo, ChatGPT ha conseguido diez millones de usuarios en solo cuarenta días, cuando Instagram necesitó trescientos días para alcanzar ese número. Necesitamos, por lo tanto, tomar decisiones rápidas para poder abordar el impacto de estos avances tecnológicos.

El segundo reto es el incidir en los aspectos de sostenibilidad que ya se apuntaban en la tercera revolución industrial. Ya son evidentes los efectos del cambio climático y estas nuevas tecnologías tienen que ser concebidas desde el diseño para contribuir al no deterioro del planeta.

Como tercer gran reto, en el mundo de las *deep tech* y de las tecnologías digitales, el valor de las empresas está más relacionado con los activos intangibles que con los tangibles y eso es algo que tenemos que aprender a gestionar. La contabilidad tradicional está enfocada en aquellos activos que conoce mejor, únicamente reserva algunas líneas, como la norma NIC 38, a la gestión de estos activos intangibles que hoy son la base de la economía. Es en este escenario en donde la gestión de la propiedad industrial e intelectual se adivina como una herramienta fantástica para contribuir a la estructuración de este nuevo paradigma empresarial. Este libro, muy bien escrito por Jorge Carpinteyro, presenta algunas metodologías propias basadas en la propiedad industrial que ayudarán a la toma de decisiones en el ámbito empresarial.

El cuarto desafío que tenemos hoy, y es el que el autor aborda de forma profusa en este libro, es el relacionado con el rol del progreso científico y tecnológico en la humanización de la sociedad. Cuando hablamos de biotecnología, de inteligencia artificial, de neurociencia o de robótica humanoide, estamos explorando los límites de la propia naturaleza de las personas. En este proceso innovador debemos tener siempre presentes los aspectos éticos que nos ayuden a tomar decisiones sobre lo que podemos hacer y lo que no con estas nuevas tecnologías. Este es el espíritu del Reglamento de la Inteligencia Artificial que ha promovido la Comisión Europea. Se basa en la gestión de los riesgos asociados a los algoritmos de IA, y regula lo que podremos hacer y lo que no.

En este proceso innovador no podemos centrarnos solamente en las eficiencias y en la mejora de los resultados económicos. Un punto crítico en la estrategia empresarial tiene que ser el progreso de nuestros *stakeholders*: empleados, proveedores, socios, además, por supuesto, de nuestros clientes. Tenemos que liderar desde el humanismo para no caer en los sesgos que indicaba al comienzo de este prólogo.

Este enfoque de situar al hombre en el centro del proceso innovador está desarrollado de forma excelente en el libro de Jorge Carpinteyro. Por ello, les invito a su lectura sosegada.

Luis Ignacio Vicente del Olmo

Harvard University Professor of Innovation Management & Intellectual Property focused on WAIQ technologies, and Strategic Advisor PONS IP

Introducción

Este es un libro sobre la próxima gran revolución, *The Next Big Revolution,* sobre una batalla que está ocurriendo frente a tus ojos, tan lentamente que gran parte de nosotros no hemos podido reaccionar. Una revolución donde, como nos muestra Asier Sanz en su ilustración *Inteligencia artificial,* los humanos están cada día más absorbidos por la tecnológica y la tecnología está cada vez más próxima de reemplazar a los humanos.

Pero la próxima gran revolución no es una revolución tecnológica. Es una revolución humana, una revolución para transformar el mundo. Lo que aún no está claro es si será a través de la tecnología o rechazando la tecnología. Ya que esta revolución es para definir si como sociedad queremos tomar el control de la tecnología para aplicarla donde lo necesitamos para ser sustentables o la tecnología nos llevará como si esta tuviera voluntad propia, donde jamás hemos imaginado dentro de un escenario insostenible social y ambientalmente.

La comunicación en los días de hoy está viciada. Los intereses económicos, políticos y la cultura actual han definido un escenario donde a pesar de las crisis ambientales, del cambio climático, de las pandemias, de la crisis financiera, los escándalos de lavado de dinero, etc. Parece que nada afecta o interfiere nuestro rumbo, al grado de hacer reaccionar a la sociedad.

Uno de los grandes problemas que suceden frente a nosotros es el descontrol sobre el rumbo que toma la tecnología, de la misma forma que sucede con otros grandes problemas que enfrentamos hoy, la humanidad se muestra apática en tomar acciones que den solución a este y otros problemas.

Es verdad que existen grupos en diversas regiones del mundo donde las personas están generando iniciativas para encontrar soluciones a todos estos problemas, pero siendo problemas que nos afectan y envuelven como humanidad no puede quedar la solución solo en manos de unos cuantos.

Viajando por todo el mundo, me he encontrado con personas con diversas iniciativas, pero todas ellas buscan de forma aislada resolver el problema, pretendiendo muchas veces, cada una de ellas, el reconocimiento individual o el beneficio económico. Nuestro ego como sociedad aún no nos permite crear sinergias que unifiquen estas iniciativas aisladas en una sola fuerza con mayor impacto.

Las pregunta son: ¿qué se requiere para que la humanidad reaccione?, ¿cuándo va a reaccionar? ¿Y cómo va a reaccionar?

En esta revolución, los grandes cruzados son los *game changers,* aquellos que buscan con la tecnología o sin ella cambiar las reglas del juego y cambiar la vida de millones de personas.

The Next Big Revolution es el cambio que está sucediendo en todos los rincones del planeta, haciendo de cada aspecto de nuestra vida el campo de batalla, donde la tecnología, o se enfrenta a los humanos, o contribuye con los humanos.

Y cuando hablo de que la tecnología enfrenta a los humanos no me refiero a la imagen apocalíptica de las películas como *Terminator,* del exgobernador de California y actor Arnold Schwarzenegger. Me refiero a situaciones como el impacto ambiental de las tecnologías carbonodependientes o del impacto que genera en la salud de la población la actual industria alimentaria.

Este libro pretende contribuir en la construcción de una visión distinta del futuro para el mundo y la humanidad. Donde los humanos a través de su capacidad para transformar el conocimiento en innovación puedan transformar la vida de las personas y las organizaciones en una dirección consensuada para la resolución de los diversos problemas y desafíos que vivimos en la actualidad.

Aunque reconozco la importancia de descubrirnos como individuos, ya que si no sabemos quiénes somos, ¿cómo podemos definir para dónde queremos o debemos ir, primero como individuos y después como sociedad? Este no es un libro de desarrollo personal, aunque abordaremos algo de eso. En esencia, al igual que en el avión, nos colocamos la máscara de oxígeno primero nosotros para poder ayudar a los demás posteriormente.

Con lo anterior, pretendo decir que, en efecto, la sociedad y la tecnología que de ella deriva está creando un desequilibrio en la sustentabilidad del entorno, como plantea la economista Kate Raworth de la University of Oxford, estamos creando un desequilibrio entre nuestras necesidades como sociedad y las capacidades del ecosistema que nos permiten satisfacer esas necesidades. Pero nosotros formamos parte de esa sociedad, es algo que no es ajeno a nosotros, por lo tanto, podemos comenzar por generar ese equilibrio cambiando nosotros, nuestros hábitos, nuestras acciones y decisiones.

Este libro reúne información diversa que pretende llevarte a reflexionar sobre cómo la tecnología está revolucionando al mundo. Te contaré cómo llegamos a este punto, cuál es la situación actual, pero también este libro pretende contribuir explicando diversas metodologías que durante mi vida profesional fui desarrollando. Confío te puedan ser de utilidad y punto de partida para desarrollar soluciones de impacto y alternativas altamente revolucionarias (HRA).

Si el capítulo 3 no te atrapa, pasa directo al 4; por favor, utiliza el capítulo 3 como un área de consulta donde podrás regresar a las metodologías cuando sientas que te pueden ayudar a enfrentar algún desafío. Estas metodologías pretendo sean las armas disponibles para que puedas decidir en qué ejército de esta revolución vas a participar.

Quiero mostrarte en el capítulo 4 cómo algunas personas ya han tomado en sus manos el futuro; sus proyectos son una postura proactiva en la construcción de su visión del mundo y la tecnología que quieren.

Estos proyectos son pequeñas batallas dentro de una gran revolución, que ocurren en diversos lugares del mundo. Pero aún falta mucho para saber quién saldrá vencedor de esta guerra. No te quiero despertar falsas expectativas sobre este libro, en él se plantean quizás más preguntas que respuestas.

A lo largo del libro en la versión digital encontrarás diversas referencias a proyectos, libros y documentales con sus respectivos *links* para que puedas profundizar accediendo a más información y que considero te podrá resultar interesante.

Como en toda revolución, siempre hay bajas de civiles en el fuego cruzado, es momento de decidir si serás un simple espectador, una víctima o si estás dispuesto a contribuir con aquella causa y visión con la cual más te identificas.

¿Qué es bueno o malo, correcto o incorrecto? Podemos decir que nadie es poseedor de la verdad absoluta, pero, sin duda, en esta revolución tendremos que optar por alguno de los lados. Algún camino debemos de seguir, ya sea por nuestros instintos, por nuestras creencias y, mejor aún, por nuestro conocimiento.

Si, en efecto, como nos plantea la ciencia ficción, la vida de las personas está a punto de partir a un limbo tecnológico donde las personas quizás no tendrán empleo, pues las máquinas se ocuparán de todas aquellas tareas que puedan ser sustituidas por la inteligencia artificial (IA). Las personas, la humanidad en general, sin duda, se cuestionará al respecto de su existencia, de su propósito de vida y el propósito de la tecnología. O bien, quizás no se cuestione y solo resulte sorprendida cuando el destino los alcance.

En ese momento, la revolución es irreversible, surgirán caminos, opciones, direcciones, líderes, teorías, información y contrainformación; las personas tendrán que desarrollar un proceso crítico de análisis y discernimiento que les permita tomar decisiones y una postura ante este momento. Con la esperanza de que no corran asustados a esconderse hasta que los demás decidan por ellos o permanezcan como simples espectadores e inconformistas del resultado.

La historia de la humanidad nos dice que no existen decisiones correctas, normalmente nuestra historia está compuesta de vencedores y vencidos. Y los primeros son detentores de la verdad —a veces absoluta— y los vencidos son convencidos y enajenados con otras verdades.

Hasta hoy no existía forma de cambiar esta ecuación; los vencedores tenían el control de la historia, de los libros, de los medios de comunicación. Esto hace única a esta revolución de la humanidad; por primera vez esta ecuación está cambiando.

La primavera árabe es solo una muestra de lo que podemos esperar de esta revolución en donde las reglas están cambiando; donde las personas ya no dependen de los libros, de la prensa escrita, de la radio o la televisión, las personas hoy se comunican entre sí de forma más rápida y más eficaz.

Los desafíos son múltiples si bien la tecnología es uno de los detonadores que con mayor rapidez modifican nuestro contexto;

existen muchos otros factores que están en un punto de estrés. Diversas organizaciones o cargos que en algún momento fueron pilares de la sociedad hoy pierden credibilidad ante las personas.

Han dejado de ser válidos los supuestos sobre los cuales se trazaron normas, leyes y creencias. Ya que la tecnología está cambiando las reglas de nuestros hábitos y comportamientos.

De igual forma, somos testigos de diversos conflictos, como el cambio climático, pandemias, agotamiento de recursos naturales, etc. Que el propio avance de la tecnología está agudizando o evidenciando, ya sea porque al reducir el tiempo de un proceso acelera un resultado que afecta el contexto, o porque genera información a la cual antes no teníamos acceso. Haciendo todo más transparente.

El acceso a la información está destruyendo la credibilidad de las instituciones y, al mismo tiempo, está cambiando los conceptos que tenemos de familia, religión, educación, ética, trabajo, alimentación, sexualidad, etc.

Existen muchas personas que no están satisfechas con las opciones que tienen disponibles y están creando sus propias opciones, experimentando nuevas o rescatando viejas alternativas, algunas de ellas utilizando la tecnología como motor, otras innovando en los modelos buscando en la génesis de sus propuestas la esencia humana.

El acelerado desarrollo de la tecnología está detonando un debate, del papel que la tecnología está ocupando en nuestras vidas, cuestionando hasta dónde la tecnología está enriqueciendo y mejorando nuestra vida y hasta dónde la forma como estamos aplicando y dependiendo de la tecnología es la raíz del problema.

Pero sea cual sea la postura que se tome, si continuamos cuestionando o analizando ambas perspectivas, en el centro de ellas debemos colocar a las personas y preguntarnos: ¿qué es lo mejor para las personas, para la vida, para la humanidad, para el planeta?

La tecnología busca facilitarnos la vida, hoy es muy fácil cubrir todas las necesidades de movilidad, de aprovisionamiento, de ocio, de comunicación, de trabajo, hasta el punto de que incluso no requerimos movernos de nuestra casa o de nuestro sofá. Pero una vez que ya no requerimos de movernos, ¿qué sentido hace movernos? Si no encontramos una buena razón para movernos, ¿podríamos perder el sentido que tiene la vida?

La globalización es un concepto que nació con un enfoque económico, soportaba la idea de que un mercado único podría abrir oportunidades al desarrollo económico. Hoy día, sabemos que la desigualdad tecnológica, salarial, educativa, judicial, de recursos naturales, localización, entre otras, crea desigualdades competitivas en el mundo globalizado y está fragilizando la economía y centralizando el poder y los recursos económicos en una minoría.

En 2022, en cuanto los países europeos buscan salir de una crisis económica, política, energética y alimentaria derivada de la invasión a Ucrania, los Estados Unidos de América solo tienen ojos para resolver aquello que pasa en su propio territorio, mientras China aprovecha la fragilidad revelada por las empresas dependientes de la fabricación de chips chinos para priorizar el suministro a su industria automóvil y electrónica a fin de expandirse globalmente.

Sin embargo, la pandemia del COVID-19, el cambio climático y otros problemas que son globales están llevando el concepto de «global» a otro prisma, donde la globalización se define como la necesidad de actuar como humanidad en la resolución de problemas que nos afectan como humanidad.

La solución —vacunas o medicamentos— a pandemias, como el COVID-19, podría haber sido desarrollada con mayor rapidez, si conjugáramos las capacidades y recursos globales en la solución. En vez de eso, inició una competencia para ver quién desde su individualidad e interés económico podría ser el primero en lograr obtener una vacuna.

Pero esto nos pone en una frontera donde de forma irremediable tendrá que ocurrir una revolución. La pregunta es si esta será liderada por grandes multinacionales, por *start-ups* o por la sociedad, que de alguna forma controla el futuro de la tecnología, o si conseguirán surgir otros actores capaces de crear un equilibrio en la balanza.

Será que dependemos de los intereses de los actores económicos y de su capacidad para percatarse de la importancia que tiene definir para dónde vamos como humanidad y después poner al servicio de ese objetivo la tecnología.

Es necesario trabajar en conjunto como sociedad para cambiar las reglas de juego. Actores como las *start-ups* siendo más ágiles podrán obtener mayor provecho de su creatividad y capacidad de innovar para ser un actor fundamental en este cambio.

Pero esto también nos obliga a identificar a todos los actores y a cuestionarnos acerca del papel que tienen en este proceso, su capacidad de influencia y su responsabilidad, ya sea como individuos o como entidades.

El desarrollo tecnológico tendría que generar oportunidades en beneficio de la sociedad, es decir, soluciones a los problemas más relevantes de la sociedad, pero estando la responsabilidad del desarrollo tecnológico en manos de las empresas, ¿cómo la sociedad puede definir o al menos influir sobre sus fines sin que esté controlado por la oportunidad y demanda del mercado?

En algunos países o regiones, el Estado ha intentado jugar desde un papel de inversionista hasta un papel regulador para influir en sus fines, pero, finalmente, los resultados están a la vista. Existen, pero no son consistentes y determinantes. De tal forma que dichos problemas sociales persisten.

Las universidades y los centros de desarrollo tecnológico —principalmente públicos—, en su mayoría, han demostrado sus limitaciones, por un lado, para financiar el desarrollo tecnológico y, por otro, para insertar en la sociedad o el mercado nuevas soluciones tecnológicas, dejando este rol a las empresas.

Pero es posible que no todo esté perdido. Las empresas hoy día son las responsables de los grandes avances tecnológicos y algunas de las más importantes de la actualidad lo han conseguido en modelo abierto de cooperación. El código abierto (*open source*) fue el punto de partida para un desarrollo acelerado. El internet, Linux, Perl o Python son algunos ejemplos de construcción de conocimiento, utilizando capacidades y recursos globales. Fue sobre este conocimiento abierto que se construyeron las más grandes empresas de tecnología de la actualidad.

Es cuestión de tiempo para que la sociedad y no solo las *start-ups* de base tecnológica se concienticen del poder que tienen si trabajan en estos sistemas abiertos y colaborativos de conocimiento.

Las empresas de tecnología profunda *(deep tech)* en todas las áreas de ámbito tecnológico, biotecnología, nanotecnología, ingeniería de materiales, energía, farmacéutica, etc. Juegan un papel fundamental.

Pero, más importante aún, me gustaría que hagamos juntos una reflexión sobre este punto: ¿cómo nos afectarán estos cambios tecnológicos en el futuro?

Antes de llegar a un escenario sin retorno, hay que definir un rumbo, la tecnología requiere ser encausada cuando la tecnología absorbe un sector, este «se transforma en un sistema vivo, ni humano ni máquina. Se convierte en algo independiente de sus creadores y cada vez menos sobre el control de quienquiera que sea».

No podemos dejar nuestro futuro a la suerte, tenemos que decidir, tenemos que iniciar quizás la revolución más importante que este planeta alguna vez vivirá, *The Next Big Revolution*. La próxima gran revolución no será tecnológica, será humana y en ella tenemos que entender quiénes somos y decidir dónde queremos llevar a la humanidad.

1.
¿CÓMO LLEGAMOS
A ESTE MOMENTO?

Enfrentamientos, batallas, guerras y revoluciones

En los últimos millones de años, las diversas especies que han poblado el planeta han participado en diferentes enfrentamientos para asegurar su supervivencia. En nuestra era, hemos visto desaparecer infinidad de seres vivos, resultado del impacto de la humanidad en el ecosistema. Dicho de otra forma, nos impusimos como especie aniquilando la biodiversidad.

La vida está construida a base de enfrentamientos. Desde que somos un espermatozoide, luchamos contra doscientos millones a setecientos millones de otros espermatozoides para conseguir fecundar un óvulo.

Esta es la historia de la humanidad. De forma cotidiana, nos desafiamos unos contra otros en casi todos los ámbitos, siendo que no todos son solo físicos o violentos. Sin embargo, de cualquiera de ellos resulta siempre un ganador y uno o varios perdedores, ya sea en términos profesionales, comerciales, legales, políticos, lúdicos, deportivos, etc. Forman parte de nuestra cultura este tipo de relacionamientos, aunque no es el único, también existen otros, como la colaboración, el trabajo en equipo, las alianzas, donde se busca como resultado un bienestar común.

El hombre, en su evolución, se ha servido de la tecnología que ha desarrollado para colocarse en la punta de la pirámide y dominar a cualquier otro ser vivo del planeta. Desde la talla de piedras y huesos para el desarrollo de puntas de flecha y anzuelos de pesca, que fueron en su momento tecnologías de punta, que permitirían los asentamientos humanos, y desde entonces la tecnología ha sido pilar de las revoluciones humanas.

La batalla más importante que tenemos enfrente es con nosotros mismos, con la sociedad que somos y con la forma en que estamos decidiendo nuestro futuro. La próxima gran revolución emerge de quienes tienen claro qué tipo de futuro quieren y del impacto que tenemos desde la punta de la pirámide.

En muchas circunstancias, es imposible prever cómo la tecnología afectará o determinará el futuro, por la simple razón de que la tecnología por sí misma implica algo nuevo, nunca antes existente y, por tanto, no podemos saber cuáles serán sus implicaciones.

Pero de una cosa estoy seguro, no podemos dejar al mercado determinar el rumbo de la tecnología. Requerimos trazar el escenario al que pretendemos llegar e incluir a la sociedad en ese objetivo. Mariana Mazzucato en su libro *Mission Economy* nos pone el ejemplo de cómo John F. Kennedy consiguió movilizar a toda la sociedad norteamericana con el tema de la llegada a la Luna. Es necesario, sin duda, establecer un objetivo ambicioso que encauce a la sociedad.

La tecnología requiere de recursos financieros para su desarrollo, ya sea que provengan de un ámbito público o privado. Sin recursos el avance de una tecnología puede no pasar de un texto teórico, pero algo muy malo está pasando, mientras cientos de tecnologías que podrían tener un impacto social y ambiental positivo mueren en su fase inicial de desarrollo por falta de financiamiento. Por otro lado, tenemos una realidad donde los fondos de inversión apuestan en unicornios que captan más de 1000 millones de dólares para llevar a la sociedad tecnologías que venden autos usados o artículos de lujo.

Sin duda, son rentables, por ello los fondos invierten en esas tecnologías o empresas. La cuestión más importante es que el mercado valida esas inversiones. Pero el mercado, en realidad, es la sociedad —o por lo menos, una parte de ella—. Eso significa que como sociedad estamos validando que es más importante comprar un auto usado o un artículo de lujo —negocios en los que están algunos de estos unicornios— que terminar con el hambre o revertir el daño al ecosistema o cualquiera de los diecisiete ODS (Objetivos de Desarrollo Sostenible) de la ONU.

Es lamentable, pero muy probable que existan más personas en el mundo que conozcan la marca Gucci que personas que conozcan los 17 ODS. Confío en que tú no requieras guglearlo para saber cuáles son. Pero si no lo sabes, por favor, búscalos en este momento, este simple acto ya le da todo el sentido a este libro.

China y las computadoras cambiaron el rumbo de la ciencia

Nunca antes la humanidad estuvo en un proceso tan acelerado de desarrollo tecnológico como en los últimos diez años. En esta década duplicamos nuestra capacidad de avances tecnológicos. Estoy seguro de que esto no es nada nuevo para ti, tú lo puedes constatar en el día a día con la tecnología que te rodea. Seguramente has cambiado un par de veces de *smartphone* en los años recientes y te diste cuenta de lo rápido que quedaron obsoletos estos dispositivos.

Me gustaría compartir, aun así, algunos datos que nos pueden situar en la magnitud de lo que está sucediendo y cómo el avance de los sistemas de almacenamiento de información, la capacidad de transmisión de datos, la generación y suministro de electricidad son responsables del incremento del progreso de la tecnología a nivel global. Y cómo todo esto, a su vez, dio origen al mundo en el que vivimos y permitió a China en el lapso de una década ser el líder mundial en desarrollo tecnológico.

Y enfatizo que China es el líder mundial en desarrollo tecnológico por dos motivos. El primero, ya que ha jugado un papel cuestionable en la ética y arbitraje científico en temas como la clonación y, el segundo, porque sus características políticoeconómicas, lingüísticas y culturales establecen una barrera que limita nuestra capacidad del resto del mundo para entender, conocer y anticipar lo que sucede en este país.

Durante las últimas décadas, la tecnología de punta ha estado en las manos de las grandes empresas, que de alguna forma son relativamente transparentes y reguladas en el mundo occidental, pero hoy día que el desarrollo tecnológico está liderado por el mundo oriental. Es mucho más compleja asegurar esa transparencia y regulación.

Del *byte* al *terabyte*

La primera computadora que construyó IBM en 1939 medía 15 × 2.5 × 0.6 metros y pesaba 5 toneladas. Desde entonces, hemos emprendido el desafío de reducir los componentes electrónicos con extremado éxito. Actualmente, tenemos en la palma de la mano mayor capacidad en nuestros *smartphones* de la que tenía en su momento el Mark I de IBM. Los grandes avances en el desarrollado de materiales con que se fabrican estos dispositivos están cambiando nuestro mundo.

Los sistemas de almacenamiento e intercambio de información nacen en la década de 1950. En ese momento, uno de los principales desafíos tecnológicos era el almacenamiento de datos, entendiendo como almacenamiento la capacidad de guardar datos dentro de una computadora; es decir, todo aquello que permite a estos equipos desarrollar tareas desde las más simples hasta las más complejas.

Los procesos de almacenamiento de información utilizan un sistema binario, definido por la presencia o inexistencia de energía, de forma semejante a las percusiones en la música que tiene sonido o ausencia de sonido, una consecución de impulsos se convierte en un lenguaje. Pero la energía es constante, por lo tanto, es necesario transformar ese flujo en algo estático que nos permita acoplar la información o datos generados.

De forma adicional, es necesario definir estructuras de procesos y rutinas programadas que permitan a la computadora ejecutar tareas y respuestas a la entrada de nueva información. Esto último es conocido como *software*. El *software*, esencialmente, se divide en dos bloques: el sistema operativo, el cual, a su vez, permite que programas informáticos puedan desarrollar diversas actividades mucho más complejas, y el segundo bloque serán todos los programas que utilizamos para desarrollar diversas tareas desde un procesador de texto como Word de Microsoft Office hasta programas más complejos, desarrollados de forma específica como un *software* de gestión de hospitales o de gestión de tráfico aéreo.

Al inicio del desarrollo del *software,* las tareas ejecutables eran muy básicas, como conseguir correlacionar un punto en la pantalla con el movimiento de ese punto hacia arriba o a la derecha. Esto permitía mover el cursor con el ratón, hoy en día, sustituido por un toque *(touch).* Esta simple tarea consumía mucha información.

Cinco décadas más tarde, si observamos la complejidad de tareas que realizan actualmente las computadoras, no somos capaces de imaginar lo que implica convertir y reducir eso solamente a ceros y unos. Tenemos computadoras que pueden almacenar toda la información detallada de la fabricación de un automóvil, calcular las reacciones celulares ante un medicamento, controlar el funcionamiento de una estación espacial a kilómetros de distancia o unir millones de usuarios en una red social con millones de *likes* por segundo.

El *byte* es la unidad más pequeña de almacenamiento de información y se compone de 8 bits *(binary digit),* dígitos binarios, que registran básicamente dos opciones, 0 o 1 (falso o verdadero). Estos son la base del sistema de comunicación que utilizan las computadoras. Para tener un punto de partida de cuánto representa un bit en términos de información, podemos imaginar que para guardar una imagen digital en un *smartphone* actual cada fotografía contiene un promedio de 4 millones de bits, es decir, unos 500 000 *bytes.*

Para poder dimensionar este punto, entendamos que aproximadamente 1024 *bytes* corresponden a 1 *kilobyte* y 1024 *kilobytes* corresponden a 1 *megabyte,* 1024 *megabytes* corresponden a 1 *gigabyte* y 1024 *gigabytes* a 1 *terabyte.*

Tamaño de almacenamiento

Sigla	Medida	Conversión	Valor en Byte
B	Byte	8 bit	
KB	Kilobyte	1024 Byte	1024^1
MB	Megabyte	1024 KB	1024^2
GB	Gigabyte	1024 MB	1024^3
TB	Terabyte	1024 GB	1024^4
PB	Petabyte	1024 TB	1024^5
EB	Exabyte	1024 PB	1024^6
ZB	Zettabyte	1024 EB	1024^7
YB	Yottabyte	1024 ZB	1024^8
BB	Brontobyte	1024 YB	1024^9

En 1956 se lanzó el primer disco duro (HD), que tenía una capacidad de almacenamiento de 5 MB, es decir, de 5 000 000 *bytes* —espacio suficiente para almacenar diez fotografías de tu *smartphone* actual—. Y cincuenta años después, en 2006, se creó el primer HD de 1 TB, es decir, 1 000 000 000 000 *bytes* —espacio suficiente para almacenar dos millones de fotografías de tu *smartphone* actual—.

Intenté hacer un gráfico para que pudieras visualizar el crecimiento exponencial de la capacidad de almacenamiento de información en el transcurso de estas cinco décadas, pero no era nada comprensible. El gráfico era algo similar a tratar de comparar el grosor de una pestaña con el grosor del brazo de Dwayne Douglas Johnson (The Rock).

El desarrollo tecnológico de los dispositivos de almacenamiento de información no solo aumentó su capacidad, también a lo largo de estos años evolucionó en términos de materiales y las características que estos nuevos materiales le confieren a su estructura. Principalmente, reduciendo su tamaño, pero también su confiabilidad y durabilidad.

Pero el único desafío no era únicamente almacenar información, sino también trasladarla a otros dispositivos de forma de intercambiar datos entre ellos. De esta forma, surgirían dispositivos portátiles de pequeña dimensión, pero de baja capacidad de almacenamiento, impulsados principalmente por IBM, donde Alan Shugart jugaría un papel fundamental en la introducción del disquete de ocho pulgadas, formato que se adoptaría rápidamente y con una capacidad de 175 KB —no podría entrar en él una fotografía de tu actual *smartphone*—.

Para el inicio de la década de 1980, Sony lanzaría al mercado el disquete de 3.5, que inicialmente tenía una capacidad de almacenar 438 KB —aquí ya podría entrar una foto de tu *smartphone*—. A mediados de la década, empresas como la propia Sony, HP y Apple lo adoptaron, fue hacia finales de esta década cuando las computadoras personales comenzaron un proceso de democratización, de los disquetes de 3.5 que permitían el almacenamiento de 1.44 MB —capacidad para tres fotos de tu *smartphone*—.

Si te estás preguntando, entonces, cómo hacíamos para almacenar antes fotografías, la respuesta es muy simple. Al inicio, la fotografía digital contenía muy poca información, pero también muy poca nitidez, algo así como diez mil pixeles. Actualmente, es posible que tu celular tenga dos, tres, cuatro o cinco cámaras, que en conjunto suministran información para crear una sola imagen de diez millones de píxeles en QUAD HD.

La década de 1990 quedó marcada cuando Albert Fert y Peter Grünberg recibieron el Premio Nobel de Física por su trabajo realizado en el campo del almacenamiento magnético, los resultados de sus investigaciones permito reducir drásticamente la dimensión de los dispositivos de almacenamiento y su costo.

De igual forma, este mismo periodo de tiempo se vería revolucionado con la adecuación por parte de Sony y Philips del CD como dispositivo de almacenamiento. Con la introducción del CDRW con capacidad de 700 MB, los que, a su vez, serían reemplazados por las memorias USB lanzadas por IBM en los 2000, con capacidad 1 GB.

El acelerado cambio en las capacidades de almacenamiento fue acompañado por una evolución en la complejidad de las tareas que las computadoras podrían desempeñar. Pasamos en tan solo cincuenta años de la introducción de las computadoras personales a la democratización del acceso a dispositivos personales del tamaño de la palma de la mano y mucho más potentes que las primeras computadoras personales que ocupaban toda una habitación.

Hemos llegado al punto en que las personas nos hemos integrado en una metacomputadora global, donde incluso las computadoras empiezan a sustituir a los humanos en algunas tareas.

El aumento en las capacidades de almacenamiento nos permite hoy reunir cantidades enormes de información con millones de millones de datos y procesarlos, comprenderlos y aplicarlos para tomar decisiones y acciones.

Podemos comprender el universo, nuestro ADN y un sinnúmero de aspectos que, de otra forma, sería prácticamente imposible calcular tan rápidamente.

Estamos muy próximos de dejar atrás los dispositivos de almacenamiento magnético construidos de tierras raras y entrar en el mundo de las moléculas sintéticas de bioalmacenamiento.

EL estudio del ADN impulsa una nueva tecnología para la utilización del ADN sintético como almacén de información digital, lo cual revolucionará lo hasta hoy conocido tanto por su capacidad de almacenamiento como por su costo energético. En el mismo espacio que un dispositivo magnético almacena 18 *terabytes* (TB), es posible almacenar 2 millones de TB en una molécula de ADN sintético.

Para que puedan visualizarlo, a tan solo 112 kilómetros del círculo polar ártico, Facebook construyó un gran edificio de 27 000 m^2 para sus servidores. La información de todos esos servidores podría entrar en tan solo 5 gramos de ADN sintético con esta nueva tecnología sin necesidad de enfriamiento.

La aldea global
y el internet

La evolución de la comunicación de datos es otro de los elementos tecnológicos que se ha desarrollado de forma exponencial en la década de 1960. Va de la mano del desarrollo del almacenamiento y procesamiento de información con los primeros computadores y una serie de tecnologías se conjugan para dar nacimiento a una carrera desenfrenada en la transmisión de datos. Al inicio de la década, diversas tecnologías convergen, como ARPANET, que daría origen al internet, los primeros satélites artificiales y la utilización de la fibra óptica son un pilar para el desarrollo de internet.

En los inicios de ARPANET, la velocidad de comunicaciones era de 56 kilobits por segundo (Kbps). Unos años después, la utilización de las redes telefónicas para internet a través de canales RDSI permitía velocidades de 128 Kbps y podían combinarse con las comunicaciones telefónicas sin interferir en ellas.

En la década de los 2000, fueron las redes ADSL que permitían una velocidad de 512 Kbps y a partir de este punto el crecimiento fue extremadamente rápido duplicando su capacidad año con año de los 2 Mbps pasamos a los 4 y a los 8. En los últimos diez años, los sistemas de fibra de óptica han pasado por tres generaciones: una primera de transmisión simple, una segunda con la utilización de diversas bandas sobre un mismo canal y una tercera, de consolidación de datos en ráfagas.

Por otro lado, se desarrollan en paralelo sistemas de comunicación móviles que permiten la conexión de un dispositivo a una red sin necesidad de un enlace físico. Inicialmente, empleados para comunicaciones telefónicas, posteriormente también permiten el envío de datos utilizando diversos protocolos de comunicación especializados. En los últimos años, esta evolución se aceleró con el surgimiento de diversos protocolos, como el 4G y el 5G.

En la actualidad, las redes comerciales de fibra óptica ofrecen hasta un 1 Gbps, pero en 2021 un equipo japonés estableció el récord de comunicación sobre fibra de 319 Tbps por segundo.

Por su parte, las comunicaciones de datos móviles que permiten a cualquier dispositivo vincularse a internet actualmente a través de la red 4G es posible la transmisión de hasta 150 Mbps, aunque en algunos países ya están siendo sustituidas por la red 5G, que permite 10 Gbps.

Todos estos avances tecnológicos de almacenamiento y transmisión de datos han generado la creación de miles de tecnologías y soluciones a su alrededor. Conceptos como la nube *(cloud computing)* y ahora la niebla *(fog computing)* están permitiendo desarrollar diversas soluciones tecnológicas con base en la recolección, centralización y congregación de datos *(big data),* que nos lleva a un mejor entendimiento sobre todo lo que sucede segundo a segundo en nuestro día a día lo más próximo del lugar donde se generan los datos *(edge computing).*

Todo aquello que hacemos cotidianamente y podemos registrar es convertido en datos, es transmitido a través de nuestros dispositivos y centralizado en la nube. Nuestra información y datos personales, intercambiados y sumados a información y datos de millones de personas en simultáneo. Todo esto sucede en tiempo real, de tal forma que prácticamente podemos saber cuántos millones de personas en el mundo están conduciendo en este mismo segundo. En cuanto tú lees estas líneas, así como cuántas personas en el mundo están haciendo una compra, cuántas están haciendo ejercicio o cuántas están durmiendo.

Pero podemos incluso hacer mucho más que eso. Podemos saber dónde están y dónde van esas personas que conducen, cuánto tiempo les falta hasta su destino final. Qué es lo que están comprando y los datos de la tarjeta de crédito, qué utilizarán para pagar. Qué tipo de ejercicio están haciendo, dónde lo están haciendo y su frecuencia cardíaca. Dónde están durmiendo, con quién están en la cama y la calidad de su sueño.

Los dispositivos que recogen información no son únicamente nuestros dispositivos personales. Hoy en día millones de cámaras y sensores distribuidos por el mundo recogen y almacenan información sobre diversos aspectos, como flujo de personas o vehículos; temperatura ambiente; presencia de elementos químicos en el aire, agua o tierra.

Surgen cada día nuevos dispositivos y están aumentando las capacidades de estos. Por ejemplo, los avances en el reconocimiento de imágenes permiten identificar a través de cámaras no solo el flujo de personas en un espacio comercial, sino también el tipo de reacción que tienen ante determinado producto o publicidad, haciendo un reconocimiento de sus gestos.

Toda la información que hoy es recolectada permite a quien la tiene tomar decisiones. A cambio, alguna de esa información nos es devuelta como un supuesto beneficio, información para que nosotros también podamos tomar decisiones o realizar diversas tareas, desde localizar una ubicación y dirigirse a ella en la ruta con el menor tráfico, encontrar el producto que mejor se adapta a nuestras necesidades, encontrar a nuestros amigos de la universidad y saber todo sobre sus vidas, mejorar nuestra rutina deportiva o nuestra calidad de sueño.

El acceso «ilimitado» a información y la reducción del precio de los dispositivos como computadoras o *smartphones* están dando poder a las personas en la toma de decisiones y la ejecución de diversas tareas. Pero esta misma capacidad de acceder a la información retroalimenta las actividades de desarrollo de tecnología. Cuanto más acceso tenemos al conocimiento y a los avances tecnológicos, esto permite impulsar el desarrollo de nueva tecnología.

O'Reilly, uno de los principales autores y promotores del desarrollo tecnológico de Silicon Valley, en su libro *WTF,* habla de la importancia que los sistemas abiertos *(open source)* han desempeñado en el desarrollo del *software* y el surgimiento de grandes empresas como Facebook, Amazon o Google.

O'Reilly considera a las patentes como un bloqueo al avance tecnológico y promueve la relevancia de los sistemas *open source* como catapulta del desarrollo tecnológico y sustenta esta visión con ejemplos claros de cómo los grandes desarrollos tecnológicos de las últimas décadas han dependido de ello. Pero ya hablaremos más adelante del papel de las patentes.

Creo que es el momento idóneo para clarificar el concepto de tecnología. A pesar de que en este momento me he enfocado en referir la evolución de las tecnologías TIC (Tecnologías de Información y Comunicación), la palabra «tecnología» no se aplica únicamente a este campo. La tecnología es un vasto campo de áreas donde los diversos conocimientos científicos son aplicados para la creación de soluciones.

La tecnología abarca áreas como la física, química, matemáticas, biotecnología, nanotecnología, bioquímica, biofísica; áreas donde el conocimiento está teniendo también un crecimiento acelerado y están por detrás de grandes avances que impulsan sectores como los alimentos, salud, energía, residuos, movilidad, deporte, etc.

Absolutamente todo lo que nos rodea, nuestra vestimenta, todo lo que existe en nuestra casa, y todo lo que hay en el exterior, ha evolucionado tecnológicamente. Los procesos productivos y materiales que los conforman han evolucionado radicalmente en las últimas décadas de la mano de la capacidad de almacenar y transmitir información.

Cambio de paradigma
de la energía

Para la mayor parte de las personas, los grandes desafíos tecnológicos y sus implicaciones pasan desapercibidos. Hoy en día, para todos es muy normal integrar más tecnología en nuestra vida, pasamos a depender de nuestros *smartphones* y los complementamos con diversos dispositivos en casa, automóvil, oficina e incluso en nuestro cuerpo, que se comunican entre ellos y nos conectan a un flujo de información constante, creando un flujo que crece de forma exponencial. Pero detrás de toda esa tecnología crece también de forma exponencial el consumo energético.

Las necesidades de energía de las ciudades han incrementado y, aunque también el desarrollo tecnológico ha permitido explorar nuevas fuentes y desarrollar sistemas más eficientes de recursos renovables, este desarrollo no consigue del todo acompañar el crecimiento de la demanda energética.

Aunado al reto del abasto, otro tipo de desafíos se colocan en la mesa. En los últimos veinte años, el surgimiento de nuevos modelos y tecnologías cambió de la producción energética, hasta entonces era, por un lado, responsabilidad del Gobierno nacional y las invenciones en grandes infraestructuras de producción, ya fueran estas hídricas, fósiles o nucleares, eran todas provistas y gestionadas de forma centralizada. De esta forma, existía un único flujo controlado y administrado para hacerla llegar a toda la población o, por lo menos, a toda aquella con acceso a las redes públicas de abastecimiento de energía.

Con la entrada de las nuevas tecnologías de producción de energías alternativas, diversas entidades privadas entraron en la ecuación, pero el mayor cambio del paradigma inició con la autoproducción. Las nuevas tecnologías permiten a grupos privados, ya sea domésticos o empresariales, buscar la autosuficiencia energética, invirtiendo en la producción a través de diversas fuentes como solar, cogeneración u otras, que en muchas ocasiones incluso aprovechan la transformación de los propios residuos de su actividad.

Nuno de Souza e Silva, *executive board member at* R&D Nester de la REN, la entidad responsable del transporte de energía en Portugal, me comentaba en una reunión que su mayor desafío era el cambio de modelo: «Esto cambió las reglas de las redes de distribución de energía durante muchos años concebidas para ser unidireccionales». La entrada de múltiples productores capaces de suministrar energía residual a la red trajo consigo un enorme desafío.

La energía está dispersa y algo que hasta hace algunos años era estático, es decir, estábamos limitados a estar fijos en un lugar, para conectarnos a una red de energía, hoy en día esto es completamente obsoleto. Recientemente, el desarrollo de mejores unidades portátiles de almacenamiento de energía nos ha permitido llevar con nosotros constantemente energía.

Hoy por hoy, transportamos energía en nuestros *devices* (dispositivos electrónicos), en el *smartphone, tablet,* computadora, *wearables,* y ahora también los vehículos eléctricos. La lista sigue en aumento, cambiando el concepto que teníamos de la energía por completo.

Unos años atrás, las personas protestaban por la implementación y construcción de grandes infraestructuras de producción de energía próximas a sus casas o población, por diversas razones, ambientales, económicas, etc.

Actualmente, las personas exigen mayor cantidad de energía para poder mantener su estilo de vida. Son dependientes de sus *devices* y ahora ya no les importa el origen y sistema de producción e incluso si son ellos mismos los portadores de dicha energía.

En este nuevo estilo de vida no se pueden quedar sin batería en su teléfono, estar desconectados está fuera de toda opción. En general, no saben qué hacer si se quedan sin red o batería; actualmente, almacenan toda su vida en estos dispositivos, hasta el grado de depender totalmente de ellos en su día a día.

Una nueva economía de los datos, sustentada en la obtención, procesamiento, análisis y toma de decisiones, con base en datos, es una de las mayores industrias de la actualidad. Las empresas se están enfocando en identificar toda aquella información que pueden recoger de sus clientes o usuarios a fin de convertirla en valor e ingresos.

Esa dependencia de los *devices* se ha convertido en el mayor negocio del mundo, de tal forma que el desarrollo de soluciones que permitan la recolección de datos, es decir, transformar todo lo que sucede en el mundo real a datos, para alimentar el mundo virtual, es una de las principales actividades de las empresas y *start-ups,* que luchan por ser los primeros y más eficientes en este proceso de recolección de data.

Esta lucha desenfrenada por la captación de datos es también una elevada demanda de energía. Es necesario colocar sensores, cámaras, dispositivos variados que permitan en diversos contextos recoger información y que se suman a todos los dispositivos que portamos todo el tiempo con nosotros y que alimentan a diversas empresas de todas nuestras actividades y preferencias.

La energía tiene un flujo constante, por ello el consumo se mide en watts consumidos por hora, siendo la media de referencia cada 1000 watts, es decir, 1 kilowatt por hora que se expresa kWh. Un *smartphone* consume por hora en promedio 0.075 kWh, mientras un refrigerador requiere en promedio de 0.375 kWh, y representa aproximadamente el 30 % del consumo de una casa, por lo que en promedio una casa gasta aproximadamente 1.250 kWh, lo que nos daría un consumo de aproximadamente 10,950 kWh al año.

Entonces, ¿por qué se considera que un norteamericano promedio utiliza 11.84 mil millones de kWh? Porque el cálculo se hace a través de dividir el consumo total de kWh del país entre el número de habitantes. En otras palabras, esto nos permite contabilizar toda la electricidad utilizada para fabricar, por ejemplo, los alimentos, ropa, vehículos, muebles y demás productos de consumo, así como la energía para producir contenidos como televisión, noticias, redes sociales. Y, además, toda la energía que sea empleada para realizar su trabajo, sumado a su parte proporcional de energía en los espacios públicos. En resumen, la energía no está solo en lo que conectamos a red, está también en todo lo que nos rodea y requirió energía para su producción. Algo semejante pasa con el agua y todos los recursos naturales que empleamos de igual forma que la electricidad para producir los bienes que nos rodean.

Estados Unidos y Japón son los mayores consumidores per cápita de energía, pero países como China e India, con mayor población, aún están lejos de ese consumo. En promedio, un norteamericano utiliza 11.84 mil millones de kWh al año y un chino cerca de 3.84 mil millones de kWh al año. En el presente, EE. UU. consume 3902 mil millones de kWh en un año; si China igualara su consumo promedio por persona con este país, pasaría de los 5564 mil millones al año actuales a 16,599 mil millones de kWh.

La presa de las Tres Gargantas, situada en el afluente del río Yangtsé, el tercer río más largo del mundo, después del Amazonas y el Nilo —para que dimensiones su envergadura, se demoró diecisiete años en ser construida y es la mayor fuente de energía renovable del mundo—, en el 2014 alcanzó los 98.8 TWh anuales.

Pais	Electricidad - consumo (miles de millones kWh)	Año
China	5,564	2020
Estados Unidos	3,902	2020
India	1,137	2020
Japón	944	2020
Rusia	910	2020
Alemania	537	2020
Canadá	522	2020
Brasil	509	2020
Corea del Sur	508	2020
Francia	451	2020
Reino Unido	309	2020

Por lo tanto, el cambio del desarrollo de la energía está impulsado no solo por los nuevos modelos alternativos y sustentables de producción, sino también por la evolución tecnológica y el incremento de la demanda energética que deriva de ellos, así como por el crecimiento poblacional.

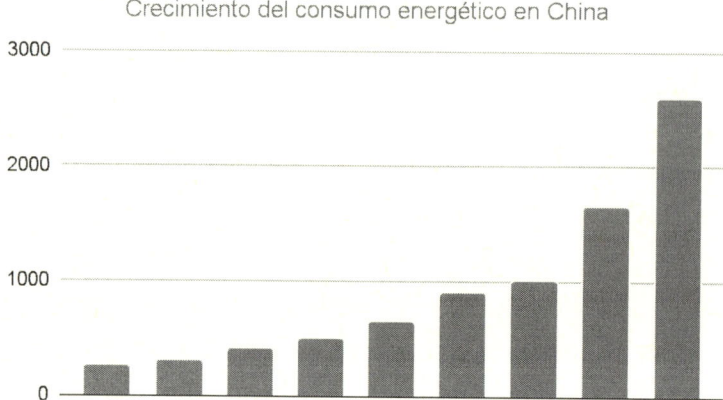

Crecimiento del consumo energético en China

Es difícil crear una previsión sobre el incremento en los consumos de energía derivado de la evolución tecnológica. Es decir, dentro de una simple proyección lineal es fácil predecir que la utilización de la tecnología en el día a día seguirá aumentando por su aplicación a un número mayor de aspectos de nuestra cotidianidad, desde la industria, campo, ciudad, láser, salud, etc.

Pero, al mismo tiempo, también el desarrollo de tecnologías de producción y almacenamiento de energía están teniendo una rápida evolución. La cuestión es hasta dónde nuestro ecosistema va a soportar este cambio de paradigma.

Nos hemos convertido en esclavos de la tecnología, nos esforzamos para alimentar de energía y datos a la tecnología como si de un ser vivo se tratara. Esto me hace recordar la película *The Matrix*, donde una teracomputadora utiliza nuestros cuerpos y mentes para mantenerse viva.

Normalmente, cuando pensamos en energía eléctrica, se nos olvida el trabajo del matemático y científico escocés James Clerk Maxwell, que nos explica cómo las alteraciones de un campo eléctrico dan origen a campos magnéticos y cómo los campos magnéticos están relacionados con diversos fenómenos en la naturaleza.

Cuando traducimos estos conceptos a las vistas nocturnas de la Tierra, donde apreciamos la iluminación desde el espacio, nos podemos dar una ligera idea de la dimensión y la cobertura de estos campos magnéticos que estamos generando en nuestro planeta. Lo que es más difícil observar es el impacto que estos campos ejercen en la vida del planeta.

¿Qué pasará cuando dupliquemos o tripliquemos la demanda energética? ¿Estos diversos campos magnéticos sumados a las microondas y otras tantas emisiones imperceptibles a simple vista que generamos tomarán relevancia apenas cuando sus efectos sean irreversibles?

En la actualidad, nos preocupamos por el cambio climático, pero no hemos conseguido establecer un equilibrio entre los recursos que demandamos y los recursos disponibles, entre el consumo y nuestros residuos. Es decir, esta preocupación no se ha trasformado en acciones que permitan solucionar la problemática, muy por el contrario, vamos orillando al planeta hasta un punto donde ya no es capaz de regenerarse por sí mismo.

Hace unos días escuché una metáfora inteligente: «La sostenibilidad es cuando ponemos los recursos de la tierra en una cuenta de inversión y vivimos solo de los intereses que genera».

Ya es demasiado tarde para asegurar la sostenibilidad. En 2023, el mundo agotó en siete meses los recursos que el planeta es capaz de producir en un año. Estamos en números rojos, consumiendo nuestro capital. Países como Estados Unidos consumen cinco veces más de lo que generan. ¿Qué pasará cuando China alcance el nivel de consumo de los Estados Unidos?

Al destruir la fauna y la flora del planeta, estamos reduciendo su capacidad de regeneración. ¿Cómo los estamos destruyendo? Literalmente, nos los estamos comiendo. Necesitamos trabajar en estrategias y acciones para la regeneración del planeta que nos permita regresarle su capacidad de biorregenerarse.

Las patentes:
el polen de la tecnología

Las patentes, al contrario de lo que plantea O'Reilly en su libro *WTF*, son un sistema abierto de conocimiento, solo que al contrario de los *open source*, son un sistema remunerado con prioridad del retorno de inversión para quien lo desarrolla; dentro del marco de la propiedad intelectual sería un sistema cerrado si se aplica el modelo de secreto industrial.

Es un mecanismo económico y no de conocimiento. Si las patentes no tuvieran derecho de explotación, cualquiera podría aplicarlas y comercializar las tecnologías o productos resultantes, pero eso no estimularía a realizar un esfuerzo de investigación y desarrollo parar lograr mejoras disruptivas.

Finalmente, es un sistema abierto en lo que al conocimiento se refiere, ya que su publicación permite a cualquiera a acceder a todo el conocimiento que la sustenta. Existe una idea errada de que una patente sirve para que no te roben la idea, pero una patente es todo lo contrario, una patente asegura que todos puedan acceder no solo a la idea, sino también a todo el conocimiento necesario para comprenderla.

Una patente es un acuerdo de concesión de un tiempo exclusivo de explotación para maximizar el retorno de la inversión realizada en su investigación y desarrollo que aplica únicamente en el territorio del país que la concede; a cambio de dicha concesión, el que la solicita hace público todo el conocimiento que la sustenta.

Existen mecanismos y acuerdos que facilitan extender dicha solicitud a otros territorios, siendo posible obtener la concesión en todos aquellos países que tengan un sistema de derecho jurídico de la propiedad intelectual e industrial.

Para que sea patentable, la invención debe cumplir tres requisitos básicos de patentabilidad: novedad, es decir, no puede ser parte del conocimiento público existente. Actividad inventiva, es decir, no puede ser una aplicación obvia del conocimiento ya existente. Aplicación industrial, es decir, la invención tiene que ser factible de fabricación o aplicación industrial.

Antes del mundo beneficiarse de los avances de generación, almacenamiento y transmisión de información, el avance tecnológico podría demorar mucho tiempo en traspasar fronteras. Hoy, podemos acceder a información sobre toda la tecnología desarrollada en todo el planeta prácticamente en tiempo real.

En los últimos años, esto ha permitido un avance acelerado en diversos temas, a pesar de aún existir de unas áreas de investigación tecnológica para otras disparidades, así como de país a país.

Estas disparidades resultan de diversas variables, como el interés específico de los investigadores locales por temáticas específicas, o por los incentivos económicos privados o públicos, los recursos e infraestructuras disponibles, las problemáticas y carencias locales e incluso los propios recursos endógenos disponibles en el territorio, todo lo anterior condiciona el área de interés e intervención científico-tecnológica.

Sin embargo, podemos darnos una idea muy clara de cómo la humanidad se ha beneficiado de esta capacidad de conectividad y acceso a la información a través de la evolución de las solicitudes de patentes que se realizan anualmente por país.

Las patentes son un modelo regulatorio del desarrollo tecnológico a nivel internacional y, a pesar de que son legisladas autónomamente por cada país, existe un marco internacional que las regula a través de la WIPO. En esencia, una patente es un acuerdo que se realiza entre un Gobierno y el autor intelectual sobre un avance científico tecnológico que cumpla con tres principios: novedad, actividad inventiva y aplicación industrial. Si estos tres se cumplen, la entidad gubernamental otorga un periodo que ronda los veinte años para la comercialización exclusiva de dicha tecnología a cambio de la divulgación de conocimiento generado por detrás de esa misma tecnología. Permitiendo, de esta forma, a otros investigadores y entidades obtener un punto de partida más avanzado para sus desarrollos científicos y tecnológicos. En pocas palabras, la difusión de los avances científico-tecnológicos permite encadenar la evolución y crecimiento exponencial de la tecnología.

Si todos los investigadores guardaran en secreto el camino que utilizaron para llegar a determinado modelo o solución tecnológica, la evolución de dicha tecnología sería muy lenta, ya que otros investigadores tendrían que partir de cero cada vez que hubiera interés en desarrollar o mejorar esa tecnología, obligando así a invertir mayor tiempo y recursos.

En primera instancia, para descubrir cómo alguien más llegó a ese resultado. De esta forma, las patentes permiten dedicar los recursos disponibles en impulsar nuevas y mejores formas de llegar a mejores resultados o soluciones a partir de procesos ya conocidos gracias a su publicación.

Los avances en transmisión y procesamiento de información permiten en la actualidad a los investigadores y tecnólogos acceder a todos los proyectos a nivel global. A esto se le llama análisis de inteligencia tecnológica, lo cual permite establecer el punto de partida de una investigación tecnológica denominada estado del arte.

Los avances científicos están disponibles para todos. Es posible acceder a todo el conocimiento del mundo tecnológico que se encuentra documentado a través de las patentes. La propiedad intelectual es una ventana a la tecnología. Plataformas como Clarivate, Elsevier, LexisNexis IQVIA, CPA Global nos permiten identificar tendencias tecnológicas, áreas de interés y aplicaciones empresariales de avances tecnológicos, principales actores que están desarrollando tecnología o principales países donde se está acumulando desarrollo de una tecnología en áreas específicas.

Anualmente, se rechazan más de trescientas mil solicitudes de patentes por reivindicar soluciones ya existentes, es decir, invenciones que ya habían sido inventadas. Es decir, falta de novedad. A pesar de que las patentes contienen la información de lo que ya fue inventado, y de que esta información es pública, y a la cual podemos acceder con un simple clic, lo que nos permite consultar toda la tecnología desarrollada de un tema específico.

Entre 1985 y 2022, pasamos de cerca de ochocientas mil solicitudes de patentes presentadas a más de 3.2 millones. No así entre 1985 y 1995, el aumento del número de solicitudes de patentes a nivel mundial se mantuvo relativamente estable y siempre por debajo del millón. A partir de 1995 inició una curva de crecimiento continuo permitiendo llegar a las más de 1.5 millones anuales, impulsadas principalmente por Japón y, posteriormente, por EE. UU. Hasta 2010, cuando China cambió las reglas del juego, creando una curva exponencial de registros, pasando entre el 2000 y el 2010 de doscientas mil solicitudes a cuatrocientas mil, pero del 2010 al 2020 llegando a 1.6 millones de solicitudes, convirtiéndose así en el país generador de prácticamente el 50% de todas las solicitudes de patentes del mundo.

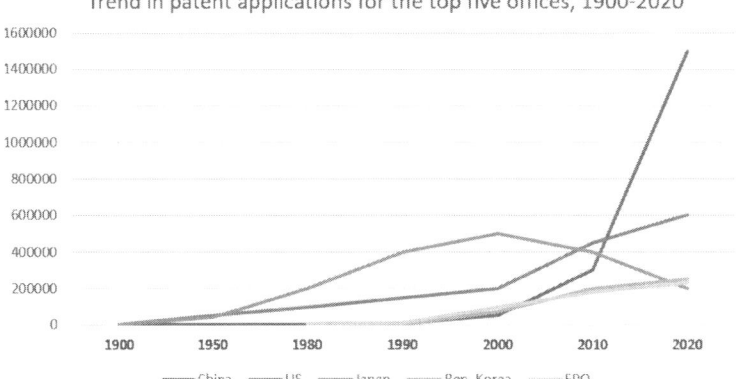

Trend in patent applications for the top five offices, 1900-2020

Es impresionante la forma en que China cambió las reglas del juego. Por ello, es importante entender cuáles son algunos de los elementos más relevantes para este logro.

El acceso a la información fue el detonador. Con la entrada al análisis de inteligencia tecnológica, China enfocó todos sus recursos a identificar el estado del arte de diversos campos de su interés y a ser mucho más eficiente en la investigación y desarrollo.

Otro elemento clave en este proceso fue la forma en que utilizó los recursos destinados a I+D (investigación y desarrollo), partiendo del principio de que el origen del presupuesto de este rubro, a diferencia de la mayor parte de los países, tiene un mayor componente privado que público, siendo de casi del 90% por parte de los primeros.

Pero, más allá de su origen, lo más relevante es que entre el 2000 y el 2010 los recursos fueron enfocados en procesos de transferencia de tecnología. No es objetivo de este libro entrar en el polémico tema de si estos procesos fueron más o menos legales, ya que existen diversas acusaciones sobre espionaje industrial por parte de entidades chinas a diversos líderes tecnológicos. Sin embargo, centrémonos en lo relevante que ha sido el proceso de transferencia tecnológica.

La transferencia de tecnología es un proceso a través del cual una entidad receptora contrata a otra entidad emisora, detentora de una tecnología, para que esta se encargue de transmitir todo el conocimiento y elementos que le permitan a la primera apropiarse de dicha tecnología, es decir, ser capaz de transformar ese conocimiento en una solución factible de ser llevada con éxito al mercado por la receptora.

En China, para los investigadores no existe un mejor camino para entender cómo llegar a una solución tecnológica que pedir a quien la desarrolló que nos enseñe cómo lo hizo. Parece algo muy simple y lógico, pero el ego del mundo occidental ha llevado a los científicos a invertir millones de recursos en investigaciones redundantes, supongo que simplemente por el principio de que «si alguien más lo hizo, yo también lo puedo hacer».

Los tecnólogos y científicos occidentales invierten su tiempo en desarrollo y mejoría de tecnología por desafíos personales, sin mucha conciencia del impacto o de lo que sucede en el resto del mundo. Una prueba de ello es que en el 2002 la Comisión Europea reportaba la pérdida de más de treinta mil millones de euros en investigación redundante. Esto significa que hay millones de recursos destinados a inventar lo que ya fue inventado.

La mayor parte de las investigaciones, por lo tanto, suceden bajo un desconocimiento de lo que existe en el contexto, en el mundo. Si estos investigadores no tienen la precaución de verificar si lo que están desarrollando alguien más ya lo hizo, es plausible que el enfoque centrado en la tecnología por la tecnología misma y en su desafío personal sesgue una posible construcción de la conciencia sobre las implicaciones del desarrollo tecnológico.

Durante estos últimos tiempos, el hilo conductor del desarrollo ha sido el desafío constante de romper los límites de lo conocido, aumentar las capacidades de la tecnología que tenemos disponible buscando eficiencia. En esta carrera desenfrenada, los acontecimientos suceden como en una cadena de fichas de dominó, cayendo por inercia, donde en determinado momento cada reacción pareciera una consecuencia lógica.

Más allá de las decisiones personales, es obvio que alguien está financiando esos miles de millones de euros y los responsables de la asignación de fondos tampoco toman en cuenta lo que está sucediendo en el mundo. De otra forma, no se destinarán recursos a investigaciones redundantes.

Entonces, ¿hasta dónde consiguen controlar el hilo conductor del desarrollo científico tecnológico? ¿Existe una forma de hacer una gestión estratégica del desarrollo tecnológico? Si existe, ¿por qué no lo estamos haciendo?

En el caso específico de Europa, los fondos para el desarrollo tecnológico están definidos por un plan estratégico a medio plazo. Al inicio de la década de 1970 y como resultado de la construcción de políticas de gestión de la Comunidad Europea y de sus recursos disponibles, se definieron cuadros de apoyo a investigación y desarrollo (I+D), conocido actualmente como programa Horizonte, donde, entre otros elementos, se establecen líneas conductoras de la ciencia y la tecnología a fin de encauzar recursos para solucionar algunos de los principales desafíos identificados para el desarrollo de Europa y el mundo.

El actual programa Horizonte, de inversión en investigación e innovación de la UE para el periodo 2021-2027, busca dar un mayor peso a la innovación —la inserción con éxito en el mercado de soluciones científicas o tecnológicas—, haciendo de este cuadro un marco de apoyo a la I+D+i. Para que tengas una idea de la magnitud de este programa, tan solo en el periodo 2021-2022 la Unión Europea destinó 14700 millones de euros en este programa.

Europa ha desarrollado durante las últimas décadas estos modelos de gestión de los recursos destinados al impulso de la ciencia y tecnología, definiendo áreas de actuación y con importantes normativas para la actividad. Es un hecho que, aun bajo toda esta política y lineamientos, Europa está muy lejos de conseguir resultados positivos en términos de cantidad de solicitudes de patentes. Las patentes solicitadas por la Oficina Europea de Patentes (OEP) representan apenas el 5.6% de las solicitudes a nivel mundial. No superan la capacidad de desarrollo tecnológico de países como China, 43.4%; EE. UU., 19.3%; Japón, 9.6%; o Corea del Sur, 6.8%, donde los tres grandes asiáticos generan más de la mitad de todas las solicitudes de patentes del mundo.

Si bien las solicitudes de patentes solo es un indicador de la actividad científica y tecnológica de un país, para entender la eficacia de esa investigación tenemos que asociarla a su inserción exitosa en la sociedad.

Si comparamos las 218 975 solicitudes de patentes de Corea del Sur en 2019 contra las 67 434 de Alemania, podemos intuir mejores resultados de la actividad científico-tecnológica del país asiático con 51.74 millones de habitantes versus 83.2 millones del país europeo. Sin embargo, el producto interno bruto de Alemania dos años después, en 2021, fue de 4.26 billones USD, mientras que el de Corea del Sur fue de 1.81 billones USD. Con 7779 solicitudes de patentes presentadas por residentes por unidad de PIB, la República de Corea ha presentado el mayor número de solicitudes de patente a nivel mundial versus las 1642 de Alemania.

Las solicitudes de patentes tienen un periodo de vigencia de veinte años y demoran en promedio dos años en ser concedidas. Actualmente, se calcula que hay quince millones de patentes activas en el mundo. En el caso de Alemania y Corea del Sur, tendremos que aguardar a 2041 para verificar el impacto de la intensa actividad tecnológica de este país asiático en su crecimiento económico.

Si en 2041 se verifica ese crecimiento económico, significa que esas tecnologías terminaron por ser adoptadas por la sociedad (mercado) y que de alguna forma están cambiando nuestra vida.

¿Cómo las políticas de estímulo a la actividad científico-tecnológica surcoreanas, alemanas, europeas o chinas están definiendo nuestro futuro? ¿Qué futuro se está definiendo? ¿Quiénes son los beneficiados?, ¿la sociedad o quién?

Si bien Europa puede ser un referente en lo que a la intención de dar una dirección a las actividades de I+D+i, le falta para llegar a serlo en cuanto a la eficacia de sus resultados y, aunque China, en la actualidad, es sin duda el mayor solicitador de patentes a nivel mundial, es aún muy incierta la dirección e impacto que estas tecnologías tendrán en el mundo, ya sea porque en términos regulatorios este país está desalineado de las convenciones internacionales e incluso porque su dimensión poblacional aún absorbe gran parte de ese desarrollo, que no permea del todo al resto del mundo. Claro, sumado a la dificultad que tiene a nivel global acceder a este conocimiento derivado de un bloqueo lingüístico.

2.
PARA DÓNDE VAMOS

Chips para el cerebro y ADN

Cuando estamos inmersos en el desarrollo de la ciencia y la tecnología que vendrá en el futuro, el entusiasmo y el desafío que eso implica nos nubla la vista.

En el año 2002, tuve la oportunidad de trabajar para el Grupo Fiat (hoy FCC) en la fábrica de Alfa Romeo en Arese (Milán). Parte de mis funciones en la empresa estaban relacionadas con un proyecto para identificar cómo la era digital cambiaría el rumbo de la movilidad en el 2040.

Dentro de ese proyecto, identificamos algunos escenarios posibles que en la actualidad se convirtieron en realidad: como el cambio de paradigma de la venta de autos a la venta de movilidad. Claro que, en su momento, pensamos que las empresas reaccionarían más rápido y ofrecerían estos servicios, permitiendo a sus adeptos acceder a una movilidad bajo demanda, pero al estilo Alfa Romeo, Fiat, Lancia o Ferrari. En vez de eso, empresas como Uber tomaron la delantera generando estos servicios de movilidad bajo demanda.

Dentro de una lista corta de otros escenarios trazados para 2040, otro de los conceptos propuestos fue la llegada de interfaces que conectan el sistema nervioso central y periférico del conductor con el vehículo; esto, con diversas finalidades, pero esencialmente con el objetivo de intercambiar información, ya fuera para dar una sensación de descanso y comodidad, así como de dar información útil al conductor a fin de tornar cómodo y útil su viaje, o incluso transmitir conocimiento.

En 2002 yo era yo la persona más feliz del mundo. Cuando apenas tenía doce años, me propuse el objetivo de un día diseñar autos en Italia y ahí estaba yo, en donde me había visualizado diez años atrás, la oportunidad de vivir mi sueño, diseñando autos y contribuyendo con mi trabajo para que el Grupo Fiat consiguiera tomar decisiones estratégicas de innovación, oportunidades como la creación de *joint ventures* o *mersh & acquisition*, formular alianzas con entidades científico-tecnológicas, definir un presupuesto de I+D, identificar tecnologías factibles de ser licenciadas. En fin, generar un *roadmap* de su desarrollo tecnológico de cara a los escenarios que habíamos identificado. Esto me parecía lo más *cool* de la vida, eso y el comedor para empleados de Alfa Romeo.

Esta experiencia cambió mis objetivos, perdí el interés por diseñar autos —pero no mi pasión por ellos— y contraje un vínculo inseparable con la planeación estratégica de la innovación, lo cual determinó mi actividad laboral y empresarial hoy día.

Durante algunos años, trabajé ayudando a diferentes Gobiernos a definir sus políticas, modelos de evaluación y planes estratégicos para la implementación de la innovación en diversos sectores y contextos.

Cuando nos encontramos inmersos en este tipo de proyectos, es posible que nuestros principales intereses sean del todo inocentes. Es decir, cuando Kernel nos presenta el potencial de su proyecto para crear chips que se conectan al cerebro, pone como punto de partida el documental *I Am Human*, donde tres personas diferentes llevan una vida limitada por la ceguera, la tetraplejia y el párkinson. Pueden resultar altamente beneficiadas por las bondades de utilizar componentes electrónicos que reestructuren las limitaciones físicas que los condicionan hoy día.

Hasta aquí, parece que todo se plantea como solución a dichos problemas, una tecnología altamente benéfica. La pregunta es: ¿cuál es la frontera para esta tecnología? ¿Hasta dónde pretendemos ir con esta tecnología? ¿Solo tendrá aplicaciones terapéuticas o podrá ser aplicado en personas saludables y con qué objetivo? ¿Estará aislado o también enviará y compartirá información con otros dispositivos o bases de datos? ¿Permitirá hackear el cerebro humano? ¿Podremos pasar la información de nuestro cerebro a otra entidad y mantener la conciencia? ¿Podremos ser entonces inmortales?

Es innecesario que siga planteando más preguntas. Estoy seguro de que logré explicar el punto; y el punto es que este tipo de tecnologías deben tener una frontera, que es importante definir por numerosas razones, una línea orientadora, y que a pesar de la complejidad de lo que esta implica, no es por ser complejo que debemos dejar esto a la suerte y después simplemente cuestionarnos cuando las consecuencias sean irreversibles sobre nuestro papel como sociedad en el futuro de la tecnología.

No se trata de proponer una revolución cultural que elimine, sesgue, limite o censure la cultura, la ciencia o la tecnología. Por el contrario, se busca la reflexión, se invita a la participación, se incita a la democracia, se demanda la información, se promueve el análisis colectivo y, por qué no, se sugiere el presupuesto participativo.

João Vasconcelos (e. p. d.), ex secretario de Estado de Industria del Gobierno portugués, a quien tuve la oportunidad de conocer, desempeñó un papel fundamental en la construcción del ecosistema de emprendimiento. Startup Lisboa, entidad de la cual fue director, partió de un proyecto de presupuesto participativo con gran éxito.

João logró demostrar la relevancia de la democratización de la tecnología. De hecho, fue esta forma de ver y actuar que lo marcó como uno de los mejores secretarios de Estado por su papel activo en el desarrollo de la industria y la tecnología en Portugal, así como en la transformación del ecosistema de innovación y emprendimiento de Lisboa.

Fue gracias a esta transformación que Lisboa se convirtió en la sede del Web Summit, evento que reúne a más de setenta mil asistentes, más de dos mil quinientas *start-ups,* mil doscientos inversionistas y cerca de novecientas conferencias. Una de estas conferencias en la edición del 2017 del Web Summit fue la de Bryan Johnson: «Reiniciando el cerebro hablando de una revolución humana, con base en la fusión entre el cerebro humano y las computadoras».

Pero la empresa de Bryan Johnson, Kernel, no es la única dedicada a trabajar en esta área. La compañía mexicana Mirai Innovation, liderada por el doctor Christian Peñaloza, quien trabajó durante muchos años en Japón y fue nombrado por MIT como uno de los innovadores con menos de treinta y cinco años más promisores, es uno más de los muchos *players* en esta área que buscan desarrollar la tecnología que revolucionará el mundo y a los humanos. Otro jugador, como Elon Musk, recientemente dio a conocer los avances de su empresa Neuralink.

Aún estamos muy lejos de conseguir entender la complejidad del cerebro y cómo integrar estos chips. De momento, los avances tecnológicos se centran en la lectura de los estímulos eléctricos que vinculan el sistema nervioso central con el periférico y que nos permiten conectar estos impulsos desde el cerebro con el resto del cuerpo, permitiendo, por ejemplo, vincular prótesis o controlar otro tipo de dispositivos solo con la mente.

Parece que estamos lejos de conseguir construir una fusión entre el cerebro humano y las computadoras, pero es predecible que la tecnología busca alcanzar el intercambio de información de las computadoras hacia el cerebro y del cerebro hacia las computadoras. En una primera instancia, para alimentar al cerebro y facilitar la comunicación de nuestras ideas. Pero me queda claro que algún día llegaremos al escenario de la integración entre automóviles y humanos, que en su momento plasmó mi equipo de trabajo en Alfa Romeo. Con mucha inocencia de lo que una tecnología así puede representar para la humanidad.

Sin embargo, de estos avances se desprende una posibilidad polémica, planteada por la ciencia ficción, y que es la de poder preservar la memoria de las personas y su conciencia, siendo posible depositarlas en algún tipo de dispositivo o humanoide que pueda darnos vida eterna.

Elon Musk plantea los chips insertados en el cerebro como una vía para mantenernos competitivos ante la inminente evolución de la inteligencia artificial. Sin duda, el potencial es infinito, las grandes preguntas no derivan de ese potencial. Para mí, las cuestiones que se deben resolver antes de permitir que este tipo de tecnologías avancen es, en primer lugar, tener una claridad del impacto social y la posible desigualdad que pudiera detonar, para, en segundo lugar, definir un cuadro legislativo.

¿Qué pasará cuando los chips nos permitan un conocimiento ilimitado?, ¿cuál deberá ser el eje de la educación? ¿Desaparecerán las universidades?, ¿podremos ejercer cualquier profesión?, ¿cómo definimos o evaluamos las capacidades de las personas?, ¿los chips regirán los valores?, ¿podremos eliminar las actitudes negativas e impulsos psicóticos?, ¿podremos eliminar el consumo de drogas o el robo?, ¿tendremos autonomía de nuestras decisiones? Estaremos aislados o conectados a una red donde nuestros datos se suman a los de millones de personas y quien tendrá acceso a esa información.

La película *El canto del cisne* o la serie *The Black Mirror* abren una ventana a un posible futuro donde estas tecnologías nos plantean desafíos éticos, morales, sentimentales y culturales, más allá de los desafíos tecnológicos.

Yuval Noah Harari, autor de *Homo Deus,* nos plantea un futuro donde nuestras decisiones tecnológicas nos llevarían a una serie de complejos conflictos para la humanidad y la sociedad.

Para la mayor parte de nosotros es imposible saber cuál es la realidad sobre el avance de la tecnología no solo por la rapidez con que la tecnología avanza, sino porque hoy en día la mayor parte de ella luce muy lejos de nuestra realidad. Para una gran cantidad de personas del mundo occidental, es un misterio lo que sucede en Asia. Si consideramos que China, Japón y Corea del Sur agrupan más del 50% de la tecnología que se está creando en el mundo, tan solo China con su 1.4 millones de patentes anuales nos deja en una enorme incógnita de lo que está sucediendo en Asia, lejos de nuestra mirada y comprensión.

Diversos grupos científicos están trabajando en la aplicación del ADN sintético para almacenar información digital. El ácido desoxirribonucleico o ADN es el sistema de almacenamiento de datos de los seres vivos y se encuentra en todas las células. Los avances en el estudio del ADN abren una caja de Pandora a la creación de un sistema de almacenamiento que aproxime cada vez más a los humanos a las máquinas. La DNA Data Storage Alliance agrupó diversas empresas que trabajan por todo el mundo con el objetivo de crear una solución tecnológica que permita utilizar en ADN como un sistema de almacenamiento.

Lenovo trabaja de la mano del IPT Brasil en el proyecto Prometheus, desde 2021, con un equipo multidisciplinar que integra biólogos, informáticos, ingenieros moleculares, ingenieros químicos e ingenieros en materiales, con el objetivo de hacer realidad esta tecnología. Hasta el momento han solicitado cuatro patentes internacionales, una de codificación y descodificación, dos relacionadas con la síntesis química y una relacionada con la síntesis enzimática, y planea solicitar seis patentes más.

Aunque aún parece distante el momento en que la aplicación del ADN llegue a nuestros dispositivos móviles, la realidad es que establece una frontera entre lo tecnológico y lo biológico.

Esta nueva tecnología podría acelerar la factibilidad de crear chips compatibles con nuestro cerebro, incluso podrán llegar antes a tener una aplicación en humanos que en dispositivos electrónicos. La razón por la que esto podría ser así es porque el gran desafío para vincular la información digital al almacenamiento en el ADN es que el digital funciona a través de energía eléctrica y el segundo a través de adenina, citosina, guanina y timina, las bases nitrogenadas que forman las moléculas de ADN que la química de nuestro cuerpo podría producir.

Los métodos de síntesis química necesarios para escribir códigos de base nitrogenadas podrían ser más fáciles de generar en un ser vivo que en un dispositivo electrónico.

Robots, androides, humanoides y quimeras

Películas y series de ciencia ficción como *Lost in Space, Blade Runner, The Six Million Dollar Man, Spiderman o RoboCop* inspiraron a una generación de tecnólogos que se han empeñado en hacer realidad esa ficción.

Desde entonces, la tecnología ha evolucionado creando máquinas autónomas programables capaces de sustituir al humano en determinadas tareas (robots), robots con aspecto humano y capacidades semejantes a las humanas (androides), humanos integrados con dispositivos electromecánicos o robóticos que se acoplan para aumentar sus capacidades o colmatar carencias como brazos, piernas o incluso microchips en el cerebro (cíborgs), humanos con incorporación de partes u órganos de otros animales adquiriendo capacidades relacionadas con otros animales (quimeras). Estructuras externas que aumentan las capacidades físicas y se acoplan a los humanos de forma no permanente (exoesqueleto).

Empresas como Festo han apostado en la biónica para la evolución de sus robots y el desarrollo de diversas soluciones tecnológicas aplicadas a robots. Robots que nadan como mantarrayas, que vuelan como murciélagos o que sujetan objetos como elefantes son solo algunas de las aplicaciones que han llevado a una interesante línea de investigación y desarrollo en la robótica, permitiendo dotar de mayor flexibilidad y capacidad a los robots.

Festo ha desarrollado también un tejido 3D inspirado en la construcción de los músculos para dar diversas capacidades de elasticidad y rigidez con diversas aplicaciones. Pero Festo se ha enfocado en las fibras musculares de los tentáculos de un pulpo para desarrollar brazos que se amoldan a través de pequeñas cámaras de aire elásticas que se expanden y contraen, dando una movilidad con fuerza y rapidez, pero con suavidad y precisión.

Los robots están dejando de ser máquinas metálicas rígidas fijas a una línea de producción para ser máquinas desarrolladas con inspiración en la naturaleza, con sistemas autónomos, flexibles y capaces de adoptar habilidades que hasta ahora solo podían realizar creaciones de la naturaleza.

Recuerdo la primera vez que vi una grabación de Boston Dynamics, una empresa para mí hasta entonces desconocida, pero que desde 1983 estableció sus raíces en el MIT The Leg Lab, fundado por Marc Raibert, quien creó en 1992 la Spinoff Boston Dynamics y que fue comprada por Google en 1993. En febrero de 2016 Boston Dynamics publicó en YouTube el video: *Atlas, the Next Generation*. El video muestra un robot androide bípedo con autonomía energética. A partir de aquí el androide Atlas fue mostrando una rápida evolución para tareas más complejas como caminar por senderos con diversas irregularidades, levantarse, dar saltos de 180 grados, saltos inversos...

En el nacimiento de la empresa, los proyectos de Boston Dynamics estuvieron ligados a contratos con la Naval Air Warfare Center Training Systems Division (NAWCTSD) y la Defense Advanced Research Projects Agency (DARPA). En 2017 la empresa es comprada por Japan's SoftBank group y en 2020

Boston Dynamic pasa a ser propiedad de Hyundai Motor Group. En 2022 Boston Dyamics junto con Agility Robotics, ANYbotics, Clearpath Robotics, Open Robotics y Unitree Robotics firman una carta de compromiso de no convertir sus androides y robots en armas.

Es posible que el vínculo tecnológico entre la inteligencia artificial general (IAG) y los androides sea una de las mayores amenazas plasmadas por la ciencia ficción. Para Elon Musk, una forma de enfrentar a la IAG es dotar a los humanos de mayor inteligencia conectándolos a chips neuronales (cíborgs); su empresa Neuralink ya está reclutando a los primeros voluntarios para probar estos dispositivos por ahora enfocados en personas cuadripléjicas. Después de algunas pruebas con primates, un robot se encargó de hacer la cirugía en el primer humano para instalar un Telepathy, el primer producto de Neuralink.

En 2017 asistí en el Web Summit de Lisboa a la conferencia «Rebooting the Brain», de Bryan Johnson, fundador de Kernel, y sentí que una barrera muy importante de la ciencia ficción estaba siendo superada. Para Bryan, lo más entusiasmaste de la tecnología de interfaz con el cerebro no son las cosas que imaginamos seremos capaces de realizar, como escribir un texto en dispositivo electrónico con el pensamiento o comunicarnos con otra persona solo con el pensamiento, lo más emocionante para Bryan son las cosas que aún no podemos imaginar que podremos hacer con esta tecnología.

No solo estamos muy próximos de llegar a hacer realidad los chips neuronales, también podemos incluir en las cosas que Bryan no podía imaginar en 2017 la posibilidad de fabricar estas interfaces neuronales con ácido desoxirribonucleico (ADN) moléculas biocompatibles con los humanos que permitan aumentar nuestra capacidad de almacenar, recibir o transferir información como nunca antes ningún otro humano lo ha hecho.

Si podemos ser testigos de este tipo de evoluciones en prácticamente una sola década, hay algo que me intriga y preocupa. En una charla con mi amiga Cynthia Mayoral, exfuncionaria de la oficina de patentes de México (IMPI), me comentó que una de las tareas más complejas que estuvieron en sus manos fue el formar parte del comité de ética que evaluó la solicitud de patente en 1997 de Stuart Newman y Jeremy Rifkin, quienes presentaron un registro para la fabricación de quimeras, es decir, híbridos entre humanos y animales.

En su momento, los Stuart y Jeremy planteaban crear una quimera entre chimpancés y humanos, pero tras las críticas recibidas a su solicitud de patente justificaron dicha solicitud con la intención de tener la exclusividad de utilización de este proceso y evitar que otros científicos desarrollaran quimeras. Finalmente la información se hizo pública y es muy difícil saber hasta dónde ha evolucionado esta tecnología en países donde los límites éticos de la ciencia son ambiguos.

La tecnología de hoy nos pone a las puertas de la ciencia ficción de películas como *X-Men*, donde los robots con tentáculos de pulpo, controlados por androides dotados con inteligencia artificial general se enfrentan a quimeras de humanos y gorilas comandados por cíborgs con bioneuromoléculas y exoesqueletos por los derechos del matrimonio RACQE+ (robots, androides, cíborgs, quimeras, exoesqueletos y otros); y las cosas que no podemos imaginar aún que podremos hacer con todas estas tecnologías, como dijo Bryan Johnson.

¿Qué pasará cuando apliquemos chips en otros animales como gorrillas o leones?, ¿o cuando desarrollemos exoesqueletos para caballos o ballenas? El libro de Yuval Noah, *Homo Deus*, puede ser una visión reducida del futuro que estamos construyendo con extremada velocidad. Que será cada vez más próximo a las historias de Marvel y DC.

Un dron en las manos de un niño es un juguete, en las manos de un soldado es un arma. A dónde nos llevará el desarrollo tecnológico es una incógnita; es posible que el colapso del mundo no nos permita llegar más lejos tecnológicamente, pero también es posible que estas tecnologías desarrollen una nueva sociedad superinteligente que consiga la paz, la restauración y la biocapacidad del planeta, así como estructurar las bases de una comunidad global sostenible y desarrollada, sin brechas de pobreza, hambre, salud, educación o habitación.

Metaverso

El mundo está siendo fragmentado en *layers* (capas), en donde los individuos se relacionan y desarrollan en mundos paralelos. Estos mundos, como la web o la *dark web*, coexisten con el mundo real, pero lo que sucede en ellos es capaz de transgredir fronteras.

Cuando un grupo de personas se puede reunir en la web para cambiar las reglas del mundo financiero, como sucedió con los foros de Reddit, que influenciaron la valorización de acciones de empresas como GameStop, es un ejemplo de cómo actos que suceden en mundos paralelos o virtuales transitan al mundo real con serias consecuencias.

Neal Stephenson en su libro *Snow Crash* se refiere al metaverso como el mundo virtual donde millones de personas a través de sus avatares podían expandir su experiencia de vida. Actualmente, las principales empresas del mundo están apostando por el metaverso para la expansión de actividades sociales y económicas, pero una vez más queda en responsabilidad de la sociedad cómo estas tecnologías o aplicaciones de la tecnología van a ser útiles a la sociedad y al planeta. Seguramente no pueden convertirse en una forma de escapar de la realidad.

Algunas tecnologías se desarrollan a mayor velocidad que la capacidad de las personas de asimilarlas. En cambio, otras van permeando tan lentamente derivado de una paulatina evolución hasta el grado de que cuando menos nos damos cuenta ya están instaladas en nuestra vida cotidiana.

Durante algún periodo de tiempo, viví a ocho mil setecientos kilómetros de distancia de mis hijas. Con la más pequeña, fuimos creando una dinámica muy interesante en el metaverso. Ahí nuestros avatares salían al cine, de compras, incluso viajaban a la playa. Para ser honestos, no sé hasta dónde mi hija está consciente de las repercusiones de esto, pero de lo que sí estoy seguro es de la normalidad con la que ella se desenvuelve en el metaverso. Lo más relevante de todo es que llevamos nuestra relación a ese plano porque ella así lo sugirió. De repente, buscábamos objetos o premios escondidos, a través de indicaciones que ella encontraba en tutoriales de YouTube donde encontraba la información necesaria. La naturalidad con la que se desarrolla en este contexto me confirma que, sin duda, en un futuro no muy distante conviviremos y adoptaremos este modo de vida.

El crear una realidad alternativa será que no nos pone fuera de los problemas que tenemos en el contexto real y hasta dónde el metaverso nos permitirá resolverlos en la vida real.

Las grandes empresas tecnológicas, como Facebook, sin duda, apuestan por el metaverso. Mark Zuckerberg dejó claro el objetivo de las empresas que hoy constituyen Meta para crear un espacio de diversión y trabajo remoto en una economía sustentada en las criptomonedas que puede integrar incluso a los países en desarrollo. Otras empresas, como Apple, Google y Microsoft, también hacen sus apuestas en un entorno virtual.

La cuestión es tener claro hasta dónde los problemas más relevantes que vive hoy la sociedad y el medioambiente pueden resolverse a partir de crear oportunidades de avance económico para las personas en los países en vías de desarrollo.

Es importante entender que el metaverso es el resultado de lo que nosotros como sociedad hemos transmitido e incluso exigido como relevante en nuestras vidas. Las personas actualmente pasan gran parte del día conectadas e interactuando más de forma virtual que en el contexto real y, de alguna forma, la pandemia del COVID-19 acentuó esta interactividad virtual en una crisis de aislamiento a la cual muchas personas en el mundo fueron sometidas.

Una de las cosas que hemos constatado con el avance tecnológico es que la tecnología contiene un potencial tanto positivo como negativo y es responsabilidad de las personas su adecuada aplicación y utilización.

La globalización económica y el internet en conjunto han creado diversas oportunidades. Sin embargo, en el balance actual los beneficios aún no se ven permeados en el desarrollo de la sociedad. Aún nos encontramos en una fase de inmenso potencial, pero las desigualdades sociales se han acentuado en las últimas décadas y se ha creado una brecha tecnológica que no está únicamente demarcada por el acceso a la tecnología, incluye también las capacidades locales o nacionales de su desarrollo.

Los países en vías de desarrollo presentan una realidad muy distante de los del primer mundo. De igual forma, esa diferencia se acentúa entre los contextos citadino y rural. En cuanto en unos tenemos drones entregando *pizzas,* en los otros la falta de acceso a condiciones mínimas de dignidad es un total desafío. Necesitamos atacar de raíz estos problemas persistentes y de forma sinérgica. Es decir, estos finalmente son problemas multidisciplinarios que deben ser abordados desde una perspectiva integral, donde no hace sentido que convivan con iniciativas aisladas y desestructuradas.

¿Será que el metaverso es el espacio que requerimos para poder crear estas sinergias? Sin duda, tiene ese potencial, pero también lo tienen las redes sociales y aún estamos lejos de conseguir llegar a algo semejante. Por tanto, la pregunta que persiste es si seremos capaces como sociedad de utilizar la tecnología para un fin mayor o seremos simplemente esclavos de ella, alimentándola de datos para hacer más eficiente el comercio de productos que cumplan nuestros deseos e interés a la perfección.

En su libro *WTF?*, Tim O'Reilly menciona la importancia que tuvo para Amazon el lanzamiento de la compra *one touch*. Me queda claro que Amazon ha cambiado las reglas del juego en el comercio, pero el día que podamos resolver el hambre, la deforestación, la contaminación, la discriminación con un *one touch*, ese día sentiré que finalmente la tecnología es impresionante.

El metaverso se plantea como un contexto desmaterializado. Por tanto, en una sociedad donde la automatización y robotización nos permitirán dedicar tiempo a actividades orientadas al pensamiento, a la construcción de conocimiento y el intelecto; la realidad virtual, sin duda, se plantea como un excelente contexto para soportar esta nueva fase de la sociedad del conocimiento, se convierte una estructura abierta de conocimiento, donde el límite del desarrollo de la sociedad es infinito, pero, sin duda, su punto de partida tendría que ser la resolución de los problemas más importantes para la sociedad y el ambiente.

Y, aunque el mundo virtual se plantea como un concepto nuevo en desarrollo, la verdad es que hoy día la sociedad se ha convertido en una teracomputadora, donde todos estamos conectados, suministramos de forma más o menos consciente información y conocimiento, construyendo un mundo paralelo a base de datos. Por lo tanto, el siguiente desafío es resolver qué vamos a hacer con eso.

Diferencia entre IA y humanos

La inteligencia artificial (AI) aún se encuentra muy distante de igualar las capacidades del cerebro humano. Aun así, hoy en día es capaz de resolver innúmeros desafíos. Pero Sam Altman cree que lo único que impide la creación de una inteligencia artificial superhumana es más y mejores chips.

Cuando surgió la idea de que los robots sustituirán a las personas en el trabajo, quizás muchos pensaron que las primeras actividades donde los humanos serían reemplazados son aquellas con un mayor componente físico.

Es verdad que hoy la participación de robots en las fábricas es mayor e incluso la integración de exoesqueletos como una situación híbrida va ganando mucha fuerza. Aun así, existen muchos otros sectores donde este tipo de tecnologías están lejos de llegar por los costos que aún implica, pero, como muchas otras cosas, es cuestión de tiempo para que vayan reduciendo su precio hasta que resulten viables y se adopten de forma permanente.

En cambio, la facilidad y los costes vinculados al desarrollo de *software* han conseguido que sea más fácil sustituir trabajos que requieren de una actividad simple de realizar, donde finalmente están reemplazando al personal que realiza tareas, como revisión de documentos, verificación de datos, contabilidad y otras actividades que resultan actualmente simples de ser efectuadas por una máquina con IA. El ChatGPT 4 es el controvertido resultado de los avances de la IA.

Hemos avanzado mucho en este campo, pero aún falta mucho para concebir a una IA capaz de aprender de la misma forma en que lo hace un niño y que pueda partir, por así decirlo, de cero, en términos de conocimiento, moldeando su capacidad de raciocinio y de forma autónoma, dentro del propio proceso de aprendizaje.

En la actualidad, aún debemos ser nosotros los que tenemos que enseñar a la IA sobre el cómo estructurar el pensamiento. Debemos dotarla de mucha información que le permita tomar decisiones y también establecer reglas que no siendo flexibles terminan siempre por llegar a una aproximación de la mejor decisión o resultado, sin que este lo sea del todo exacto.

El principal problema de la concepción de este tipo de inteligencia es que buscamos la fiabilidad de su pensamiento, cuando, en realidad, el cerebro humano no es totalmente fiable. Cuando pensamos en IA, no podemos colocar la posibilidad de estar cometiendo algunos errores, ya que de esa forma no sería del todo útil. Una computadora que toma decisiones no confiables de diagnósticos médicos sería una negligencia muy grande.

Sin embargo, es muy común que un médico haga un diagnóstico errado y esto sucede en innumerables situaciones, porque como seres vivos nos distinguimos por ser únicos y eso incluye en muchos casos el funcionamiento de nuestro organismo. Dos personas pueden presentar síntomas semejantes y tener padecimientos diferentes, por ello los médicos se apoyan en análisis, estudios y la opinión de otros especialistas para establecer el mejor diagnóstico. Aunque, al final, la industria farmacéutica nos regresa a un modelo de estandarización donde no es viable fabricar medicamentos personalizados y tenemos que adecuar la solución a lo que está disponible y se aproxima de la mejor forma a nuestro padecimiento.

Si quisiéramos enseñar a una persona a conducir, partimos de una base del conocimiento que nos facilita este proceso. No requerimos de explicar que un venado es un ser vivo, que matar es malo, cuál es la sensación de la velocidad, el olor del combustible, la expresión de una persona asustada. Todos estos elementos y millones de otros hacen parte del acervo acumulado de una persona que por primera vez tomará en sus manos la responsabilidad de conducir un auto.

Cuando nos enfrentamos al desafío de desarrollar un vehículo autónomo, podemos colocar millones de reglas que permitirán a dicho vehículo tomar decisiones para, por ejemplo, evitar la colisión con un obstáculo, pero nunca podrá entender la majestuosidad de ver un venado cruzando la carretera y la oportunidad de evitar robar esa vida. Asimismo, no será capaz de entender que conduce a una velocidad excesiva, dadas las circunstancias específicas del contexto, aun si se encuentra dentro del límite de velocidad, o si un olor dentro del auto nos alerta de un posible problema o si debemos detener el vehículo porque un grupo de personas corre en la dirección contraria con una expresión de miedo.

La inteligencia humana va más allá de encontrar las respuestas correctas. Nuestra percepción es algo tan habitual para nosotros que no somos conscientes de la cantidad de información que asimilamos segundo a segundo. Se estima que nuestro cerebro puede analizar billones de datos por segundo. Es claro que mucha de esta información se dispersa por nuestros sentidos, siendo el oído y la vista los que más consumen datos, pero, dependiendo de lo que estemos haciendo, los restantes pueden tener mayor relevancia, por ejemplo, comiendo o torneando barro.

Por lo tanto, nuestro cerebro viene acompañado de sensores que enriquecen nuestra percepción del contexto y dan un sentido muy diferente a todos los datos que nuestro cerebro adquiere y almacena. Hoy vemos a la IA solo como procesos de análisis y pensamiento que podemos traducir en fórmulas que resumen la lógica de nuestras decisiones. En cuanto nos mantengamos en ese camino, estaremos muy lejos de llegar a una IA que se equipara a nuestro cerebro.

Sin embargo, Pedro Domingos nos da una cátedra sobre la IA en su libro *La evolución del algoritmo maestro,* donde detalla las problemáticas que enfrentan los múltiples abordajes que existen actualmente para la construcción de algoritmos. En resumen, Pedro expone las virtudes y limitantes de los modelos simbolistas, conexionistas, evolucionistas, bayesianos y analogistas; pero lo más interesante de la propuesta de este autor es una visión sobre el desarrollo de un algoritmo maestro que pueda resolver todos los desafíos del pensamiento humano.

Propone un procedimiento que actúa como orquestador y se sirve de todos los modelos existentes para a través de ellos encontrar la mejor respuesta; muy probablemente semejante a como lo hace nuestro cerebro, utilizando diversas bases de nuestra lógica de análisis y nuestro conocimiento para llegar a una conclusión.

Sin embargo, prevalece la facultad que tiene nuestro cerebro de crear conexiones neuronales para construir cuadros cognitivos que le permiten a nuestro cerebro dar lógica y sentido a nuestros pensamientos, tan complejos y tan vastos que se requiere 7 billones de dólares para revolucionar la industria de los semiconductores que nos permita aproximar la IA a lo que nuestro cerebro hace todos los días, pensar.

Nos consideramos la especie más evolucionada, en cuanto a pensamiento se refiere. Por ello la IA tiene como referencia y objetivo emular o superar el cerebro humano y en esa carrera se vislumbra un nuevo mundo cuando finalmente exista algo o alguien que pueda competir con nosotros en ese ámbito.

La mayor parte de nuestros miedos, sin duda, parten del fondo de nuestra conciencia sobre la imposición de nuestra especie a las restantes del planeta, derivado justamente de nuestra capacidad de pensamiento.

La inteligencia artificial, hoy día, es capaz de resolver un sinnúmero de cosas. Sin embargo, por muy sofisticada y eficiente que pueda resultar, no tiene conciencia de lo que está por hacer. Un programa de reconocimiento facial puede tener diversas aplicaciones, pero cualquiera que sea su aplicación la máquina que lo realiza nunca sabrá cuál es la consecuencia de lo que está haciendo. Un analizador de créditos será muy eficiente para calcular el riesgo, pero nunca sabrá la consecuencia de sus decisiones.

El problema de la ética en la IA parte del principio de que ella misma es relativa. Como toda la tecnología que creamos, depende del cómo la utilizamos, si termina por ser realmente útil o no a la sociedad, si finalmente la IA aprende lo que nosotros queremos que aprenda y decide lo que nosotros queremos que decida, no sé si al final es tan inteligente.

Considero que, aunque encontremos el algoritmo maestro que nos permita resolver todos los desafíos del pensamiento lógico y emular el pensamiento humano, aún tenemos una frontera por alcanzar antes de llegar a una aproximación de las capacidades del cerebro humano. Sin embargo, la pregunta que queda es si llegaremos antes a un consenso de qué vamos a hacer con la IA como sociedad cuando esta llegue a ese punto y el trayecto. Debemos ser mucho más proactivos en el cómo decidimos aplicar los avances de esa IA, dadas sus carencias. Hoy, la IA es aplicada bajo el criterio de quien la desarrolla para los fines que son de su propio interés. Veamos esto como una oportunidad para intervenir a tiempo.

Elon Musk junto con más de mil personas han firmado una carta solicitando parar de inmediato el desarrollo y entrenamiento de tecnologías superiores al ChatGPT 4. La carta, sin duda, está abriendo un debate sobre los aspectos negativos de la tecnología, la necesidad de regular y entender los alcances de una tecnología como esta, pero, sobre todo, un debate sobre su aplicación. La gran pregunta que se pone sobre la mesa es si estas tecnologías están siendo o serán aplicadas para resolver los problemas más relevantes de la sociedad y cuál es la parte oculta de estas tecnologías una vez que divide al mundo entre usuarios, desarrolladores y dueños de los datos.

Al adoptar masivamente tecnologías como el ChatGPT 4, estamos dando de forma más o menos consciente un poder enorme a los dueños de esta tecnología, fortaleciendo con nuestros datos sus capacidades. Pero, al final, cuando un algoritmo toma una decisión, ¿quién es el responsable?, ¿quién lo desarrolló o quien lo alimentó de los datos que lo llevaron a tomar esa decisión? Si son los datos que recibe lo que moldea sus decisiones haciendo de esas decisiones un reflejo de la sociedad, entonces su comportamiento será también un reflejo de los problemas de la sociedad.

Cuando conocí a Mila Tonarelli, fue amor a primera vista. Su pasión por la innovación, la educación y el propósito de construir un mundo mejor fueron unas de las muchas cosas que compartimos, admiro su trabajo.

Un día reflexionando sobre el impacto de la IA en la educación, ella me dijo: «Pasaremos a la historia como la generación que fue capaz de enseñar a las máquinas antes que a los humanos».

Una investigación del Banco Mundial nos alerta sobre la mayor crisis de aprendizaje de la humanidad. En 2018, el 70% de los niños de las economías de ingreso bajo y mediano, 465 millones de niños aproximadamente, no tienen capacidades de lectura, comprensión de lectura y de realizar una operación matemática simple, es decir, alfabetización y aritmética.

Asistir a la escuela no es lo mismo que aprender. El rezago es de tal magnitud para estas economías que les tomará setenta y cinco años alcanzar el puntaje promedio de matemática de los países ricos y doscientos sesenta y tres años el de lectura. Según un estudio realizado en 2022 por Unicef, Unesco y el Banco Mundial en conjunto, la pandemia del COVID-19 agravó esta situación.

Como cualquier construcción, los cimientos deben estar bien construidos para soportar toda la estructura que venga por encima, en la tecnología aplica de igual forma. Si como sociedad no estamos bien estructurados, la tecnología será un reflejo de esas dolencias, brechas y sesgos.

¿Para dónde va la tecnología?

Ya establecimos que el desarrollo tecnológico avanza a pasos acelerados y disruptivos y que tiende a ser controlada por una minoría, también que su desarrollo ocurre lejos de nuestra mirada y conciencia, dentro de una *black box* —término que se ocupa cuando algo sucede sin que entendamos cómo es que sucede—.

¿Estamos siendo como sociedad corresponsables en la dirección que está tomando la tecnología? ¿Somos conscientes de nuestro papel en este proceso, donde como mercado (sociedad) definimos las inversiones que se hacen en tecnología? ¿Hasta dónde como sociedad estamos interesados en que la ciencia y la tecnología solucionen los problemas sustanciales de la sociedad y del planeta?

La mayor parte de los proyectos tecnológicos de las empresas se desarrollan bajo secreto industrial, ya que estas invierten millones de dólares en su proceso y pretenden, por un lado, recuperarlo y, por otro, que le confieran ventajas competitivas frente a sus rivales y una posición de mercado más lucrativa.

Las empresas buscan sorprender al mercado con sus nuevos productos o soluciones y aquí es donde la sociedad termina por validar y adoptar estas nuevas tecnologías. Sin embargo, y a pesar de que hoy día muchas de ellas conviven entre sí, aún no hemos sido capaces de visualizar a futuro cómo estos procesos que hoy surgen se relacionarán dando paso a nuevos procesos.

El consumidor insatisfecho demanda el avance tecnológico. Hace cien años, las personas entendían como algo normal los fallos de la tecnología. Hoy por hoy, el consumidor no tolera fallas en los equipos que adquiere y exige a las empresas cada vez más a cambio de su fidelidad e incluso de su fanatismo. Cuando compañías como Apple lanzan al mercado un nuevo producto, sus fans hacen filas en la puerta de las tiendas un día antes de su lanzamiento para poder convertirse en los primeros en tener la nueva versión o el nuevo producto.

Diversos psicólogos y sociólogos incluso trasladan esta forma de conducirnos en el consumo insatisfecho con actitudes con las que actuamos en el relacionamiento personal. Ya nada nos satisface, exigimos y demandamos de nuestras relaciones personales, como si de un producto se tratara, que podemos adquirir y desechar sin reparo.

Si con aquellos que somos más próximos tenemos este tipo de pensamiento sobre las personas desechables, ¿cómo seremos entonces con aquellas personas que nos son más distantes? Temas como la falta de acceso a alimentos o una vivienda por millones de personas es o no relevante en las decisiones que tomamos día a día.

¿Acaso como consumidores nos preguntamos alguna vez cómo afecta o beneficia a la sociedad y al ambiente cada una de nuestras decisiones de compra si el nuevo *smartphone* que estoy adquiriendo, o si pasar una o dos horas en las redes sociales, si comprar un kilo de carne de Argentina, o si comprar una manzana que recorrió diez mil kilómetros de distancia, si comprar un textil 100% algodón de Pakistán afecta en algo al mundo?

Si cada decisión de consumo moldea nuestro mundo, cuál es el mundo que estamos moldeando, cuando la inteligencia artificial, los robots, los chips en los cerebros, las quimeras, los androides, las biomoléculas, la nanotecnología, la virtualidad evolucionen y todas las tecnologías que desconocemos se combinen para dar lugar a fusiones de nuevas tecnologías.

No sé si el resultado será androides inteligentes con funciones biológicas, adquiridas de diversos animales que actúan como avatares de una sociedad selecta dentro de un ecosistema árido, o si resolveremos el cambio climático, las enfermedades virales y el hambre en el mundo.

Cuando un capítulo atrás en este libro leyó que desde la década de 1970 podemos fabricar quimeras, híbridos humanos con animales, ¿no se preguntó si a la velocidad con que estamos desarrollando la tecnología hoy día ya viven entre nosotros estas quimeras o hasta dónde ha llegado esta tecnología? Hoy estamos preocupados por adónde la inteligencia artificial nos llevará. Elon Musk junto con más de mil personas firmaron una petición para dejar de entrenar la IA por los riesgos que esto implica.

Pero ¿qué pasa con todas las otras tecnologías y tecnologías profundas (*deep tech)* que se están desarrollando por todo el mundo y principalmente en Asia?

Para situarlos en lo que esto significa tecnológicamente, una solicitud de patente requiere de un soporte científico y tecnológico viable o incluso verificable que permita constatar los resultados de la actividad creativa o inventiva que se pretende registrar y reclamar su autoría.

Es decir, no es suficiente con manifestar la intención de llegar a un resultado científico o tecnológico. Es necesario demostrar que se ha logrado o que es muy factible de finalizar, dando soporte y evidencia que lleva a ese supuesto o a ese resultado para poder solicitar una patente. En resumen, solo se puede patentar aquello que se puede comprobar que se es capaz de concretar.

La solicitud de Newman y Rifkin cumple con estos elementos. Por lo tanto, deja en claro que para esa fecha ya existían procesos por medio de los cuales se fabrican quimeras, donde el principal receptor son animales, en este caso ratones, con inserciones de orejas humanas con fines laboratoriales. Por tanto, el dominio de la tecnología permitía al momento de la solicitud conseguir este mismo resultado al inverso, es decir, siendo el receptor un humano. En primera instancia, Newman y Rifkin plantean la posibilidad de una quimera con un chimpancé.

La patente, finalmente, es una más de las provocaciones éticas que cuestionan la frontera de la norma en la ciencia, entendiendo esta frontera como el límite que existe para conducirnos por un camino que nos lleve a acciones o resultados que afecten de tal forma la vida humana o su entorno, donde el resultado tenga consecuencias irreversibles, negativas y destructivas.

Esta, como otras tecnologías, parece ser claro que, al igual que ha sucedido con la clonación, más allá de su debate legal y el análisis de los posibles efectos de su aprobación, la principal preocupación sería la claridad sobre la posibilidad de que estas tecnologías no han continuado desarrollándose y evolucionando de forma oculta, clandestina o contornando los límites legales.

Como sociedad tenemos muy poco control sobre los avances científicos. Está claro que ni los propios científicos saben lo que sucede con estos proyectos; ejemplo de ello, la investigación redundante que cuesta miles de millones de euros solo a Europa.

Si estos investigadores y entidades que deberían ser los principales interesados en poseer esta información o conocimiento no lo tienen, entonces cuáles son las reales expectativas de una participación por parte de la sociedad en el quehacer científico.

Más allá de lo sorprendente que pueda ser un video de Boston Dynamics, la gran pregunta es si este discurso comercial está buscando evitar una reflexión social, ya que parece evidente que buscan la empatía de los seres humanos para estos simpáticos bailarines, diestros y divertidos robots, con sus rutinas humanizadas.

Este libro no trata sobre alguna teoría de conspiración. Y más allá de plantear un escenario catastrófico del posible dominio del mundo por los robots, al estilo de Hollywood, pretende evidenciar un escenario donde las actividades de desarrollo científicotecnológico suceden dentro de una especie de caja negra, y de pronto simplemente son del conocimiento de la sociedad, cuando ya están en el mercado o de alguna forma insertadas en la sociedad, pero sin una reflexión previa de sus efectos y, por tanto, sin contar con algún tipo de regulación o legislación de forma oportuna.

La pandemia del COVID-19 ha puesto una vez más en duda el rol que las actividades de la ciencia y tecnología juegan, ya sea creando enfermedades dentro de un laboratorio o desarrollando medicamentos que con la inseguridad de su eficacia y los efectos secundarios son inevitablemente imputados (impuestos) en la sociedad. Y la cuestión aquí no es sobre la veracidad de este tipo de controversias; el análisis sobre el cual pretendo que nos centremos es específicamente sobre el rol de la sociedad como ente regulador.

Si bien no podemos esperar que una sociedad con un alto déficit de educación tenga un dominio total del estado del arte de todas las áreas y campos de actuación de la ciencia y la tecnología, tendríamos que partir del principio del cambio de reglas que la propia tecnología nos brinda en la actualidad.

Hoy el acceso a la información está lejos de ser curricular e institucionalizado. Las redes sociales (Meta) o el video sobre demanda

(YouTube) llevan en unas horas más información a la sociedad que un mes de educación formal dentro de una universidad.

Millones de personas en el mundo buscan en las redes sociales e internet todos los días información relativa a una mejor y saludable alimentación, diversas recomendaciones y directrices sobre actividades físicas que les permitan mantener su cuerpo activo y sano. Todo este contenido llega al *target* porque tiene interés en un tema específico y un algoritmo determina bombardearlos con más mensajes «pertinentes o de su interés manifestado».

Es un hecho que los robots están, tecnológicamente hablando, muy cercanos a llegar a un nivel de desarrollo donde la convivencia con ellos se extienda a todas nuestras actividades cotidianas. Los robots de Boston Dynamics ya pueden ser adquiridos, con todo lo que eso implique. Es también muy factible que a mediano plazo la tecnología inicie una simbiosis con los humanos, donde nuestras capacidades podrán ser potencializadas en la medida de nuestro poder adquisitivo.

Empresas como Exrobots.net incluso ponen en cuestionamiento ético el carácter sexual que está aplicando en sus robots, sin pretender censurar la finalidad de los robots, me parece valido cuestionar ¿cómo esto contribuye a la desigualdad de género? ¿Cuál es el beneficio para desarrollo sostenible? ¿Qué futuro se busca construir con estas aportaciones tecnológicas?

Quizás es necesario involucrar a la sociedad en este proceso y con ello no me refiero a pasar una imagen amigable de estas tecnologías para buscar su aceptación y adopción. Creo que antes de llegar a esa parte de la adquisición de estas tecnologías está el definir un camino proactivo para determinar el rumbo que como sociedad buscamos, con o sin ayuda de la tecnología.

Algunos años atrás surgieron los primeros partidos políticos enfocados en llevar al contexto social y legislativo preocupaciones con temas ambientales y ecológicos. Quizás este es el momento de replicar ese mecanismo para presentar bajo este mismo tenor nuestras preocupaciones científicas y tecnológicas.

Es muy posible que en esta primera fase aparente sea un discurso catastrófico infundado, como en su momento se consideraba el discurso de los ecologistas y ambientalistas, donde toda la información que permeaban mostraba un mundo por colapsar, ya fuera por el cambio climático, la excesiva deforestación, la extinción descontrolada de especies o el impacto de la contaminación de los mares. Pero, en términos científicos, no podemos hablar de un escenario catastrófico, al menos no de uno en específico; lo que sí podemos argumentar es la falta de elementos sociales para su construcción en pro de la misma sociedad.

En esta propuesta política sobre la importancia de la legislación científica, no es necesario comenzar por las amenazas futuras de una tecnología sin una línea orientadora. Existen desafíos actuales de igual relevancia como su normatividad, su financiamiento o la soberanía tecnológica de un país.

Este es otro de los temas que no aborda este libro, pero sí me gustaría dejar una provocación. En la actualidad, la dependencia de la importación de tecnología, más allá de una balanza comercial desfavorable, crea también un condicionamiento de las libertades fundamentales. En esta economía donde, por ejemplo, todos nuestros datos son recolectados, la riqueza, el patrimonio o la privacidad quedan fuera de los derechos y libertades normados por las políticas nacionales. En un mundo donde nos hemos convertido en datos, ¿quién defiende nuestros derechos en el entorno digital?

Actualmente, los países tienen dificultad para obtener impuestos de las operaciones de compra de productos o servicios que realizan en las plataformas digitales. Esa misma incapacidad se extiende a la regulación, en la utilización de los datos que esas interacciones generan.

Pero estas libertades no se resumen únicamente a modelos de negocio donde los datos están almacenados en la nube lejos de las legislaciones territoriales. Tocan también temas tan relevantes en el contexto local y tangible, como son semillas y químicos agrícolas, vacunas para pandemias, dispositivos médicos, producción energética, movilidad o sistemas de comunicación.

Es un hecho que la tecnología avanza más rápido que nuestra capacidad actual de legislar las alteraciones que las soluciones tecnológicas introducen en la sociedad; algunas más visibles, como el caso de Uber versus los taxis, que detonó una fuerte pelea en todo el mundo por la falta de legislación, o la manipulación de los mercados organizada dentro de Reddit y que, si bien fue vista como una lección para el sistema financiero, deja claro que hay un vacío legal. Incluso en situaciones más complejas, como la producción de quimeras en biotecnología. Es muy importante que quienes están por detrás tengan las capacidades y el conocimiento suficientes para intervenir.

Es primordial que estos posibles partidos políticos queden lejos del fanatismo o extremismo. Se requiere un equilibrio para mediar estas situaciones. No se trata de crear un marco legislativo que termine por bloquear el avance tecnológico de la sociedad. Deberá ser entendido dentro del concepto más profundo de lo que significa un partido político, como una institución capaz de representar a la sociedad, de promover el debate de situaciones relevantes y de promover leyes que nos permitan contar con un marco judicial que responda a los desafíos que la tecnología plantea en todos los contextos y que, de alguna forma, también nos conceda como sociedad intervenir en el rumbo que la tecnología toma de cara a un mundo sustentable.

Lejos de las legislaciones, las libertades y las fuerzas del mercado, estas mismas reglas reflejan un tipo de sociedad cuando una empresa de tecnología avanzada en venta de autos usados se convierte en una empresa unicornio, capaz de captar una inversión de más de mil millones de dólares. Nos debería obligar a preguntarnos si es verdad que no tenemos nada mejor en qué invertir esa cantidad de dinero.

Cuando conocí a mi socio Iker Arnabar, ambos teníamos clara la importancia de apoyar la innovación. Fue así como comenzamos nuestro programa Moonshot, una convocatoria para identificar tecnologías para el sector *agrofood* que dio origen a nuestra empresa, Futoority. Conforme el proyecto fue creciendo, fuimos entendiendo la relevancia de lo que estábamos construyendo: un ecosistema para impulsar soluciones de impacto para la humanidad, que, desafortunada e incomprensiblemente, enfrenta grandes dificultades para obtener financiamiento y lograr llegar al mercado o a la sociedad y que a veces solo necesitan diez millones de dólares para llevar una tecnología altamente revolucionaria (HTR). En vez de una unicornio de venta de autos usados, podríamos apoyar a cincuenta *start-ups* de tecnologías altamente revolucionarias.

Y juro que no es nada contra Kavak o similares, estoy más que a favor del emprendimiento, la cuestión es más de definir prioridades. Es claro que si alguien está invirtiendo en ventas de autos usados es porque el mercado, las leyes y su libertad para aplicar ese dinero en lo que mejor le convenga se lo permite, pero entonces, ¿eso cómo habla de nosotros como parte de la sociedad? Finalmente, el mercado es el reflejo de la sociedad y, como tal, estamos validando esas decisiones de inversión en futilidades.

Si en el próximo año, 2500 millones de personas no consiguen vender o comprar un auto usado no es grave, aunque mi amiga Estefanía Abello de Muat diga que es economía circular, pero si no conseguimos llevar alimentos a los 2500 millones de personas que viven hoy en inseguridad alimentaria, son millones de personas muriendo de hambre, a eso me refiero con definir prioridades.

El capital de riesgo tiene que apoyar a las empresas de impacto invirtiendo desde una perspectiva de largo plazo, pero no porque no puedan ser rentables, desafortunadamente tiene que apoyar a estas empresas porque el mercado no consigue definir de forma correcta las prioridades a corto plazo y requieren de apoyo para soportar el proceso de concientizar a sus clientes de la importancia de actuar con base en el desarrollo sustentable y la responsabilidad social.

Start-ups tecnológicas de impacto social y ambiental como EatCloud, enfocada en acabar con el hambre, el desperdicio de alimentos y el impacto ambiental del desperdicio de alimentos, podrían perfectamente soportarse con una parte de los 2 trillones de dólares que le cuesta a la industria los 2500 millones de toneladas de desperdicio de alimento anuales que genera.

Todo lo que nos rodea que el humano ha producido, es o requirió de tecnología para existir; y de toda esa tecnología, solo una muy pequeña parte está dedicada a resolver los desafíos del desarrollo sostenible, ya sea solucionándolos o revirtiendo los efectos que afectan a estos objetivos todas las restantes tecnologías.

La tecnología es un campo muy vasto, tan vasto como el mundo que nos rodea. Basta escudriñar en cualquier cosas que le sea próxima, por ejemplo, el algodón de la ropa que viste en este momento requirió de tecnología química de fertilizantes, química de tintura, utilizó química de tratamiento de agua, ingeniería para la máquina que hizo el hilo, otra el tejido, en otra se confeccionó y viajó kilómetros para que hoy usted esté arropado mientras lee este libro, todo eso lleva tecnología.

Pero ¿cómo será la vida del agricultor del algodón, de la persona que confeccionó su ropa, la del vendedor que la se la cobró en la tienda, cuando los robots y humanoides nos prometan un mundo en el que tareas que los humanos no pueden o no quieren realizar podrán ser realizadas por estos seres que no se van a oponer, estresar, cansar o manifestar en contra? Como si el trabajo hoy día fuera una especie de esclavitud remunerada de la cual debemos liberarnos. Cuando, en realidad, nos hemos convertido en esclavos de nuestras propias decisiones y ambiciones, en una constante búsqueda del escalamiento social, definido por nuestra capacidad de consumo.

Pero en esta jornada constante de desarrollo tecnológico para optimizar y abaratar todo, como lo hemos visto con la transmisión de información, el almacenaje o todos los campos tecnológicos que ya cité en los capítulos anteriores, seguramente seremos capaces de optimizar y abaratar también los robots y los humanoides, con todo lo que eso implique y termine alterando en la sociedad.

Esta búsqueda de la simbiosis entre la máquina y el hombre, aunada a los conocimientos biotecnológicos, que desde hace más de dos décadas nos permiten crear quimeras —y recuerden que ya vimos que la tecnología evolucionó disruptivamente en los últimos veinte años—, también nos abre la posibilidad de establecer un escenario plausible donde nuestras capacidades puedan ser extrapoladas más allá de lo humanamente natural.

Quizás no es necesario responder preguntas que nos aclaren qué pasó con la tecnología de las quimeras humanas o si existen en la actualidad humanos con visión de un jaguar, olfato de un oso polar o la fuerza de una hormiga, entre nosotros. Es claro que esa tecnología evolucionó en alguna parte del mundo, pero en este momento es para la sociedad algo dentro de una caja negra que algún día simplemente saldrá a la luz.

Una pregunta que me gustaría plantear es por qué si son relevantes algunos aspectos que afectan nuestra calidad de vida, como el eliminar los alimentos procesados, consumir vegetales orgánicos, el comercio justo, el *mindfulness,* el *crossfit,* etc., por qué no está siendo importante participar de alguna forma en la ciencia y la tecnología que se desarrollan día con día y que también afectan nuestra calidad de vida.

Los límites éticos y legales de la ciencia nos vedan de mucho de lo que acontece en la realidad. Es claro que existen hoy día las capacidades para desarrollar infinidad de tecnologías que nos dejarían perplejos, pero muchas otras, más allá de asombrarnos, se extralimitan de aspectos éticos y desafían el orden natural.

¿Qué fue lo que pensó cuando le conté sobre las quimeras —fusión de humanos con animales—? No sé si fui claro, así que lo voy a exponer de otra forma. Esta patente dice que ya se pueden crear quimeras humanas.

Existe la posibilidad de que entre nosotros existan humanos con ojos de lince o con branquias o lo que su mente pueda imaginar de la mezcla entre humanos y animales. Ahora piense la velocidad a la que está evolucionando la tecnología e intente deducir qué tanto puede haber avanzado esta tecnología en particular en más de veinte años. Ahora piense quién cree que está siendo responsable de vigilar que esta tecnología no pase el límite de la ética.

De los casi cuatro millones de solicitudes de patentes anuales, ¿cuántas de ellas cree que pueden representar una amenaza? La verdad es que es muy difícil saberlo, la sociedad no está muy consciente de lo que pasa y aún no está interesada. De repente, solo se ve sorprendida cuando ya es muy tarde. La cuestión es que, más allá de los riesgos por falta de esta vigilancia, el mayor problema es la falta de soluciones por falta de esta misma vigilancia.

La propiedad industrial nunca tuvo un papel tan determinante como el que en la actualidad asuma como un vehículo para estar más próximos de la tecnología que estamos desarrollando, de forma a minimizar los riesgos, pero principalmente a encauzar su actividad a resolver problemas estructurales de la sociedad.

Sin el afán de adoptar una posición radical y partiendo de un escenario actual, donde la evolución tecnológica sucede a una velocidad exponencial y, en muchos casos, lejos de nuestro territorio, ¿será que es nuestro destino como sociedad solo participar como espectadores en cuanto la tecnología toma un rumbo desconocido?

Quiero estar seguro de que conseguí pasar el mensaje de que hoy hay mucha tecnología ahí fuera que es para muchos desconocida y, por lo tanto, fuera de control. No como si esto fuera una situación de alarma, pero sí como si esto sea una necesidad de reflexión de para qué queremos, en realidad, generar tecnología, porque hay problemas estructurales que no hemos resuelto y que son más importantes que una cocina con IA que planifique mi dieta saludable.

La única certeza que tengo es que la sociedad como reguladora del mercado determinará el escenario futuro sea cual sea.

Emprendimiento científico-tecnológico

Cuando tuve la oportunidad de incursionar en el mundo de la propiedad intelectual y convivir con diversas entidades y *start-ups* científico-tecnológicas, esto me permitió constatar las dificultades que enfrentan estos emprendedores para permear tecnología de impacto a la sociedad.

En un viaje al ecosistema de innovación de Valparaíso en Chile conocí a Cristian, el CEO en Vetromas, una *start-up* chilena que desarrolló una tecnología para fabricar vidrio antibacterial. Cuando conocí el proyecto, el potencial me pareció absolutamente transformador. Hasta ese día, el vidrio podría ser esterilizado, pero no era antibacterial, la infinidad de aplicaciones que tiene podría cambiar el mundo, pensé que eso llevaría a la empresa a conseguir rápidamente financiamiento y a expandirse por el mundo.

La utilización del vidrio antibacterial constructivo y utilitario permitirá su aplicación en aeropuertos, hospitales, en laboratorios, en envases para alimentos, etc. Con la llegada del COVID-19, la importancia de crear espacios seguros con condiciones para reducir los contagios parecería un escenario idóneo para hacer crecer esta empresa. Incluso en nuestra propia casa el vidrio antibacterial puede eliminar focos de creación de bacterias en nuestros objetos del día a día y tan relevantes como el lugar donde confeccionamos nuestros alimentos, que sería ideal estuvieran libres de bacterias, desde una placa de vitrocerámica hasta nuestro refrigerador.

Como parte de un proyecto de consultoría de monetización de activos intangibles con ClarkeModet en México, conocí a Arturo Fuentes, el director de EGraft, una empresa tecnológica que ha desarrollado diversas patentes para la fabricación de tejido y hueso humano. Las diversas aplicaciones van desde situaciones médicas hasta estéticas. Todo es producido a partir de una biopsia del paciente para garantizar la compatibilidad, es decir, el nuevo tejido es producido a partir de las células del paciente. El potencial de estas soluciones es enorme.

Cuando viví en Portugal, tuve la oportunidad de participar en la RedGlobalMX, una red de mexicanos altamente calificados que viven en el extranjero y cuya formación, *network* y experiencia laboral es valiosa para proyectos en México. Colaborando a través de nodos distribuidos por todo el país tuve la oportunidad de conocer a muchas personas valiosas como Alonso Huerta y su equipo del Citnova, quienes me aproximaron a Yuridia Mercado, investigadora de la Universidad Politécnica de Pachuca. Esta universidad tiene un equipo de científicos de alto nivel con experiencia en síntesis y biosíntesis de compuestos no análogos de nucleósidos con actividad antiviral, así como en la síntesis y biosíntesis de nanopartículas metálicas como transportadoras de fármacos, en el manejo de técnicas bioinformáticas, expresión y purificación de proteínas y técnicas de caracterización de materiales. Con el surgimiento del COVID, comenzaron a trabajar en el desarrollo de un medicamento revolucionario, utilizando una mezcla de biomoléculas con nanopartículas desarrollaron un medicamento en el que una de las biomoléculas encapsula el virus y la nanopartícula inhibe a la célula de reproducir en el virus. Este desarrollo les mereció ganar el premio del Instituto Paul Scherrer de Suiza, responsable del acelerador de partículas de Suiza.

En plena pandemia, antes incluso de que se viera próxima la salida de una posible vacuna, este medicamento desarrollado en esta universidad parecía tener enorme potencial. Sumado a sus cualidades, estaba la no limitación al virus del COVID-19 o sus posibles mutaciones, ya que este medicamento tiene la capacidad de responder ante otros tipos de virus semejantes, con lo cual sería previsible que rápidamente encontraran financiamiento e interés para su desarrollo, a fin de llevarlo rápidamente al mercado. Sin embargo, eso no sucedió.

La *start-up* mexicana Kavak consiguió llegar al estatuto de unicornio, levantando más de un millón de dólares para convertirse, para consolidar su plataforma de venta de autos usados. Sin duda, esta empresa llegó a este punto porque fue capaz de montar un excelente modelo de negocio que convenció a los inversionistas de apostar por ella. La *start-up* portuguesa Farfetch consiguió el mismo estatuto de unicornio con su plataforma de venta de artículos de lujo.

En junio de 2022, Crunchbase, una plataforma especializada en el reporte de inversión en *start-ups,* anunciaba la existencia de 1150 *start-ups* en todo el mundo. Eso nos da unos 1 150 000 millones de dólares invertidos, la gran pregunta es cuánta de esta inversión fue para resolver temas de relevancia social y ambiental.

En 2017, la ONU estableció cuáles eran los temas de mayor relevancia social y ambiental para resolver hasta el 2030: poner fin a la pobreza; hambre cero y seguridad alimentaria; salud y bienestar; educación de calidad; igualdad de género; energía asequible y no contaminante; trabajo decente y crecimiento económico; industria, innovación e infraestructura; reducción de las desigualdades; ciudades y comunidades sostenibles; producción y consumo responsable; acción por el clima; vida submarina; vida de ecosistemas terrestres; paz, justicia e instituciones sólidas; alianzas para lograr los objetivos.

Estos ODS (Objetivos de Desarrollo Sostenible) son también conocidos como Agenda 2030 y es uno de los pilares de las acciones políticas y gubernamentales en todo el mundo. Sin embargo, la realidad es que el esfuerzo realizado al momento para alcanzar estos objetivos se encuentra muy distante del objetivo trazado.

Las razones por las cuales emprendimientos científico-tecnológicos como Vetro+, Egraft o el medicamento para virus de la UPP no consiguen financiamiento poco tienen que ver con la relevancia de sus soluciones tecnológicas. La pregunta importante es por qué como sociedad (mercado) validamos, por ejemplo, el financiamiento millonario de otro tipo de proyectos que no tienen un impacto trascendental en la sociedad en vez de aquellos que podrían hacer una gran revolución en el mundo.

Podemos encontrar miles de excusas, pero todas ellas son eso, excusas. Al final, solo son un reflejo de la falta de conciencia e interés por parte de la sociedad en el rumbo de la tecnología, del interés en ejercer nuestro poder como mercado para determinar qué es o no realmente importante.

La mayor parte de las entidades entienden a las patentes como un mecanismo de protección, cuando, en realidad, tendría que ser un paso previo a la apropiación social. El caso de estos emprendedores es solo un ejemplo de todos aquellos que están empeñados en llevar sus resultados científicos a la sociedad, pero la realidad es que las instituciones están llenas de patentes que nunca verán la luz.

La realidad es muy diferente de país a país e incluso de institución a institución. Los marcos normativos que permiten la transferencia de tecnología o la creación de *spin-offs,* en muchos casos, son completamente absurdos. Son pocos los contextos donde las instituciones han encontrado modelos orientados a la apropiación tecnológica.

Sin embargo, este no es un problema que esté solo en las manos de las instituciones científico-tecnológicas responsables del desarrollo tecnológico. Al final del día, ellas solo son un engrane, donde se debe sumar a las entidades de financiamiento responsables de estimular el dinamismo del ecosistema aumentando su apertura al riesgo, conscientes de que mientras mayor sea el financiamiento, mayor la posibilidad de crear un ecosistema maduro y expedito para dar buenos resultados.

Comienzan a surgir los primeros fondos de inversión direccionados a las *deep tech*, cunado creamos Futoority, Iker y yo tuvimos el apoyo de diversas entidades científicas para la validación tecnológica de los proyectos y una participación especial en el proceso de Ricardo Godínez Moreno y Laurent Chabanne, con una fuerte experiencia en el emprendimiento científico, pero también recibimos apoyo de los consejos estatales de ciencia y tecnología de México, del Instituto Politécnico Nacional, del Gobierno español e innumerables organizaciones que entienden la relevancia de apoyar el desarrollo científico.

Pero las financieras de riesgo solo son otro engrane. Finalmente, ellas también responden a la demanda, por lo que como sociedad tenemos la responsabilidad de demandar estas soluciones para que este círculo pueda cerrarse.

Mi experiencia en ClarkeModet me permitió verificar que no estamos haciendo una utilización adecuada del sistema de protección intelectual e industrial principalmente de las patentes, que son el mejor mecanismo para estimular el desarrollo tecnológico. Esta actividad se ha encauzado y reducido a la obtención de los registros de propiedad, pero el tema es mucho más complejo. Existe todo un camino a desarrollar desde que se tiene una idea hasta que podemos obtener una patente. En el caso de las patentes, la propiedad intelectual e industrial tiene como base la publicación del conocimiento, es decir, hacer público, permitir el libre acceso al conocimiento. Aquí reside una parte más importante de su objetivo.

Este camino de la idea a la patente actualmente no es gestionado de forma estratégica. Como ya lo comentamos anteriormente, existen millones de recursos económicos destinados a la investigación redundante. Esto, sin duda, crea incertidumbre y fragmenta la credibilidad, sea de la sociedad, de los inversionistas sobre las capacidades locales de desarrollo tecnológico. Sin embargo, existen diversas herramientas disponibles para poder mejorar este proceso. Por ello, te compartiré algunas de ellas más adelante sobre este tema con mayor profundidad.

Si entendemos que el modelo de propiedad intelectual, en realidad, es un modelo de conocimiento abierto, dotado de estímulos a la inversión y no un modelo de protección, nuestra capacidad de accionar el engranaje cambia por completo, pero hasta aquí es solo la mitad de modelo. Cuando conseguimos llegar a la patente, el siguiente camino a recorrer es la patente a la sociedad.

Hoy en día, la mayor parte de las entidades están orientadas a la transferencia tecnológica y no a la apropiación tecnológica. Dicho de otra forma, la transferencia tecnológica es un modelo de *push*, donde las entidades que desarrollan tecnología empujan el mercado con estos desarrollos y los modelos de apropiación son *pull*, donde la sociedad demanda el tipo de tecnología que requiere y direcciona los esfuerzos del sector científico.

Está claro que no hemos sido capaces en ambos modelos de avanzar hacia un escenario que consolide el equilibrio social y ambiental que requerimos. A veces el rezago del tejido empresarial de algunas regiones o los intereses económicos que buscan tecnología que poco aporta a la sociedad o al medioambiente no son la base para una adecuada estrategia *pull*, como tampoco lo son el rezago académico y los intereses sesgados de la investigación que termina por descubrir lo ya descubierto.

Tres años atrás estábamos utilizando la inteligencia artificial para identificar de una forma más acertada la tecnología ya existente a través de las patentes otorgadas en el mundo. Con los avances en inteligencia artificial, en breve las máquinas tendrán la capacidad de desarrollar la tecnología del futuro a partir del conocimiento acumulado en las patentes.

Si los humanos tendremos que aguardar la inserción de chips en nuestro cerebro, que nos conectan el metaverso, donde tengamos acumulado todo el conocimiento científico, y solo en ese momento podremos tener una conciencia científica, será que aún estamos a tiempo de corregir la pegada de la humanidad en nuestro planeta y los rezagos sociales, o será que no es necesario llegar a ese escenario futurista para que como sociedad consigamos convertirnos en una demanda tecnológica más consciente y participante.

En otras palabras, los registros de propiedad intelectual e industrial son en la actualidad la concentración del conocimiento científico y tecnológico más avanzada del mundo y esos registros son en su mayoría de consulta libre y pública. Las preguntas que están por resolverse son cuánto de ese conocimiento nos puede ayudar a resolver los ODS y cómo direccionamos recursos financieros para llevar estas soluciones científico-tecnológicas a la sociedad, ya, con urgencia.

Slow *start-up,* Camels & guadua

Se crean 3.1 millones de *start-ups* al mes en el mundo, pero nueve de cada diez no llegan al año de vida, principalmente porque no logran acelerar su retorno de inversión.

Son un elemento esencial del desarrollo social, tecnológico y económico y es una de las formas más eficientes de movilidad social —reducción de la pobreza—. Es una forma idónea de insertar nuevas soluciones tecnológicas con capacidad de cambiar la vida de millones de personas y relevan la economía informal, generando fuentes de empleo y, en algunos casos, cuando estas empresas se consolidan, se convierten en fuente de diversas empresas a su alrededor y del desarrollo local, nacional e incluso global.

Desde hace unas décadas, surgió una peculiar forma de catalogar a las empresas por su semejanza con la fauna animal y sus particularidades, como cucarachas, ratones, elefantes, gacelas, cebras, leones, borregos, lobos, camellos y algunos incluso míticos unicornios; nos recuerdan a las clásicas fábulas de Esopo. Esta forma de catalogarlas busca resaltar todos estos atributos de comportamiento que se ven reflejados en atributos como rapidez, agilidad, tamaño, resistencia, agresividad, liderazgo, etc.

Sin embargo, ninguno de estos atributos animales o fabulescos se basa en la relevancia para la sociedad de las alternativas o soluciones que estas empresas aportan o proponen al mercado y en cómo ellas afectan o benefician a la sociedad y el ambiente.

Nos hemos enfocado en crear empresas centradas en la generación de riqueza soportada por el consumo, perdiendo el objetivo principal por el cual comenzamos a transformar nuestro entorno.

La carrera por descubrir empresas capaces de crecer de forma acelerada, capaces de captar inversión privada superior a los mil millones de dólares para convertirse en unicornios, está siendo sustituida por la búsqueda de empresas camello, que sean capaces de sobrevivir en periodos de escasez, dado el contexto actual pospandémico.

Esta visión de creación como si de una fábrica de *start-ups* se tratara y los mecanismos de inversión del ecosistema han propiciado el desarrollo de empresas y de tecnología que nada aportan a la sociedad y el ambiente en lo que se refiere a problemas sustanciales.

Desde mi punto de vista, tenemos que direccionar la inversión para otro tipo de *start-ups*, las *start-ups* guadua.

Cuando trabajé para el Gobierno de Colombia como consultor para el desarrollo de modelos de transferencia tecnológica, tuve la oportunidad de conocer la guadua, una planta que absorbe el agua de la lluvia y la almacena, liberando posteriormente el vital líquido para compartirlo con el resto de las plantas a su alrededor.

Así como esta planta, las *start-ups* tienen que absorber recursos que puedan permear a la sociedad. Por su flexibilidad y rapidez de respuesta, son una ventana de oportunidad para detonar un cambio social.

Sin embargo, también por sus características como impulsores de nuevas tecnologías, se enfrentan a dificultades económicas, hasta que consiguen permear con éxito sus soluciones.

Con mi socio Yonier Suleta de Zofoz, trabajamos en desarrollar una metodología que nos permita mejorar la capacidad de las *start-ups* para afrontar el desafío del retorno financiero (ROI).

Tres razones por las cuales el ROI es fundamental para la sobrevivencia de una *start-up:*

Cuanto más rápido es el ROI, el(los) emprendedor(es) puede(n) enfocarse al 100% en el adecuado desarrollo de la *start-up*.

Cuanto más rápido es el retorno, más atractiva es la empresa para los inversionistas.

Tener un equilibro con el crecimiento orgánico —derivado de ventas— que dé soporte al crecimiento de la empresa.

Para nosotros es superimportante crear modelos que den una solución desde la estrategia financiera a las *start-ups* que les permita centrar su gestión en aquellos aspectos que son fundamentales para mantener unas finanzas equilibradas y sanas, tomando en cuenta las condiciones que caracterizan a las *start-ups*.

Es muy común que las *start-ups* de base científico-tecnológica tengan equipos centrados en estas capacidades y carezcan de competencias de gestión y financieras.

Dado que para muchas de ellas la estrategia financiera es fundamental para captar inversión, resulta vital trabajar desde la academia e investigación en el desarrollo de modelos diferentes a los normalmente creados en las grandes empresas y que resultan poco útiles para este tipo de empresas.

En su libro *El dilema de la innovación,* Clayton M. Christensen nos plantea una interesante perspectiva sobre el desafío que las empresas soportadas en soluciones de innovación disruptiva enfrentan para mantenerse en el mercado. Según Clayton, este tipo de empresas tiende a fracasar cuando aplica buenas prácticas de gestión. Es decir, las empresas basadas en soluciones de innovación disruptiva no pueden darse el lujo de crear un periodo de estabilidad para sobrevivir, tienen que mantenerse agresivas y desafiantes a lo establecido.

Buenas prácticas como escuchar al cliente o consolidar el mercado tienden a ser la base de su fracaso.

Por lo tanto, si los modelos de gestión actuales no son útiles para empresas de tecnología disruptiva, la ciencia económica y de gestión de empresas requieren entender que no son todas iguales y es necesario brindar una nueva forma a las *start-ups* de base científico-tecnológica, queda aquí un desafío y una oportunidad.

Cuando tuve la oportunidad de trabajar con CINCOM en el centro de innovación y competitividad de Michoacán, conocí a personas increíbles que están empeñadas en impulsar el emprendimiento, como Rob Ryan y Óscar Santiago. En una conversación reflexionamos sobre la relevancia del capital de riesgo para impulsar el emprendimiento y concluíamos que la mayor inversión que podemos hacer en un emprendimiento no es en recursos financieros, es en recursos relacionales, *network*. En esa tarde estaban junto con nosotros más de veinte personas con una red de contactos única. Llevando de la mano un emprendimiento ante esa red de contactos, sus probabilidades de desarrollo eran mayores que únicamente invirtiendo dinero. Hoy trabajo de la mano Yonier, Iker, Rui Trindade, Rabin García y un grupo de amigos en nuevas metodologías para gestionar e impulsar las *start-ups*.

Durante mi trayecto profesional, tuve la oportunidad de desarrollar diversas metodologías, que me gustaría compartir contigo en el siguiente capítulo. Una parte de estas metodologías está enfocada en el desarrollo de la innovación y otras en la utilización de la propiedad intelectual e industrial como mecanismo de gestión del conocimiento para el desarrollo de soluciones tecnológicas altamente revolucionarias. Confío en que la conjunción de ambas nos permita cambiar el mundo.

3.
NUESTRAS ARMAS

Análisis, experiencia, creatividad

Nuestra capacidad como humanos de analizar, de desarrollar experiencias multisensoriales, psicoemocionales y de ser creativos está lejos de ser reemplazada por la IA.

El hombre moderno ha superado doscientos mil años de evolución. En esa jornada, el hombre descubrió su capacidad de crear conceptos. Esto, a su vez, le permitió comprender que tenía dos opciones: adaptarse al entorno o adaptar el entorno para asegurar su supervivencia, perdiendo en algún punto de dicha transformación el equilibrio necesario para mantener la sustentabilidad

Las primeras empresas que el hombre creó fueron las agrícolas y las de caza y a partir de la consolidación de su sedentarismo fue desarrollando otras, como la del vestuario, utensilios y herramientas, armas, construcción, etc. Y, de esta forma, progresivamente fue generando actividades que le permitieron mejorar su adaptación al entorno y del entorno.

Al inicio vivíamos con incertidumbre que la falta de conocimiento impedía generar certeza sobre la capacidad de asegurar aspectos fundamentales, como el alimento. Algo que no funcionara correctamente en las primeras empresas agrícolas podría poner en riesgo la supervivencia, por ello se generó un concepto de bienestar forjado en la acumulación. Cuanto mayor era la acumulación, mayor la posibilidad de asegurar nuestro bienestar, contrariando aquello que no controlábamos.

Esa cultura de acumulación fue arrastrada por más de cinco mil años, hasta el punto de llevarnos a una era en la que vivimos actualmente, conocida como Antropoceno, caracterizada por el impacto de los excesos de nuestra actividad en el planeta.

Hace más de cinco milenios, nuestra preocupación primordial era asegurar alimento suficiente. En la actualidad, seguimos sin conseguir esta seguridad para todos. Una de cada nueve personas en el mundo no tiene acceso a alimentos. Sin embargo, nuestra cultura de acumulación provoca incongruencias imposibles de aceptar. Actualmente, mueren más personas por los problemas ocasionados por la obesidad que por hambre y se desperdician más de un tercio de los alimentos producidos en todo el mundo, los cuales podrían asegurar la alimentación de millones de personas que hoy no lo tienen.

La cultura de acumulación a lo largo de estos miles de años no ha permitido orientar nuestra actividad al equilibrio y bienestar social. Como sociedad, hemos perdido por completo nuestra capacidad de percepción de nuestro entorno, vivimos en una realidad distorsionada.

La conciencia probablemente no es como Disney nos plasmó en *Pinocho,* inspirada en los cuentos de Carlo Collodi, donde el trabajo del saltamontes era ser la conciencia, ayudando a distinguir entre el bien y mal a Pinocho. Sin embargo, la doctrina del subjetivismo moral nos dice que lo bueno y lo malo se reduce a nuestras actitudes y opiniones personales. Es decir, lo que yo considero como malo puede no serlo desde el punto de vista de los demás.

Bajo esa lógica, propongo entender la conciencia como el estar consciente. Es decir, tener la capacidad de percibir con todos los sentidos nuestra existencia, la realidad que nos rodea y lo que sucede en el ahora, llevándolo a nuestros pensamientos, permitiéndonos entender nuestras acciones y sus consecuencias.

A lo largo de los últimos cinco siglos, hemos creado un mundo inconsciente lleno de conceptos irreales donde les damos valor y simbolismos a cosas que, en realidad, no hacen sentido y que han terminado por crear un estado ficticio en la sociedad. Aspectos como el valor del dinero, las fronteras entre países, el costo del oro o los diamantes, dando lugar a un concepto de bienestar basado en bienes materiales. Hoy, las personas se valoran unas a otras con base en lo que tienen y no en lo que son.

En este mundo inconsciente y acumulador, se considera exitoso a quien tiene un reloj lleno de diamantes, una colección de autos deportivos de lujo, un yate o un avión privado, por sobre alguien que logra entregar sesenta millones de platos de comida a personas en carencia alimentaria.

Esta inconsciencia ha generado una cultura donde los fines justifican los medios. Es decir, hemos sobrepuesto los intereses de lo que entendemos por bienestar bajo nuestro concepto de acumulación por encima del equilibrio social y ambiental, siendo que este último al final se revela como necesario para la sustentabilidad de todos.

Esta falta de percepción de la realidad también nos aleja de un análisis más crítico sobre el presente y futuro de la tecnología. Para la mayor parte de las personas, lo único que les interesa de la tecnología es que simplifique nuestra vida y que no falle; del resto cómo se genera, dónde se genera, pros y contras de su existencia, poco interesa.

Confío en que, para este momento del libro, ya sea más que claro que cuando me refiero a la tecnología lo hago en lo más diverso, profundo y alargado de su desarrollo en las diversas disciplinas y sectores en los que está inmersa. Esta tecnología es ajena y desconocida para la mayor parte de la sociedad, incluso para quienes su labor es el trabajo científico-tecnológico y que también pueden llegar a perder de vista los avances en su área de especialidad.

También está claro el argumento de que requerimos un cambio y que ese cambio tiene como fundamento a las personas y a la sociedad. Este cambio capaz de revolucionar nuestro mundo no tiene un único punto de partida. La complejidad de la sociedad permea en diversas problemáticas y en los diferentes componentes de nuestra vida.

Las personas tienen que estar, por lo tanto, en el centro del cambio no solo como un fin, sino como un punto de partida. Solo las personas y su capacidad de transformar el conocimiento tienen la posibilidad de generar esta revolución. De hecho, por todas partes en el mundo cientos, incluso miles de personas están trabajando en soluciones con mayor o menor impacto que están creando las bases de esta revolución.

Durante muchos años, dediqué mi vida a la gestión estratégica del desarrollo de productos, la innovación y la tecnología, por lo que no es una casualidad la dualidad que existe en este libro. Por un lado, pongo sobre la mesa algunas de las metodologías que considero serán útiles para encauzar el propósito de la *start-ups* de base científico-tecnológica hacia una conciencia de la responsabilidad sustentable e impacto social. Por otro lado, pongo en juicio si las soluciones que requerimos se prenden al desarrollo tecnológico o si necesitamos una desaceleración tecnológica.

En todo caso, como advertí al inicio, encontrarás más preguntas que respuestas en este libro. Sea como sea, espero que descubras en las metodologías que propongo alguna utilidad.

En este capítulo, voy a presentarte diversas metodologías que buscan desarrollar capacidades y conocimiento con el fin de responder preguntas, como ¿qué pasaría si pudiéramos entender cómo se construyen las ideas? Para responder, abordaremos la construcción de las ideas, analizando cómo se relaciona el pensamiento con la innovación y cómo la neuroinnovación nos puede ayudar a entender el funcionamiento de nuestro cerebro.

¿Cómo ayudar a las personas a ser más innovadoras y creativas dándoles capacidad para generar ideas potencialmente revolucionarias?, ¿cómo funciona la construcción de las ideas a través de los sistemas de vínculos sinápticos?, ¿cómo los sistemas de vínculos sinápticos nos permiten conectar ideas? Y, finalmente, ¿cómo esa capacidad de conectar ideas nos permite ser más creativos?

Si logramos entender cómo creamos los conceptos a través de los cuales interpretamos y comunicamos nuestra percepción del mundo, ¿podremos cambiar los conceptos que definen hoy en día a la sociedad? Para ello veremos lo que es la innovación conceptual y cuáles son sus dimensiones.

Nuestras experiencias definen nuestros conceptos. Cada persona se confronta con diferentes experiencias que la tornan única y que al mismo tiempo le permiten construir ideas propias. El pensamiento se construye a través de experiencias diferentes, crean conceptos, y, a su vez, ideas diferentes que crean pensamientos diferentes y que se traducen en comportamientos diferentes.

Si pudiéramos agrupar a las personas según su forma de pensamiento, tal vez podríamos anticipar el comportamiento de ciertos grupos de personas, comprender el origen de los pensamientos que generan determinados comportamientos. Nos permite ser más empáticos con sus necesidades y, por lo tanto, capaces de encauzar mejor la tecnología alineada con las preocupaciones de grupos de personas.

Es claro que no todos pensamos de la misma forma, pero tener claridad de la construcción del pensamiento nos permite desde la construcción del concepto detonar diversas soluciones con una idea clara de quiénes serán sus adoptadores tempranos o *early adopters,* facilitando así el proceso de inserción en la sociedad, de las soluciones o tecnologías propuestas.

¿Qué pasaría si usáramos las metodologías de anticipación de tendencias para saber cómo serán los adoptadores tempranos? Si pudiéramos aplicar las metodologías de anticipación de tendencias, y desarrollar, como lo hacen las grandes empresas de tendencias esos *buyer* persona, es decir, el perfil de la persona al que nuestro producto o tecnología pretende atender?

Podríamos anticipar las tendencias que surgirán de la forma cómo nos relacionaremos con la tecnología, y podremos hacer algo muy *trendy* anticipando las tribus del futuro que se enfrentarán en la próxima gran revolución.

¿Qué capacidades o habilidades requiere un emprendedor científico-tecnológico? O, mejor aún, ¿cómo puedo prepararme para convertir mis capacidades en la mejor forma de afrontar desafíos de emprendimiento científico-tecnológico? Crear emprendedores se ha convertido en una actividad muy prolífera; sin embargo, pocos emprendimientos que sobreviven al valle de la muerte antes de los dos años 80% de ellos muere.

¿Estamos fallando en el proceso o formación de los emprendedores? ¿Por qué solo algunos emprendimientos llegan a una fase de consolidación? ¿Por qué muchos se quedan en el intento? ¿Qué es necesario, además de un buen proyecto, para sobrevivir a las difíciles etapas de la consolidación?

Gran parte del problema radica en dos situaciones, por un lado, los proyectos son medidos con base en mecanismos estándar de venta/ingresos y, por otro lado, poco se profundiza en las capacidades y *soft skils* con que cuentan los emprendedores.

Los programas de incubación, aceleración y escalamiento cubren normalmente elementos más técnicos y empresariales, pero quedan de lado desarrollar aspectos como resiliencia, tenacidad, perseverancia, tolerancia a la frustración, entre otras que serán necesarias para poder sobrepasar el conocido valle de la muerte.

¿Qué pasaría si tomamos algunas de las características que definen la forma de pensamiento que tienen los deportistas de alto rendimiento, los diseñadores, los innovadores, los gestores de empresa, los *coaches* personales y los estrategas de patentes? Eso podría darnos esa *soft skill* que requiere un emprendedor tecnológico. ¿Cómo asegurar que nuestra invención es de hecho una tecnología con potencial de innovar, o de incluso obtener una patente? Si las personas que llevan años en el mundo de la investigación aún cometen el error de inventar lo ya inventado. ¿Cómo nos aseguramos de que nuestra solución tecnológica realmente es una propuesta tecnológica revolucionaria? ¿Cómo aprovechar el conocimiento para generar nuevas tecnologías revolucionarias? Existen diversas metodologías y herramientas que son utilizadas principalmente por los profesionales de la propiedad intelectual y que son muy útiles para este propósito.

Si tenemos en manos una tecnología potencialmente revolucionaria, ¿cómo superar el desafío de pasar del laboratorio a la sociedad? ¿Cómo conseguir que esas tecnologías sean adoptadas por la sociedad con éxito? En términos técnicos, ¿cómo pasamos de un TRL3 a un TRL9, es decir, del laboratorio a un proceso, producto o servicio comercializable?

Las siguientes propuestas metodológicas que planteo buscan resolver estas y otras preguntas que de ellas se desprenden con el objetivo de pasar de la idea o concepto a la inserción de nuevas tecnologías revolucionarias en la sociedad. Estas metodologías han llevado un proceso de evolución, es posible que encuentres oportunidades de mejora en ellas. Mi intención de compartirlas es que al hacerlas públicas, en efecto, puedan ser mejoradas. Yo mismo al escribir este libro fui haciendo mejoras que me parecieron pertinentes, pero considéralas como un punto de partida, como la base para algo mejorable. Espero que así lo veas.

Las metodologías que compartiré contigo en este capítulo las desarrollé a lo largo de mi carrera profesional, que inició en 1994 como constructor en desarrollo de nuevos productos. Espero que esta sección se convierta en una caja de herramientas que puedas utilizar cada vez que te enfrentes a alguno de los problemas que estas metodologías abordan y pretenden resolver. Encontrarás una ficha técnica para cada una de ellas y podrás consultar más información en www.jorgecarpinteyro.com.

Como ya lo comenté, todas ellas derivan de la experiencia generada con cientos de empresas a las cuales he dado consultoría o en las cuales he colaborado, sumadas a mis experiencias personales como emprendedor y empresario.

Pensamiento versus innovación

El principal recurso de las organizaciones son las personas y, de ellas, lo más relevante es su capacidad para generar nuevo conocimiento.

Hasta finales de 2023, la IA aún no lograba superar la capacidad de pensamiento del cerebro humano. Aun así, la verdad es que no podemos afirmar que todos los cerebros humanos de este planeta tengan las mismas capacidades y las razones detrás de ellas son diversas, siendo la desnutrición infantil una de las principales en afectar dichas capacidades en un largo espectro de la población.

¿Cómo podemos aumentar las habilidades blandas que nos permiten ser más creativos y potencialmente innovadores?

La construcción del pensamiento tanto en el desarrollo de nuevas ideas potencialmente innovadoras como en el desarrollo del pensamiento de quienes son potencialmente adoptadores de esas innovaciones.

El pensamiento, entendemos, se construye a través de las experiencias. Las experiencias conjugan tiempo y espacio. En un determinado momento y contexto, vivimos un acontecimiento que es registrado por nuestros sentidos, dando origen a cuadros cognitivos que nos permiten organizar la información almacenada en nuestro cerebro de una forma relacional.

Cuanto mayor es el número de experiencias, mayor es el número de relaciones y cuanto mayor es nuestra capacidad de interconectar conceptos no relacionados directamente, mayor resulta la capacidad de generar nuevas ideas potencialmente innovadoras. Una sola neurona puede tener entre cinco mil y doscientas mil conexiones (sinapsis) con otras neuronas. Cuanto mayor es el número de sinapsis, mayor la probabilidad que tenemos de relacionar información y, por tanto, mayor la posibilidad de crear nuevo conocimiento.

En 2001 tuve la oportunidad de conocer a Philippe Baumard, profesor de La Aix-Marseille Graduate School of Management, a Eduardo Bueno, catedrático de Economía de la Empresa de la Universidad Autónoma de Madrid, director del Centro de Investigación sobre la Sociedad del Conocimiento del Parque Científico de Madrid y consejero del Banco de España, y a Ricardo Petrella, profesor de la Universidad Católica de Louvain en Bélgica y consejero de la Comisión Europa sobre la Sociedad del Conocimiento. Sus ideas han sido mi inspiración y punto de partida para construir mi metodología sobre la gestión del conocimiento para el desarrollo de la innovación y la base para el concepto de neuroinnovación, que se sumaron a años de conversaciones sobre aprendizaje, con mi madre Rosalinda Espinosa, profesora de la Universidad Pedagógica Nacional y doctorada en Educación por la Universidad de Valencia.

Proceso de Gestión de Innovación

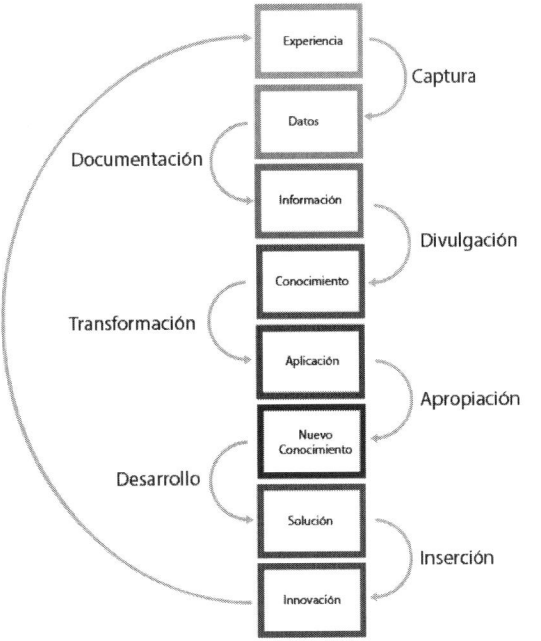

Una experiencia es un evento que sucede en un determinado lugar y tiempo. A través de nuestros sentidos observamos, escuchamos, tocamos, olemos y convertimos esa experiencia en conocimiento tácito. Pero cuando hacemos el registro de esa experiencia o nos apoyamos en sensores tecnológicos, esto nos genera datos, al documentar los datos tangivilizamos la experiencia y generamos información.

La información nos permite divulgar y detonar el proceso de aprendizaje, es decir, nos permite analizar, comprender y adquirir conocimiento. Cuando ponemos en práctica ese conocimiento, generamos experiencia y esa experiencia nos permite la comprensión del conocimiento; cuando comprendemos, lo hacemos nuestro, es decir, nos apropiamos del conocimiento y se suma a nuestro conocimiento previo.

La suma y conjunción de todo nuestro conocimiento nos permite conjugar, mezclar, completar, añadir conocimiento. De estas combinaciones nacen nuevas ideas, que darán lugar a nuevas experiencias que nos permitirán generar nuevo conocimiento. Cuando aplicamos ese nuevo conocimiento, podemos generar nuevas soluciones y cuando implementamos esas nuevas soluciones en la sociedad con éxito, generamos innovación.

Según Piaget y otros teóricos del aprendizaje como Inhelder, pasamos por cuatro etapas de maduración de nuestro proceso de aprendizaje. En una primera etapa sensomotor, entre los 0 y los 2 años, aprendemos a partir de la experiencia. A través de nuestros sentidos comprendemos nuestro cuerpo y después nuestro contexto, creando la base de nuestro sistema de vínculo sináptico.

En la segunda fase preoperacional, entre los 2 y los 7 años, desarrollamos la capacidad de la representación mental, pero continuamos nuestro aprendizaje a través de nuestros sentidos, de nuestra interacción física, construimos soluciones, pero sin un razonamiento lógico y pasamos de un periodo preconceptual a un periodo intuitivo.

En la tercera fase de operaciones concretas, entre los 7 y los 12 años, tenemos la capacidad de simbolizar nuestro contexto, es decir, atribuir conceptos a lo que nos rodea, como materia, peso o volumen.

Por último, la fase de operaciones formales, entre los 12 años y la madurez, somos capaces de realizar operaciones mentales sobre los resultados de otras operaciones, es decir, conseguimos construir un razonamiento hipotéticodeductivo. A partir de este punto somos capaces de razonar lógicamente sobre cosas abstractas y construir un pensamiento racional e inductivo. Esta última parte no es lograda por todos los adultos, pero sí es característica de los innovadores, que consiguen conjugar diverso conocimiento muchas veces sin aparente conexión para dar lugar a nuevas ideas.

Las nuevas ideas no siempre resultan en innovación. Frecuentemente, las personas confunden una nueva idea, algo diferente, un nuevo descubrimiento, una invención, una nueva creación, un nuevo producto, una nueva tecnología, incluso una nueva patente con una innovación, todas las anteriores solo podrán ser consideradas de innovación cuando sean insertadas con éxito en la sociedad.

La innovación es un proceso de inserir con éxito una nueva idea. Es decir, no basta con tener ideas diferentes, inventar algo o incluso patentarlo, para poder consolidar una innovación tiene que ser implementada con éxito.

Cuando hablamos de innovación empresarial, entonces nos referimos a un nuevo producto, ya sea un bien o un servicio. Por tanto, la innovación empresarial debemos entenderla como «la inserción de un nuevo producto con éxito en el mercado». Y cuando hablamos de innovación social, entenderla como «la inserción exitosa de una nueva solución en la sociedad».

En ambos casos, la palabra «éxito» es fundamental para distinguir lo que es innovación y separarlo de lo que no es innovación. Cómo definimos qué inserción exitosa, ya sea en la sociedad o en el mercado, para ello requerimos de establecer previamente de indicadores que nos permitan definir un parámetro. Normalmente, establecemos un indicador relacionado con el retorno equivalente o superior al esfuerzo requerido para su creación y un indicador relacionado con un número superior a la mayoría de las personas que cambian de paradigma.

En la innovación empresarial es importante que se vincule este éxito a un retorno específico de la inversión, pero pueden existir otros indicadores vinculados a los resultados, como la adquisición de cuota de mercado, nuevos clientes, un cambio tecnológico, etc.

En el caso de la innovación social, el éxito puede estar relacionado con la cantidad de personas que adoptan esta solución a fin de conseguir un cambio significante, y puede también estar vinculado a un objetivo de impacto, población beneficiada, reducción de pobreza, compensación de CO_2, entre otros.

Por ello, lo importante es entender que en innumerables ocasiones calificamos invenciones, ideas, empresas, productos, patentes, proyectos, soluciones o tecnologías como innovaciones, incluso antes de su venta o su implementación, lo cual es un error. Solo podemos calificar o nombrar de innovaciones a aquellas que llegan a un resultado exitoso.

Es probable que ya hayas leído o que leas en el futuro otros conceptos de innovación empresarial, lo único que tienes que mantener siempre como una constante es que la innovación empresarial tiene que generar desarrollo económico. Joseph Schumpeter, uno de los primeros precursores en la teoría de la innovación, en 1934 dio paso a una serie de atributos por los cuales las empresas tenían que apostar en la innovación, ante todo porque ella impulsa el desarrollo económico. De otra forma, no existe justificación de invertir en la innovación empresarial.

Por tanto, podemos concluir que una innovación empresarial que no se consigue vender con éxito en el mercado y, por tanto, no es capaz siquiera de conseguir el retorno de los recursos necesarios para su desarrollo (ROI), mucho menos se puede considerar que está impulsando el desarrollo económico de su creador; siendo así para considerar una innovación tendríamos que establecer un objetivo de retorno suficiente para generar lucros que nos permitan afirmar que está realmente contribuyendo al desarrollo económico de quien la generó.

La forma como alimentamos nuestro cerebro de conocimiento es la base para desarrollar habilidades como la capacidad de analizar el contexto, de afrontar nuevos desafíos, de generar nuevas ideas o de integrar soluciones.

La forma como alimentamos nuestro carácter de experiencias es la base para desarrollar habilidades como la persistencia ante la fatiga o la frustración, la ambición para definir objetivos fuera de los límites, la autoconfianza para optar por una solución diferente.

Las grandes organizaciones viven hoy día el dilema de la innovación. Si las organizaciones quieren que sus equipos sean más creativos y potencialmente innovadores, primero tienen que alimentarlos de experiencias y de conocimiento, y segundo, tienen que respaldar el fracaso y la perseverancia.

Neuroinnovación

Mi definición de neuroinnovación es la comprensión de la construcción del pensamiento en nuestro cerebro y su aplicación en el proceso de innovación. Es decir, la comprensión del proceso a través del cual podemos generar nuevo conocimiento que derive en soluciones que podamos insertar con éxito en la sociedad.

El proceso de innovación inicia con la construcción de una idea, potencialmente innovadora, generada por un individuo y culmina cuando otros individuos logran identificarse con esa idea y adoptarla como una solución innovadora, asignándole un valor.

El mundo está viviendo una acelerada evolución de la tecnología. Los sistemas autónomos y la inteligencia artificial son algunas de las áreas con grandes avances en donde las organizaciones invierten muchos recursos en su desarrollo, pero a pesar de ello el conocimiento del cerebro humano y de su funcionamiento continúa siendo una gran incógnita.

En el Lisbon Web Summit de 2017, Bryan Johnson, fundador de la *start-up* Kernel, lanzó el desafío de juntar esfuerzo e inversión internacional en el estudio profundo del funcionamiento del cerebro. Bryan pretende con su *start-up* desarrollar exocerebros; es decir, sistemas a través de los cuales sea posible aumentar la capacidad de procesamiento y almacenamiento de información en nuestro cerebro.

El desconocimiento de nuestro cerebro puede ser comparado con el del código de ADN, pero la importancia de su comprensión gana relevancia en un mundo cada vez más tecnológico, donde el papel de las personas está por redefinirse.

En la década de 1990, conocida como la década del cerebro, se realizó una gran apuesta por las neurociencias. A la neuropsicología y a la neurología se sumaron campos de estudio como la sociología, la economía y otras áreas para la comprensión del comportamiento humano.

Algunas investigaciones nos llevan a concluir que, a pesar de que existen aspectos que son comunes en el funcionamiento del cerebro, como la localización de algunas funciones o su elasticidad, existen otros, como la forma en que cada individuo va organizando el conocimiento en su cerebro, que son únicos de individuo para individuo.

Las neurociencias pretenden explicar a través de un abordaje multidisciplinario el funcionamiento del cerebro. Diversos autores e investigadores han trabajado en este tema, pero aún existe un gran vacío en la comprensión de sus funciones.

El cerebro es responsable de nuestra capacidad de captar, analizar y crear nuevo conocimiento; de generar nuevas ideas y visualizar su implementación. Es responsable también de determinar nuestra conducta, nuestras reacciones y la toma de decisiones. Por ello, la comprensión de su funcionamiento es cada vez más importante para la innovación y el desarrollo científico-tecnológico.

En su mayoría, el abordaje de la integración de las neurociencias con las conductas organizacionales y empresariales se alinea en una vertiente conductual, donde se buscan formas de crear patrones de comportamiento a través de estímulos adecuados.

A este abordaje conductual, propongo integrar dos nuevos conceptos. Por un lado, la construcción del conocimiento a través de cuadros cognitivos o sistemas de vínculo sináptico (SVS) y, por otro lado, un modelo de generación de pensamiento y comportamiento a través del tiempo y espacio en el que se desarrollan las experiencias individuales.

La teoría del desarrollo cognitivo de Jean Piaget sugiere que el aprendizaje se deriva de la experiencia. En la infancia, nuestros sentidos y cuerpo interactúan con el contexto. Los sentidos nos permiten interpretar el contexto y desarrollar imágenes mentales, utilizando la lógica para comprender procesos e identificar la realidad. En la adolescencia, nuestra capacidad de razonamiento hipotético deductivo nos permite mentalmente anticipar causas y efectos, sin necesidad de observarlos en la realidad.

Las conexiones neuronales o vínculos cognitivos son las relaciones que se desarrollan a lo largo de la vida como resultado de experiencias y vinculan los conceptos en nuestra mente para dar sentido a la información que almacenamos y, por tanto, son responsables de la creación de nuevo conocimiento.

Aún desconocemos una gran parte del cerebro humano. En los últimos años, hemos avanzado mucho sobre algunos aspectos importantes. Sin embargo, aún no somos capaces de explicar cómo trabaja, hasta el grado de poder replicarlo con inteligencia artificial (IA).

Para algunos filósofos, la complejidad del cerebro es tal que cuando pensamos parecieran existir tres individuos dentro de nosotros: el que actúa, el que habla y el que escucha; y es posible perder el control de alguno de ellos. Por ejemplo, innumerables veces somos incapaces de detener al que habla (nuestros pensamientos).

En esta era moderna, vivimos diversas epidemias más grandes incluso que el COVID-19, como son la epidemia del estrés. La depresión y la ansiedad son derivadas de esa incapacidad de controlar nuestros pensamientos. Para el 2030, la OMS advierte que los problemas de salud mental serán la principal causa de discapacidad laboral.

En la próxima gran revolución, nuestra capacidad de generar e implementar nuevas ideas que transformen exitosamente nuestro contexto, en beneficio de la sociedad y el medioambiente, será nuestra principal arma.

Por lo tanto, es imprescindible asegurar una sociedad con sanidad mental, capaz de generar y adoptar los cambios necesarios. Para ello requerimos de una sociedad sana, capaz de transformar nuestro contexto en la dirección adecuada.

La comprensión del funcionamiento del cerebro nos puede llevar a establecer un proceso para desarrollar nuestra capacidad de generar ideas, soluciones o conceptos.

La capacidad para desarrollar nuestro potencial creativo será una potente arma en la siguiente gran revolución, pero es necesario encauzar estas capacidades de innovación a la solución de los temas relevantes de la sociedad y de la sustentabilidad del mundo en que vivimos.

A pesar de que nunca en la historia de la humanidad fuimos capaces de generar tanto conocimiento y tecnología como hoy día, seguimos arrastrando problemas sociales básicos, como educación, salud, ingreso, vivienda y alimentación. Así como problemas ambientales críticos, como el cambio climático, la acidificación de los océanos, la pérdida de biodiversidad, la degradación del suelo arable, la degradación de la atmósfera y la disponibilidad de agua potable.

Estos problemas contrastan con la concentración de la riqueza en el 10% de la población, donde se acumula el 76% de la riqueza mundial, el desperdicio de un tercio de los alimentos producidos en el mundo, en los miles de millones facturados por la industria farmacéutica por la pandemia del COVID19, la falta de propósito o enfoque de las diez empresas más grandes de tecnología a nivel mundial a la resolución del rezago de la sociedad o del impacto ambiental.

Sistema de vínculo sináptico

El sistema de vínculo simpático (SVS) está conformado por las conexiones neuronales o vínculos cognitivos de las relaciones neuronales que existen en una persona. Esas concesiones surgen de las experiencias vividas, nos permiten definir un concepto y crear una representación mental para caracterizar un elemento real o imaginario.

SVS Sistema de Vínculo Simpático

Los sistemas de vínculo sinápticos relacionan diversas neuronas distribuidas por varias partes de nuestro cerebro. Por ello, un concepto se construye a través de las relaciones neuronales vinculando neuronas que almacenan en cada una de ellas información, como el sabor, el olor, una imagen, así como conocimiento, es decir, información, lenguaje, percepción, capacidades, que le da sentido al conjugarse con las experiencias deductivas o inductivas integradas dentro de una dimensión de espaciotiempo. A cada uno de estos puntos de vínculo se le llama sinapsis; cada neurona puede llegar a desarrollar hasta doscientas mil sinapsis (conexiones).

Un sistema de vínculo sináptico se refiere, por tanto, a las relaciones que se desarrollan entre estas doscientas mil para vincularse entre ellas y brindarnos toda la información que tenemos sobre un concepto.

El concepto se construye, por tanto, a partir de tres componentes que se van desarrollando a lo largo del tiempo en una fase primitiva que se construye desde la infancia a través de nuestra información sensorial, es decir, la percepción de nosotros y nuestro entorno a través de nuestros sentidos; una segunda fase sofisticada que se construye conforme nuestro pensamiento gana madurez.

Por favor, piensa en este momento en una manzana.

Por ejemplo, cuando pensamos en una manzana, una serie de neuronas se vinculan a través de sinapsis, llevando a la mente a todos los elementos registrados por nuestros sentidos y relacionados con el concepto «manzana», como color, olor, sabor, letras, contexto; así como experiencias e información que vamos adquiriendo a lo largo de nuestra vida. Por ejemplo, una manzana roja en un árbol, una tarta de manzana, un dulce de manzana con canela, la ley de la gravedad de Newton, etc., y que están almacenados en neuronas dispersas por todo nuestro cerebro.

Cuanto mayor es el número de experiencias que podemos vivir relacionadas con un concepto, más diversa y mayor es la cantidad de información que podemos vincular a ese concepto. Cuanto más diversa es la información, mayor nuestra capacidad creativa alrededor de ese concepto.

De las relaciones más improbables entre la información vinculada a un concepto surgen ideas disruptivas que nos permiten transformar ese concepto en un nuevo conocimiento o nuevas ideas.

El contexto nos da información que captamos con nuestros sentidos y convertimos en conocimiento. Cuanto más conocimiento tenemos, mayor nuestra capacidad de generar nuevo conocimiento. El nuevo conocimiento aplicado al contexto nos permite transformar el contexto, es decir, innovar.

Imagina por un momento que tu cerebro es una red social y tus neuronas son los usuarios de esa red social. La neurona X tiene doscientos amigos y está conectada (sinapsis), a su vez, con otros doscientos amigos. Cuando la neurona X hace un *post* (pensar en un concepto), «vídeo *Hope!* de Javier Peña» y sus amigos replican dicho *post* (vínculo sináptico), en ese momento cuarenta mil amigos leyeron el *post*. Es muy probable que algunos amigos de los amigos se interesen por el contenido del *post*. Los *likes* que resulten nos permitirían identificar un grupo de personas afines, el vínculo entre ellas sería el equivalente a un SVS.

Nuestro pensamiento funciona de forma similar. Cuando pensamos en un concepto, una serie de neuronas se conectan para permitirnos acceder a toda la información que almacenamos de ese concepto. Cuanto mayor es el número de neuronas que podemos conectar, mayor es nuestro conocimiento.

Ahora imagina que la neurona X, en vez de tener doscientos amigos, tiene doscientos mil amigos y esos, a su vez, otros doscientos mil amigos, que son las sinapsis promedio que tiene una neurona, y que tu red social tiene 86 000 millones de usuarios, que son el número de neuronas que el cerebro humano posee en promedio. Eso nos da en promedio más de mil billones de conexiones sinápticas. Es más potente que la mayor red social al momento. Por si te preguntaste, hoy día Facebook tiene 2900 millones de usuarios.

Así que, si unas líneas atrás, cuando pensaste en una manzana, vino a tu mente el cuadro de René Magritte o la ley de Newton, quiere decir que tus relaciones sinápticas para este concepto te permiten una capacidad de innovación arriba de la media de las personas. Si únicamente vino a tu mente una manzana roja, entonces requieres trabajar en la plasticidad sináptica de tu mente —hablaremos del cómo más adelante—.

La manzana es un tópico muy general, pero supongamos que lo que pretende es innovar en otro tema, pues cuanta mayor sea la información que tu cerebro pueda adquirir en relación con ese tema, mayor será tu número de conexiones sinápticas y, por tanto, mayor tu capacidad de pensar en conceptos diferentes o disruptivos.

Pero si, además, las relaciones sinápticas te permiten construir relaciones improbables entre conceptos, eso aumenta la posibilidad de descubrir nuevas soluciones que quizás nadie había pensado. Por ello, cuanto más interdisciplinar y alargado es nuestro conocimiento, más fácil crear relaciones sinápticas improbables.

Es por eso por lo que el arte es uno de los mayores estimuladores de la innovación y la creatividad, ya que puede plantearnos escenarios absurdos o improbables, creando conexiones en nuestra mente que de otra forma no sucederían.

Por ello debemos trabajar en nuestra capacidad de captar información del contexto, en la flexibilidad para hacer concesiones improbables y en la capacidad de crear analogías con conceptos de otros contextos que nos permitan crear nuevas soluciones.

El arte no es la única venta a nuevas oportunidades de desarrollar nuevas ideas. En general, cualquier contexto diferente puede portar una visión que permita hacer analogías y transferir procesos, soluciones o conceptos a contextos completamente diferentes.

Carmelo Di Bartolo, con quien tuve la oportunidad de trabajar en Italia en el Centro Stile de Alfa Romeo de Arese, desde hace más de cuarenta años, ha desarrollado una metodología de trabajo basado en el traslado de conceptos que parten de la naturaleza para aplicarlos a soluciones de diseño industrial.

Recuerdo algunos que en su momento me llamaron mucho la atención, como crear embalajes que conservan la humedad, inspirados en el sistema respiratorio de los camellos. Mucho antes que Festo desarrollara sus conceptos de biorrobótica. Di Bartolo ya proponía soluciones como brazos robóticos inspirados en la estructura de la trompa de elefante.

El desarrollo tecnológico acelerado y la capacidad de trasferencia de tecnología que en las últimas décadas hemos ganado nos ha permitido multiplicar las oportunidades de desarrollar nuevas tecnologías a través del cruce de conocimiento. Un claro ejemplo son los avances conseguidos en el estudio del ADN y su actual aplicación al desarrollo de almacenamiento de información para la creación de biochips.

Innovación conceptual

Muchas organizaciones invierten tiempo y dinero en incorporar a todos sus colaboradores en el proceso de innovación y gran parte de ellas no siempre consiguen los resultados que pretenden. Muchas de ellas, porque las ideas que reciben aportan poco valor para la creación de un nuevo concepto de producto o servicio, o se revelan divergentes de la estrategia de la organización.

Las organizaciones de hoy día están enfocadas en alcanzar la eficacia y la eficiencia. Esto crea patrones de conducta que se ven reflejados no solo en todos los procesos de la organización, sino también en la mentalidad de los colaboradores.

Los colaboradores desarrollan rutinas que les permiten ser más eficientes y eficaces a través de la práctica y el perfeccionamiento de los procesos, evitando así posibles errores, pero estos procesos se revelan como barreras a la innovación.

Cuando las organizaciones pretenden ser innovadoras, buscan también convertirse en líderes, en ser reconocidas por el mercado y distanciarse de sus competidores. Se plantean el desafío de innovar, este desafío resulta más complejo cuando igualmente se proponen incorporar a toda la organización en este proceso.

Envolver a la organización en el proceso de innovación deriva normalmente en la dificultad para conseguir que los colaboradores rompan con el concepto que ya tienen establecido de sus productos o soluciones y, por consecuencia, a los clientes o usuarios.

Para quien pasa todo el día asegurándose de que todos los productos cumplen con una norma, una forma o una función con base en reglas de calidad, estándares de medidas, materiales, color o requisitos del cliente, etc., así como proponer ideas o soluciones que rompan con lo establecido y que sean diferentes puede ser algo complicado y crear un conflicto con una mecánica ya establecida en su pensamiento.

Quizás no sea tan difícil proponer alguna mejoría, pero proponer algo radicalmente diferente, que conquiste y transforme la sociedad y, al mismo tiempo, convierta a la organización en la más innovadora de su sector, puede ser algo más complejo, una vez que nuestro cerebro sabotea nuevas ideas, pues está habituado a evitar salir de un proceso ya definido. Es decir, tenemos que conseguir que desarrollen mayores relaciones sinápticas, mayor flexibilidad sináptica y capacidad de desarrollar analogías conceptuales.

Por tanto, para poder integrar a la organización en el proceso de innovación, necesitamos conseguir que nuestros colaboradores rompan con los conceptos que ya tienen sobre la solución. Para ello, desarrollé una metodología de tres pasos.

Paso 1: alinear el concepto actual

Este paso puede parecer muy simple o inútil, pero, al igual que se trate de una organización con mil o con dos colaboradores, es un hecho que no hay dos personas que tengan el mismo concepto sobre la misma solución —esto no es necesariamente malo—. Por tanto, el primer paso es conseguir entender cuál es ese concepto actual. Muchas organizaciones dan por hecho que los colaboradores tienen una idea muy clara sobre la misión, visión, objetivos, solución, servicios, productos que ofrecen; pero, en realidad, es muy común encontrar conceptos completamente diferentes y dispersos por toda la organización.

Cuando no hay una sintonía en el concepto, el proceso creativo y de innovación resulta más complicado, pues todos trabajan desde puntos de partida diferentes, generando ideas que terminan por no ser útiles a la organización. El desafío en esta fase está en identificar las pequeñas diferencias entre diversos conceptos que cada colaborador tiene y llegar a un consenso.

Paso 2: fortalecer el proceso de conceptualización

En la fase de creación de un nuevo concepto, debemos permitir el planteamiento de soluciones sin cuestionar o restringir ninguna idea. Es importante en esta fase no cuestionar sobre la viabilidad de desarrollar la solución, una tecnología o la de materializar dicho concepto. Es importante conseguir distanciarse todo cuanto posible del concepto original desde las siete dimensiones de la innovación conceptual —abordaré este tema más adelante en el libro—.

Una ventaja en esta fase de creación del nuevo concepto es que solo ocurre dentro de la mente de las personas; por tanto, todo lo que imaginemos es factible. El desafío en esta fase está en adecuar las técnicas o metodologías que se apliquen a la dimensión de la organización para conseguir un resultado útil. Algunas típicas son *brainstorming,* caja de ideas, *design thinking,* etc.

Previo al proceso de ideación, un elemento clave en este paso es asegurarse de que todos los participantes acceden a diversa información que estimule la creación de nuevo conocimiento, ya sea relacionada o no con el objetivo. Este proceso puede realizarse a través de diversas tareas o mecánicas, individuales o en grupo. Como sesiones de inspiración, investigación de campo, visitas de campo, *journey* del producto, visitas a un museo, *benchmarking,* etc.

Paso 3: implementación de un nuevo concepto

En esta fase debemos llegar a un nuevo concepto, integrando las ideas de todos los colaboradores en el proceso. El objetivo pasa por identificar las ideas clave que nos pueden conducir a una nueva solución con potencial innovador.

Asimismo, debemos integrar a toda la organización en el proceso, además de un grupo de peritos, que se encargarán de asegurar la viabilidad de construcción e implementación de la solución resultante.

El resultado no necesariamente tiene que ser factible a corto plazo, ni siquiera es necesario que la organización cuente con los medios para materializarlo. Este proceso puede ser un eje sobre el cual se defina un plan de innovación o *roadmap* tecnológico y el nuevo concepto se traduzca en un objetivo a medio o largo plazo de innovación, sobre el cual se defina un plan de adquisición de *know-how* y tecnologías necesarias para lograrlo.

Un ejemplo de esto es mi generación, que fue estimulada con la inserción de conceptos innovadores a través de las películas y series de TV de ciencia ficción, que han llevado a mi generación a crear tecnologías y empresas capaces de hacer realidad lo que en su momento era solo un concepto del futuro tecnológico de las películas y televisión.

En conclusión, la innovación es un proceso que inicia en él las experiencias y es la diversidad y cantidad de experiencias que aumentan la capacidad de innovación de una persona o de una organización.

Por ejemplo, la probabilidad de que un médico desarrolle un nuevo procedimiento quirúrgico será mayor si lo llevamos a conocer una planta de ensamblado de automóviles que si lo llevamos a muchos hospitales. Al confrontar nuestro conocimiento con experiencias o contextos diversos, podemos de forma inductiva hacer analogías que nos permiten trasladar conceptos para diferentes contextos, por ejemplo, la fabricación de sistema de suspensión hidroneumática podría dar origen a un nuevo concepto de procedimiento médico para resolver una lesión osteocondral de la rodilla.

Las siete dimensiones de la innovación conceptual

Podemos establecer el concepto como la unidad mínima de conocimiento. Mediante los conceptos, clasificamos las cosas y ordenamos el mundo de acuerdo con sus aspectos y cualidades comunes por sus semejanzas y diferencias organizadas a través de los SVS.

Cuando buscamos realizar una innovación, ya sea empresarial o social, el resultado es una nueva solución a un problema.

Sin importar cuál sea la solución, todas las personas crean una relación única con cada solución, lo que da origen a un concepto. Cada uno de nosotros crea conceptos sobre las soluciones que consumimos o adoptamos, que son únicos independientemente de que la solución sea exactamente la misma.

La forma como cada uno de nosotros se relaciona con la solución es única, porque el concepto que hacemos sobre esa solución es una mezcla entre las características de la solución, nuestro conocimiento y nuestra experiencia.

Los conceptos son la forma que tiene nuestra mente de simplificar la realidad y, por tanto, las soluciones forman parte de esa realidad. Los conceptos están integrados por dos dimensiones: una racional y otra sensorial. Es decir, un concepto incorpora todo el conocimiento e información que poseemos sobre un aspecto de la realidad (dimensión racional) e incorpora también todo el conjunto de experiencias vivenciadas relacionados con esa realidad a través de todos nuestros sentidos (dimensión sensorial) y que se concentran en el sistema de vínculo sináptico (SVS) de cada concepto.

De esta forma, cuando una persona piensa en un *smartphone,* su concepto de este dispositivo incorpora toda la información y experiencias relacionadas con esa solución y que son únicas.

Partiendo de este principio, la innovación conceptual, por tanto, puede ser considerada como la introducción de un nuevo concepto a la sociedad con éxito, que altera el concepto de una solución existente en la sociedad.

Igualmente, la percepción por parte de la sociedad de que está ante algo potencialmente innovador es única. La persona identifica la solución o concepto como algo nuevo que cambia su actual y que está dispuesto o no a adoptar.

Esta perspectiva puede darnos una percepción diferente de abordar la innovación, diferente a aquella que parte de forma unidireccional, donde es el creador de la solución quien interrelaciona con la sociedad para alinear el concepto e identificar uno nuevo.

Si aplicamos esta percepción de la necesidad de alterar el concepto que las personas tienen sobre la solución, podemos trabajar la innovación conceptual desde siete componentes del concepto que se construyen a través de los sistemas de vínculo sináptico, es decir, desde la forma más sensorial hasta la más racional de la percepción del consumidor.

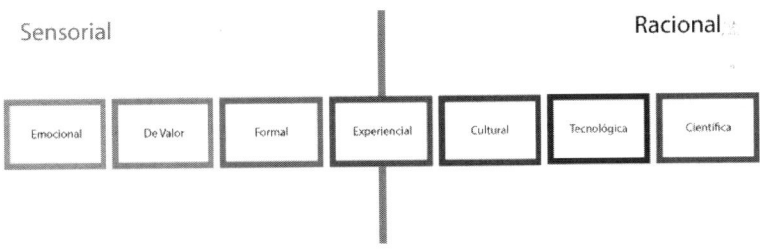

Estas siete diferentes dimensiones de los sistemas de vínculo sináptico son una mezcla con mayor o menor peso de las componentes racional y sensorial del concepto. Puede tener diversas aplicaciones, pero en este libro nos vamos a centrar en la forma como nos vinculamos con conceptos de soluciones, servicios, productos o tecnologías y me referiré a ellas tan solo como soluciones.

1. Dimensión emocional

Está situada más cerca de la componente sensorial y será aquella capaz de cambiar el concepto que las personas tienen sobre una solución, hasta el grado de crear una relación emocional.

A lo largo de nuestra vida vamos creando vínculos emocionales con diversas soluciones, desde el detergente que tiene un olor que nos recuerda a la casa de la abuela hasta nuestros *smartphones,* sin los cuales ya no podemos vivir.

Cuando una marca como Harley-Davidson logra que un cliente haga un tatuaje en su cuerpo del logotipo de la marca es evidente que la empresa está creando una relación emocional entre su solución y quien la utiliza. Son muy pocas las empresas que consiguen llevar a este nivel de vínculo emocional a sus usuarios.

2. Dimensión de valor

Teniendo una componente más sensorial que racional. Es aquella donde el concepto es capaz de cambiar el valor que una persona atribuye a una solución.

Valorar es atribuir o reconocer el valor de una solución de acuerdo con sus características, grado de satisfacción, cualidades o méritos, conforme a los valores de cada persona. Es decir, los aspectos que cada persona considera relevantes para actuar o decidir y condicionados por su contexto.

Lo que puede ser valioso para algunas personas puede no serlo para otras, todo depende de muchos factores. Aunque existen algunos consensos sociales, como el valor del dinero o del oro, finalmente las personas pueden valorar otros aspectos, como el impacto, ecología, calidad, originalidad, exclusividad, satisfacción, etc.

El valor no está vinculado al precio-costo. Muchas personas dan un alto valor a cosas que no tienen un costo, como la honestidad, la lealtad, la inclusión, etc.

El arte es un ejemplo de ello. Un cuadro que puede valer millones para una persona puede no ser valioso para otra. En el desierto del Chad, un litro de agua potable puede ser más valorado que un reloj de lujo.

3. Dimensión formal

Tiene una fuerte componente sensorial, pero también una pequeña racional y será aquella que está vinculada a nuestros sentidos. Es aquella que creamos a través del color, olor, tamaño, textura, sabor, sonido, luminosidad, etc.

En 1998, en que todas las computadoras personales eran cajas blancas metálicas, la iMac de Apple marcó la diferencia lanzando al mercado computadoras fabricadas en plástico colorido y transparente, además de otros aspectos tecnológicos. La apariencia de estas computadoras fue fundamental para cambiar el concepto que las personas tenían de las computadoras personales.

El exprimidor de cítricos de Philippe Starck es un objeto que se sale por completo del concepto tradicional de un exprimidor tradicional. Starck es conocido por diseñar objetos que contrarían la tradicional imagen que las personas tienen de un producto y su exprimidor de cítricos es un ejemplo de esto.

4. Dimensión experiencial

Está compuesta por ambos componentes: la dimensión sensorial y racional. Será aquella capaz de cambiar el concepto que tenemos de una solución, con base en las experiencias que asociamos a una solución.

En esta dimensión, los sentidos nos permiten vivenciar una nueva experiencia, pero también hay un cambio de lo que ya conocemos o sabemos en relación con la solución. Es decir, diferente de lo que alguna vez vimos, pero también de lo que sabíamos.

Durante años, todas las consolas se jugaban de forma sedentaria, el jugador sentado con un comando con botones con el que seleccionaba movimientos o acciones de los personajes u objetos que están en movimiento en la pantalla. Cuando Nintendo Wii introdujo su nuevo sistema mucho más interactivo, cambió el concepto de las consolas, en que los jugadores participan en el juego, en vez de estar sentados con un comando. Ahora tenían que ejecutar las acciones como si estuvieran dentro del juego: saltar, bailar, jugar tenis, golf, etc.

El Segway es otro ejemplo donde la experiencia va más lejos de lo que, además, es conocido. Este vehículo personal introdujo una forma de conducir nunca antes aplicada, utilizando un desarrollo tecnológico de equilibrio automatizado, y abrió un nuevo espacio para los vehículos de movilidad personal en las ciudades.

5. Dimensión cultural

Está situada en el centro de la componente sensorial y racional con un poco más de peso en la última y será aquella capaz de cambiar el concepto sociológico o cultural de la relación con una solución.

Los *jeans,* que era un concepto de ropa muy resistente para el trabajo de los mineros, fueron convertidos en un concepto de rebeldía y juventud.

El internet cambió por completo cómo las personas se comunican entre ellas, abriendo un abanico de posibilidades para conectar personas y objetos de forma continua y accediendo a millones de datos por segundo de lo que las personas hacen en todo el mundo que se comparten de forma más o menos consciente.

6. Dimensión científica

Está situada muy cerca de la dimensión racional y será aquella que consigue cambiar el concepto que tenemos sobre una solución con base en información, conocimiento o *know-how.*

Cuando unos siglos atrás las personas pensaban que el mundo era plano, Cristóbal Colón intentó cambiar el concepto de las personas por el de un mundo esférico. Fue necesario viajar por los océanos durante cientos de años para poder confirmar el concepto de Colón. De igual forma, cuando médicos como Martinus Beijerinck, Edward Jenner, Dmitri Ivanovski mencionaron a los virus, cambiaron el rumbo de la medicina y el concepto del origen de las enfermedades.

Hoy día la información o el conocimiento, la capacidad de manipular las células a partir de la solución CRISPR, que está revolucionando la biotecnología y la medicina genética. Y cambiando el concepto que tenemos de la esperanza de vida.

7. Dimensión tecnológica

Está situada muy próxima a la dimensión racional y será aquella que consigue cambiar el concepto que tenemos sobre una solución, con base en la tecnología, entendiendo la tecnología como una aplicación práctica del conocimiento nuevo científico.

El fuego fue una de las primeras tecnologías que el hombre consiguió desarrollar y que impulsó el sedentarismo. Durante miles de años, el hombre utilizó el fuego para cocinar sus alimentos. Percy LeBaron Spencer conseguiría fabricar el primer horno de microondas; cambió nuestro concepto sobre la tecnología de calentar alimentos, asociado al fuego.

Cada uno de estos tipos de innovación puede actuar individual o colectivamente, pero cuanto mayor número de ellos se encuentren integrados en la alteración del concepto, ello representa una aproximación a una innovación disruptiva. Es decir, es capaz de cambiar por completo el concepto que las personas tienen sobre una solución.

En esta perspectiva de abordaje de la innovación conceptual, el desafío pasa por identificar estrategias que permitan alterar el concepto que la sociedad tiene sobre una solución para que esta la adopte mayoritariamente.

Hemos referido que solo podemos considerar que es una innovación si la solución tiene éxito en su inserción en la sociedad. En el caso de la innovación conceptual, sucede exactamente lo mismo y podemos definir su éxito con base en la aceptación por parte de la sociedad de esa nueva idea o concepto.

Por ejemplo, en el caso de nuevas ideas de soluciones, podemos validar la aceptación de esa idea a través de mecanismos como el *crowfunding* que nos permiten validar con *early adopters,* ese concepto de solución incluso antes de ser creado, captando adeptos antes de ser llevada a la realidad esa solución. Cuando todas las personas adoptan este concepto para referirse a un mismo elemento de la realidad, entonces podemos constatar su inserción exitosa en la sociedad.

Una revolución, por tanto, es la inserción de una innovación conceptual. Colocamos en la sociedad una idea sobre un escenario donde las cosas pueden ser de forma diferente a tal punto que conseguimos insertar esa idea con éxito, hasta el grado de movilizar a la sociedad para conseguir ese cambio de escenario.

La relevancia de entender la innovación conceptual para la próxima gran revolución es comprender que el primer paso está en sembrar una idea que se inserte con éxito en la sociedad y nos permita establecer una nueva realidad.a

De la manzana a la próxima gran revolución

Retomando el ejemplo de la manzana. Si cuando te pedí que pensaras en una manzana y eso te llevó a pensar en una tarta de manzana y eso te llevó a pensar en una manzana roja en un árbol verde y eso te llevó a pensar en la ley de la gravedad de Newton y eso, a su vez, a pensar en el cuadro *El hijo del hombre,* de René Magritte, y eso a pensar en el plátano del álbum de *The Velvet Underground and Nico,* cuya portada fue diseñada por Andy Warhol. Eso sería el reflejo de buenas *soft skills* para un pensamiento innovador o *innovation thinking.*

Ya hablamos de que conseguir una relación improbable entre dos conceptos resulta de las diversas experiencias que se han vinculado al concepto —por ejemplo, manzana— y las conexiones que de este se derivan. Si ellas son lo suficientemente diversas que pueden asociar conceptos que a partida no tienen una relación directa, pero que a través de las sinapsis vinculan información, conocimiento y experiencia vividas, generando nuevo conocimiento. A estas relaciones sinápticas las hemos definido como sistemas de vínculo sináptico.

Nos encontramos en un contexto de un acelerado desarrollo tecnológico, impulsado a su vez por una facilidad de acceso a la información y por un aumento exponencial de información disponible.

Si pasamos del ejemplo de la manzana a conceptos más sofisticados relacionados con el desarrollo tecnológico en áreas *deep tech*, como la biotecnología, biomecánica, biomedicina avanzada, biotrónica, biorrobótica, microbiología, nanotecnología, fotónica, nanoelectrónica, materiales avanzados, nanorobótica o genética, la combinación de conceptos que surgen de estas áreas está cambiando nuestro mundo.

Estamos combinando conceptos *deep tech* para producir alimentos genéticamente modificados, enzimas sintéticas, biocombustibles, terapias genéticas, interfaces entre *cerebro-devices*, sensores biológicos, criptografía poscuántica, computación fotónica, nanorrobótica médica, cultivo de tejidos terapéuticos, cultivo de proteínas alimentarias, biotecnología sintética, inteligencia artificial, *fog computing* o fabricación aditiva.

Pero cuando digo que estamos haciendo esto, me refiero a nosotros como humanidad o sociedad, aunque siendo correctos no somos todos los que participamos en este proceso, ni todos los que en un futuro tendrán la oportunidad de participar de este proceso de desarrollo.

El porcentaje de científicos y tecnólogos dedicados a la investigación y desarrollo e innovación o I+D+i es un porcentaje muy pequeño de la población, y el liderazgo abrumador en desarrollo tecnológico por parte de China distancia al resto del mundo de una posible intervención equiparable.

Sin duda las *deep tech* están definiendo el futuro no solo en la forma como será nuestro mundo, también está creando una nueva brecha en la sociedad. Si pudiéramos hacer una actualización de los 17 ODS, sería importante incluir la ciencia y tecnología como el objetivo 18.

Las metas tendrían que estar centradas en asegurar que las personas no solo sean usuarias de la tecnología, también sean capaces de desarrollar su propia tecnología.

La primera meta sería de aquí a 2030, eliminar las disparidades de género en la educación en las áreas conocidas como STEM (Sciences, Technology, Engineering, Mathematics) y asegurar que una porción considerable de jóvenes formados en las áreas STEM.

La segunda meta sería promover el desarrollo de una ciencia y tecnología inclusiva y sostenible, y de aquí a 2030, aumentar significativamente la contribución de la industria a la solución de los desafíos del desarrollo sostenible y la creación de empleos en las áreas de investigación, desarrollo e innovación.

La tercera meta sería promover las interacciones entre entidades públicas y privadas en la investigación, desarrollo e innovación en las llamadas *deep tech*, así como la transferencia de conocimiento y tecnología entre los países desarrollados y los menos adelantados.

Por último, aumentar significativamente la inversión en infraestructuras y apoyos al emprendimiento científico y tecnológico, fortalecer los mecanismos públicos y privados de capital de riesgo para *deep tech*, brindar el acceso público a los sistemas de inteligencia y vigilancia tecnológica, así como implementar políticas flexibles y alentadoras para el surgimiento de *spinoffs* de las instituciones públicas y privadas de cara a una soberanía tecnológica.

Esta inclusión del ODS 18 podría influenciar otros ODS como el 4 de Educación de Calidad, dando un mayor peso a la matemática y el pensamiento computacional dentro de sus metas.

Quizás sería utópico pensar que todos participaremos en el proceso del desarrollo tecnológico como creadores, pero sin duda participamos de él como consumidores, sin importar cuánto los Gobiernos y organización hagan por cambiar el paradigma actual, la sociedad debe asumir su rol como reguladora del mercado.

Para construir una sociedad con capacidad de comprender y decidir a dónde quiere llevar la tecnología, la sociedad deberá tener la oportunidad de acceder a información, conocimiento y experiencias que le permitan valorar la consecuencia de sus decisiones de consumo.

Las experiencias que vividas van modelando cada sistema de vínculo sináptico de cada concepto es a través de la suma de conceptos que construimos nuestro pensamiento y, en consecuencia, esto define nuestro comportamiento. Por tanto, podemos decir que el pensamiento de una persona es definido por las experiencias que esta ha vivido.

Las experiencias son creadas con base en dos dimensiones. Por un lado, el espacio y, por otro, el tiempo, entendiendo el espacio como el contexto en que la experiencia es creada. Por otro lado, el tiempo, como la relación temporal a la que nos conduce esa experiencia, pero no necesariamente relacionado con el tiempo en que sucede, puede también ser ubicado en el pasado o el futuro. Por ejemplo, si es basado en un recuerdo o en una previsión.

Como ya comentamos anteriormente, estamos muy lejos de lograr comprender el funcionamiento del cerebro, pero a través de un modelo de segmentación del pensamiento partiendo de las experiencias podríamos encontrar una relación entre ambas variables tiempo y espacio para hacer una decodificación del comportamiento de las personas.

Si una solución tecnológica puede derivar de un concepto y un concepto se construye a través de las relaciones sinápticas y el sistema de vínculo sináptico se construye a través de las experiencias y las experiencias determinan nuestro pensamiento y nuestro pensamiento condiciona nuestro comportamiento, podemos deducir el tipo de personas que adoptarán o se relacionarán con determinadas soluciones tecnológicas con base en su comportamiento, que es un reflejo de su pensamiento.

Base conceptual

Neuroinnovación. Área de estudio que nos permite comprender desde una perspectiva integral el funcionamiento del cerebro a fin de aplicar dicho conocimiento en la gestión de la innovación, partiendo del principio de que las capacidades de pensamiento de las personas son el punto de partida de la innovación. Por tanto, cuanto mejor conozcamos la forma como construimos el pensamiento, esto nos permitirá dotarlo de habilidades y capacidades para la generación de ideas potencialmente innovadoras.

Concepto. Entender el concepto como la unidad mínima de una idea y, por tanto, el punto de partida de la innovación. Considerando que los conceptos se construyen a través de las experiencias y que, a su vez, las experiencias tienen como base dos elementos: tiempo y espacio.

Pensamiento. Se construye a través de nuestros conceptos. Nuestras ideas son la sumatoria de conceptos, a su vez, el pensamiento define el comportamiento. Cuantos más conceptos generemos en nuestro cerebro, mayor la posibilidad de generar nuevo conocimiento y cuanto más diversos son los conceptos, mayor la posibilidad de generar ideas diferentes hasta el punto de ser potencialmente innovadoras.

Innovación conceptual. La inserción con éxito en la sociedad de un nuevo concepto se refiere principalmente a la capacidad de insertar conceptos que permitan moldear un nuevo escenario en la sociedad al cambiar la percepción sobre algún elemento diferente del existente en la realidad.

Creación de nuevos conceptos

Paso 1. Alinear el concepto actual. Asegurarse de que todos tienen la misma percepción sobre el concepto actual.
Paso 2. Fortalecer el proceso de conceptualización. Fortalecer las capacidades de los colaboradores aumentando el conocimiento que tienen sobre el concepto para asegurar que tienen materia prima para generar algo nuevo.

Paso 3. Implementación de un nuevo concepto. Utilizar los resultados para elaborar un plan de innovación o *roadmap* tecnológico.

Sistema de vínculo sináptico. Se refiere a las conexiones neuronales que desarrollamos a lo largo de nuestra vida y que nos permiten dar significado a todo lo que nos rodea. En esencia, son los diversos fragmentos de información que en su conjunto nos permiten crear un concepto. Estos pueden tener una componente sensorial y una componente significativa.

Las tribus de la próxima gran revolución

En el 2005, tuve la oportunidad de trabajar en un proyecto para construir la identidad cultural del Atlántico Norte y transformarla en productos que se relacionarán con esta identidad. Durante este periodo, tuve la suerte de conocer a Juan Carlos Santos Capa, de quien aprendí una forma muy interesante de segmentar e interpretar el pensamiento de las personas y su correlación con los objetos.

La aplicación que Juan Carlos hacía de esta metodología estaba enfocada en identificar las tendencias del mercado. Esta metodología permite anticipar el mercado de forma asertiva, de manera semejante a lo que hacen empresas como WGSN.

Las tendencias son el resultado de un ciclo de comunicación de un concepto en el mercado; este ciclo inicia con un nuevo fuerte y definido concepto que normalmente está inspirado en lo que sucede fuera del mercado, a esto se le llama «satélites».

Los satélites crean cosas fuera de lo común buscando destacarse de lo que todos tienen. Estas ideas son tomadas por empresas líderes captando la esencia del mensaje, lo ajustan para fabricarlos artesanalmente o a baja escala y alto costo, definiendo una tendencia. Las tendencias influencian a las empresas seguidoras, que reinterpretan el mensaje para poder fabricarlo en serie y costo medio para llegar a más personas, haciendo de esto una moda. Por último, las empresas masificadoras reinterpretan el mensaje para poder fabricarlo a gran escala y bajo costo.

En este ciclo, la idea o concepto original va perdiendo fuerza, de la misma forma que en el juego del teléfono descompuesto donde se coloca una fila de personas y un mensaje pasa de boca en boca y al final de la línea lo que la última persona dice tiene muy poco que ver con lo que la primera persona dijo, así pasa con los productos.

Marcas como Hermès sin duda han sido líderes en tendencia; inspirado en el mundo equino, Hermès llena sus bolsos de detalles trasladados de las monturas y equipamiento ecuestre, desde formato y manejo de la piel, hasta cada herraje.

El mensaje está pensado para conectar con un consumidor específico, alguien quien comprende dicho mensaje y, por tanto, da valor al producto, es decir, está dispuesto a pagar más por ese producto por lo que le significa. Alguien que juega polo o practica equitación consigue interpretar el simbolismo y mensaje de un bolso Hermès y se identifica con dicho mensaje valorando el producto.

Antes de existir las redes sociales, estas personas se consideraban *influencers* al crear una tendencia, ya que inspiraban a otros, quienes buscando replicar su apariencia o estilo buscan productos semejantes, pero más accesibles creando una moda; aunque no por entender el concepto o mensaje del producto, sino solo por seguir una tendencia.

Nuestra mente de forma más o menos consciente es capaz de interpretar los mensajes o conceptos que están en la esencia de los objetos, aunque no necesariamente todos los objetos tienen un mensaje claro o bien estructurado; no todos los productos tienen un diseñador detrás y no todos los diseñadores tienen la capacidad de comunicar de forma adecuada.

La propuesta de Juan Carlos era muy interesante y asertiva, pero yo estoy acostumbrado a desafiar lo ya establecido. Por lo tanto, busqué respuestas al fundamento por detrás del concepto, algo que desde mi perspectiva tuviera congruencia.

Para mí era claro que las experiencias moldean nuestro pensamiento y el pensamiento determina nuestro comportamiento.

Ya hablamos de que las experiencias se construyen a partir de los conceptos de tiempo y espacio, dando origen a sistemas de vínculo sináptico, que nos permiten organizar la información almacenada en nuestro cerebro de una forma relacional. Las relaciones que se generan entre cada concepto moldean nuestro pensamiento y, por tanto, nuestro comportamiento, que define nuestro consumo.

Así que a partir de la metodología de Juan Carlos, unos años después, desarrollé mi propia versión de esta metodología, que me permitiera decodificar el pensamiento de las personas. Pero cuando comencé a dar forma a este libro comprendí que tenía que llevar esta metodología a otro nivel, donde esta comprensión del pensamiento me permitiera también entender la relación de los individuos con la tecnología y, desde esa perspectiva, entender las fuerzas que luchan en la próxima gran revolución.

Comenzaré por explicar las bases de la metodología segmentación del pensamiento por experiencias.

Cuando desarrollé esta metodología, mi intención era facilitar la comprensión dentro del proceso de innovación, de la construcción de un vínculo entre una idea potencialmente innovadora y sus potenciales adoptadores, principalmente aquellos conocidos como adoptadores tempranos *(early adopters)* y, a partir de este vínculo, construir una solución y transformarla en una experiencia de valor para las personas.

Este modelo nos permite identificar un punto de partida común entre la idea y los conceptos de valor de los adoptadores, sobre el cual podrá ser construida una solución.

Al conjugar las ideas de Juan Carlos sobre la segmentación del pensamiento del consumidor con los conceptos de construcción del pensamiento, comprendí que existía una relación entre tiempo y espacio que definía nuestra forma de percibir, interpretar e interactuar con nuestro contexto.

La segmentación del pensamiento por experiencias cataloga las experiencias de acuerdo con el contexto y tiempo en que son ubicadas en la mente.

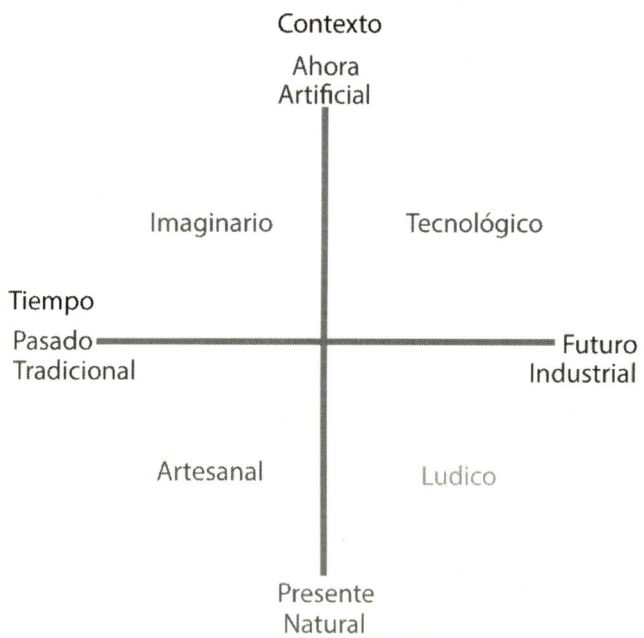

Por ejemplo, una película de ciencia ficción en nuestra infancia es una experiencia que puede crear un concepto relacionado con el futuro, creando una conducta de valorización de la tecnología.

O una experiencia relacionada con un oficio artesanal puede crear un concepto vinculado con el pasado, generando una conducta de valorización de las tradiciones.

De igual forma, las experiencias nos permiten crear una relación con el contexto. Por ejemplo, un verano pasado en el bosque puede ser una experiencia que construya un concepto de valor en un contexto de naturaleza. En cuanto que un buen libro de aventuras puede crear un concepto de valor para un contexto imaginario.

Aunque casi desaparecidas, cuando era niño era posible convivir con diversas actividades de artes y oficios que formaban parte de nuestra vida cotidiana. Estoy seguro de que muchas personas de esa generación tenían padres o abuelos que tenían como profesión un oficio. Para estas personas, esas experiencias crearon un concepto de valor por lo tradicional.

Mi generación vivió el cambio tecnológico, creció viendo películas como *Star Wars* o *The Jetsons*. Fue esa misma generación que impulsó el desarrollo tecnológico. Tenían en la mente el objetivo de materializar aquello que de niños nos entusiasmaba: las videollamadas, los robots, los autos voladores, etc.

Es importante tener en cuenta que, en definitiva, no es una única experiencia la que nos define, pero sí la suma de ellas que van moldeando nuestro pensamiento. Aunque siempre existirán experiencias que pueden marcar más nuestra personalidad, como, por ejemplo, la caída de las Torres Gemelas el 11 de septiembre en EE. UU. o la pandemia del COVID-19.

En el modelo de segmentación del pensamiento que proponemos, podemos identificar algunos de los tipos de pensamiento referidos por los principales autores en este campo. Cada uno de estos tipos de pensamientos se refiere al proceso por el cual es construido el pensamiento o un nuevo pensamiento.

Es importante tener en cuenta que la mayoría de las personas utilizamos diversos tipos de pensamientos, dependiendo de diversos factores. El tipo de pensamiento que utilizamos está directamente relacionado con nuestro sistema de vínculo sináptico, con la información que disponemos y con nuestras experiencias relacionadas con cada situación.

La conjunción de nuestros pensamientos define nuestra personalidad, la forma como nos comportamos, cómo consumimos, cómo nos relacionamos..., en suma, nuestros pensamientos en lo que externamos y cada una de nuestras acciones se convierten en un mensaje.

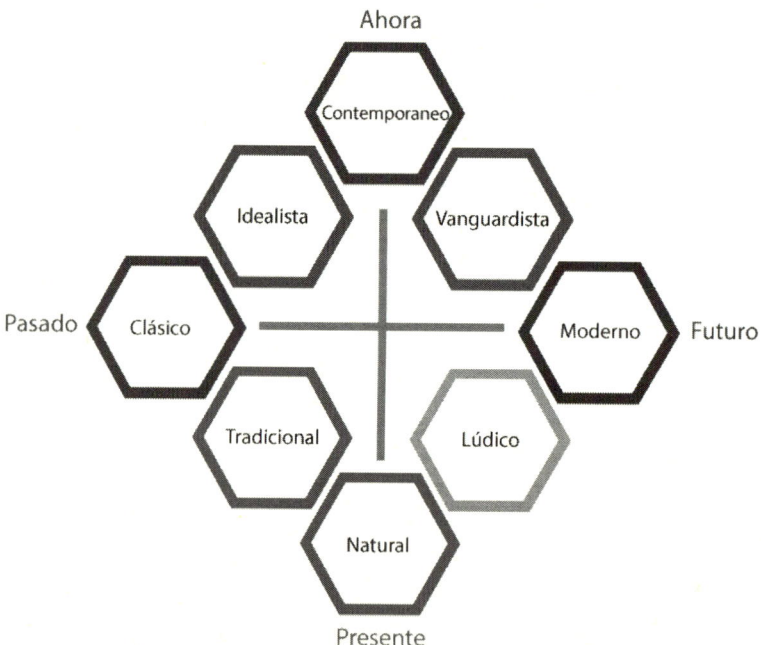

Con base en todo lo anterior, diseñé la metodología de segmentación del pensamiento por experiencias, a través de la cual se puede descifrar el pensamiento revolucionario a través de las experiencias que lo moldean.

Lo interesante de este modelo es que nos permite comprender la relación que las personas tienen de cara a la tecnología desde dos perspectivas. Por un lado, la relación de quien los produce y la visión en que sustentan su producto. Por otro, la relación de quien los consume y el porqué de la atribución de valor.

De esta forma, el modelo nos permite ir más lejos de la creación del producto, consiguiendo crear experiencias que permiten generar una relación de valor entre la solución tecnológica y sus adoptadores, como lo hacen Harley-Davidson, IKEA o Apple.

El modelo es bastante intuitivo, pero requiere de cierta práctica y sensibilidad. Es posible aplicarlo en diversos contextos, así como en el desarrollo de soluciones tecnológicas.

Si conseguimos comprender qué aspectos determinan el pensamiento de un grupo de personas, podremos entender por qué algunas personas se sienten más identificadas con soluciones no tecnológicas y por qué otras entienden la tecnología como la mejor solución. Ninguna de ellas es cierta o errada. Aquí lo más importante es comprender qué lleva a unas u otras a identificar con cada opción.

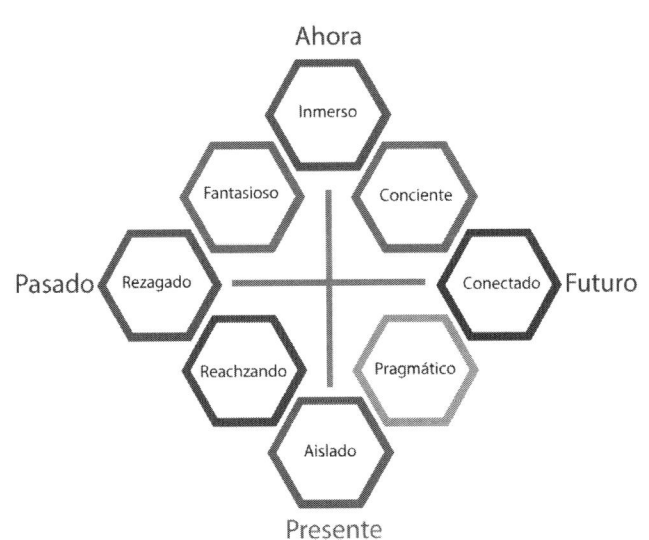

Al final, si lo que buscamos es generar tecnologías altamente revolucionarias, estas tendrán que estar centradas en las personas, pero ello resulta relevante entender cómo ven el mundo y construyen su pensamiento.

Esta metodología nos permite identificar tendencias de consumo, por lo que la utilizaré para crear ocho tribus revolucionarias que me permitan ejemplificar la aplicación de esta segmentación con base en el comportamiento de relación con la tecnología de cada tribu.

Básicamente, esta metodología nos permite analizar cómo un contexto o escenario será asimilado bajo los diferentes prismas de pensamiento. Utilizado de forma prospectiva, nos permite entender cómo se comportarán las personas en determinados plausibles escenarios.

Esta metodología te permitirá anticipar tendencias con una alta asertividad semejante al trabajo que realizan empresas como WGCN o Trendwatching.

Para este parte del libro he creado ocho perfiles de consumidor que están emergiendo influenciados por el avance tecnológico y nos permiten comprender cómo desde los diversos tipos de pensamiento clásico, idealista, contemporáneo, vanguardista, moderno, lúdico, natural y tradicional se relacionan con la tecnología, caracterizados como si se trataran de tribus en un formato típico de tendencias de consumo.

La matriz a seguir nos resume las bases de cada tendencia.

Pensamiento	Espacio	Tiempo	Actitud de Consumo	Actitud con la Tecnologia	Tribu Revolicionaria
Lógico	Tecnológico	Futuro	Moderno	Conectado	Global-ON
Crítico	Digital	Mañana	Vanguardista	Conciente	Resour-Serchers
Mágico	Artificial	Ahora	Contemporaneo	Inmerso	ON-Mersed
Sensorial	Fantástico	Ayer	Idealista	Fantasioso	Net-Bubblers
Sistemático	Clásico	Pasado	Clásico	Rezagado	Off-Befores
Pragmático	Artesanal	Antes	Tradicional	Reachzando	Craft-Solvers
Instintivo	Natural	Hoy	Natural	Aislado	Soft-Printers
Creativo	Ecléctico	Despues	Lúdico	Pragmático	Clanship-Fters

Global-ON. Esta tribu está convencida de que el hombre es capaz de mejorar el mundo a través del conocimiento. Están convencidos de que la ciencia y la tecnología son capaces de todo, de crear vida y transformar el mundo. Viven conectados para incrementar su conocimiento, tienen una participación activa en el desarrollo de nuevas tecnologías. Son visionarios del futuro tecnológico.

Resour-Searchers. Esta tribu está consciente de la agravante de escasez de los recursos y busca aplicar la tecnología para contornear esta situación. Están preocupados por asegurar nuevas fuentes de recursos renovables que les permitan asegurar su estilo de vida y confort. Suelen ser los *early adopters* de las tecnologías sustentables.

ON-mersed. Esta tribu está siempre conectada *(on)* y pasa más tiempo en el mundo virtual que en el mundo real *(immersed)*, apreciación de lo artificial y la magia de poder tener otras vidas distintas de la suya, aunque irreales. No les importa el pasado o el futuro, solo el ahora, hasta el punto de llegar a perder la noción entre lo real y lo virtual. Llegan hasta el grado de tener una vida muy diferente en las redes sociales que en la realidad.

Net-Bubblers. Esta tribu solo ve la parte buena de la tecnología. No están muy preocupados por lo que hay detrás de ella o su impacto. Viven en un mundo fantasioso donde todo está bien y solo les importan sus problemas personales, dan una alta relevancia a lo que postean de su vida y a lo que sus seguidores opinan en las redes sociales. Su visión de tecnología se limita a su *smartphone*, viven en su burbuja.

Off-Befores. Esta tribu vive pensando que todo era mejor antes. Son los *late-adopters*. Están rezagados tecnológicamente, ya sea porque así lo quieren, o porque tienen dificultad para acoplarse a las nuevas tecnologías, pues no ven en ellas utilidad. Piensan que todo se resolverá por intervención divina y su distanciamiento de la tecnología no les permite tener una conciencia de cuál es su alcance y riesgos.

Craft-Solvers. Esta tribu está convencida de que debemos regresar a la forma en la que todo era hecho sin utilizar tecnologías que consuman recursos no renovables. Rechazan de forma general la tecnología y buscan en métodos artesanales y ancestrales las respuestas a todo, en temas como la salud, la educación, la economía.

Soft-Printers. Esta tribu tiene un gran respeto por el ecosistema. Quiere reducir al máximo su huella en el planeta *(foo-*

tprint), buscar depender lo menos posible de la tecnología y estar aislados de ella. Están convencidos de que en la naturaleza está la respuesta a todo. Han abandonado las redes sociales y construyen comunidades para establecer un estilo de vida orgánico, natural y sin tecnología.

Clanshi-fters. Esta tribu está preocupada con el ambiente y la sociedad, pero está convencida de que con soluciones creativas y menos tecnología podemos resolver el mundo. Intentan divertirse en el proceso haciéndolo lúdico y compartiendo su experiencia con amigos reales y virtuales. Intentan tomar lo mejor de los dos mundos, el natural y el tecnológico, buscando un equilibrio saludable, pero desacelerando sus vidas.

Segmentación del pensamiento por experiencias

Es una metodología que nos permite segmentar en ocho grupos a las personas según su pensamiento. Cada uno de estos grupos parte de la combinación de las experiencias en condiciones de tiempo y espacio, que, a su vez, construyeron determinados conceptos y, por tanto, un pensamiento específico.

La comprensión del origen del comportamiento y su segmentación nos permite desarrollar soluciones más empáticas y alineadas con el pensamiento de las personas, facilitando su aceptación y adopción.

Si entendemos que no todas las personas piensan igual y, por tanto, no todas valoran de la misma forma las soluciones, esto también nos permite comprender que no existe una solución universal y que la diversidad es natural, pero, al mismo tiempo, nos da claridad sobre qué tipos de soluciones hacen mayor sentido para determinadas personas según su pensamiento.

Desarrollando la mente de la próxima gran revolución

Si nuestros pensamientos definen nuestro comportamiento, ¿podemos moldear nuestro pensamiento a través de experiencias? ¿Cómo creamos mentalidades revolucionarias que nos permitan afrontar la próxima gran revolución?

La suma de acciones definidas por nuestro comportamiento nos permite alcanzar los objetivos definidos por el pensamiento. Pensamiento es a objetivos (conceptualización), lo que comportamiento es a acciones (materialización).

Nuestro comportamiento puede establecer una intención, pero el adecuado resultado de esa intención requiere también habilidades que nos permitan concretar nuestros objetivos. Sin duda, afrontar una revolución no es un desafío fácil.

Podemos iniciar una revolución, permeando un concepto en la sociedad de un cambio radical, disruptivo que pueda acontecer en diversos ámbitos, como el económico, social, político, científico, tecnológico, etc.

Las revoluciones son oposiciones a lo establecido, a un sistema implementado y para conseguir esto tiene que existir un colectivo o masa crítica, lo suficientemente grande para conseguir sobreponerse a lo ya establecido. Un objetivo puede ser, por ejemplo, crear una tecnología que permita revolucionar por completo un problema social o ambiental, como el hambre en el mundo. Un proyecto Moonshot donde colaboremos de forma global.

Ser un revolucionario resulta de una serie de experiencias que nos permiten encarar la vida de una forma crítica, propositiva, proactiva y efectiva. La próxima gran revolución requiere de personas dispuestas a jugar un papel *game changers* que cambien las reglas del juego y que sean agentes de cambio.

Si no quieres ser un simple espectador, una víctima o una estadística del daño colateral de esta revolución, tendrás que empezar cambiando algo dentro de ti. Este camino, sin duda, conlleva diversos desafíos. ¿Cómo puedes prepararte para ser un *game changer*?

El emprendedor es, de alguna forma, un revolucionario. Cuando este se propone cambiar las reglas del juego en un sector o una actividad, se convierte en un revolucionario. Cuando encauza ese objetivo para transformar radicalmente la vida de las personas es, sin duda, el tipo de revolucionario que se requiere para la próxima gran revolución.

Me considero un emprendedor serial. A los doce años, creé una pequeña empresa de venta de queso de vaca con ayuda de mi madre. A los diecisiete, participé en el programa de emprendimiento de Junior Achievement. Desde entonces he creado ,ás de veinte empresas a lo largo de toda mi vida; algunas con éxito y otras con mucho aprendizaje.

Me formé en diseño industrial, economía, gestión y desarrollo de nuevos productos. Inicié mi experiencia en innovación dentro del sector automóvil creando escenarios del futuro de la movilidad. Esto me llevó al mundo de la innovación, desde entonces he dado consultoría a más de quinientas compañías en veinte países de tres continentes, en temas de innovación, emprendimiento, internacionalización, transferencia de tecnología, monetización de patentes, gestión de intangibles y desarrollo sustentable.

Tuve la oportunidad también de dar consultoría a diversos Gobiernos en la definición de estrategias regionales de innovación, modelos de evaluación de programas de estímulo a la innovación o la creación de modelo de trasferencia de tecnología de las universidades públicas al sector empresarial.

Toda esta experiencia, las personas que conocí, *start-ups* y empresas con las que trabajé, me llevó a comprender mi propósito: el impulso y desarrollo de *startups* de impacto de base científico-tecnológica que integren en la sociedad tecnologías altamente revolucionarias, capaces de cambiar al mundo.

Con base en esa experiencia, desarrollé la metodología *revolutionary inner skills* como una guía para el desarrollo de las habilidades blandas necesarias para el emprendimiento revolucionario. Este abordaje podemos decir que es una antítesis de la metodología Lean Startup, ya que de nada sirve desarrollar rápidamente ideas sobre las cuales podamos diseñar un modelo de negocio si van a morir un par de años después. Cientos de miles de *startups* han muerto por la falta de habilidades blandas, como perseverancia o humildad, en sus fundadores.

Confío en que esta guía te permita unirte a esta revolución, seleccione diversas habilidades blandas que yo mismo he utilizado como emprendedor, deportista, consultor en innovación, diseñador industrial y revolucionario, pero también inspirado por otros emprendedores y empresarios que he tenido oportunidad de conocer y aprender.

Revolutionary ineer skills

La próxima gran revolución es una revolución humana, de las personas para la sociedad. La metodología *revolutionary inner skills* fue diseñada para desarrollar y estimular las capacidades individuales. Enfocada en treinta habilidades blandas que permitirán mejorar la capacidad de afrontar nuevos desafíos, de generación de nuevas ideas, de integrar conceptos, crear nuevas soluciones tecnológicas, de resolución de problemas, de analizar el contexto y de transformar esas nuevas ideas en soluciones altamente revolucionarias que puedan ser implementadas en la sociedad con éxito.

En esta revolución, están surgiendo diversos caminos. Hay quienes están implementando nuevas tecnologías que puedan cambiar el mundo, quienes están utilizando tecnologías ya desarrolladas para generar nuevas aplicaciones de impacto o quienes consideran que lo mejor es abandonar el uso de las tecnologías y retomar el uso de métodos artesanales o ancestrales.

La primera pregunta que tendrías que hacerte es si quieres hacer simplemente una organización que desarrolle soluciones o si lo que quieres es hacer una organización que desarrolle alternativas altamente revolucionarias. Y la pregunta es pertinente porque en todo el mundo existen personas y organizaciones que están impulsando soluciones y tecnologías con las que tendrás que competir o colaborar, donde solo siendo realmente innovador podrás aportar valor.

¿Cómo puedes prepararte o preparar a las personas para que sean altamente revolucionarios? ¿Cuáles son las capacidades mentales que nos permiten ser innovadores?

Hace un par de años, desarrollé Innovator Inner Skills, un programa de entrenamiento que ejercita, estimula y desarrolla capacidades mentales como la flexibilidad y la generación de nuevos conocimientos, nuevos procesos cognitivos y aplica estas capacidades en la generación de innovación disruptiva.

Esta metodología, específicamente, fue desarrollada para las personas que buscan ser más innovadoras, independientemente de la actividad que ejercen o la organización a la que pertenecen, desarrollando capacidades que les permitan aplicar la innovación en todos los aspectos de su vida.

La innovación es desarrollar una nueva idea y ponerla en práctica con éxito. La innovación disruptiva es aquella de la cual surgen ideas o soluciones completamente diferentes, que rompen con las reglas de lo que existía hasta hoy y que son insertadas con éxito en la sociedad.

Las personas con capacidad de innovación disruptiva son agentes de cambio, revolucionarios, visionarios capaces de transformar su entorno y de cambiar su mundo. Personas como Steve Jobs, Mahatma Gandhi, John Lennon, Leonardo da Vinci cambiaron las reglas en la tecnología, la política, la cultura y la ciencia.

Entonces, ¿cómo aplicar la innovación en su desarrollo personal? ¿Cómo transformar la innovación en la principal arma de las personas para enfrentar la próxima gran revolución (TNBR)?

Voy a compartir contigo la metodología *revolutionary inner skills,* que busca estimular capacidades que permitirán aumentar la generación de nuevas ideas creativas y con potencial innovador, que se podrán aplicar de forma general en su vida, ya sea para su ámbito familiar, para su desarrollo profesional, para superar un desafío personal o para desarrollar un proyecto de impacto social.

Un cerebro adecuadamente ejercitado permite generar más y mejores ideas, porque nuestros pensamientos e ideas son el camino para construir nuestro destino. La metodología *revolutionary inner skills* tiene como objetivo generar y estimular algunos elementos del funcionamiento de nuestra mente, desarrollando treinta habilidades blandas que nos permitirán mejorar nuestra capacidad de afrontar nuevos desafíos, la generación de nuevas ideas, de integrar nuevas soluciones, de la resolución de problemas, de analizar el contexto y poner en práctica con éxito alternativas altamente revolucionarias.

Cuando las personas son confrontadas con la necesidad de crear nuevas ideas que deriven en nuevas soluciones, esto genera resistencia al cambio, porque implica riesgo, y un riesgo implica potenciales errores, con lo cual el cerebro sabotea nuevas posibles ideas que conduzcan a un posible error. Es decir, condiciona las nuevas ideas para permanecer cerca de aquello que ya conoce y sabe que funciona, entorpeciendo el proceso de la innovación.

La metodología *revolutionary inner skills* fue creada para desarrollar treinta *soft skills* agrupadas en seis aspectos clave que definen nuestra capacidad de transformar el pensamiento/comportamiento en un pensamiento centrado en el desarrollo de soluciones tecnológicas altamente revolucionarias.

Para la creación de esta metodología, tomé como punto de partida mi experiencia como diseñador; emprendedor; deportista; consultor en innovación, planeación estratégica, propiedad intelectual y desarrollo sustentable.

Mi formación de base es diseñador industrial. A lo largo de mi carrera me enfoqué en el *design management*. En determinado momento, las organizaciones identificaron la forma en la que los diseñadores piensan, una metodología para la resolución de problemas complejos colocando en el centro de la solución a las personas. A esto lo llamaron *design thinking*. Esto despertó mi interés para analizar e identificar qué otros tipos de pensamientos podrían ser útiles para construir una mente altamente revolucionaria.

Existen diversas formas de estimular y desarrollar cada uno de estos pensamientos. En este libro voy a centrarme en listar las diferentes habilidades, sin llegar hasta el punto de especificar detalladamente cómo desarrollarlas. Muchas de ellas requieren de experiencias vivenciales para ser estimuladas. Si deciden llegar más lejos en esta metodología, pueden consultar mi página web y tomar alguno de los talleres para desarrollar estas habilidades: www.jorgecarpinteyro.com.

Si deseas hacerlo por tu cuenta, seguramente encontrarás diversas alternativas para desarrollar cada una de ellas, ya sea a través de libros o con la ayuda de un especialista.

1. Core inner skills

Aprender a vivir es un proceso continuo, único e individual. Cada uno de nosotros nace y crece en un contexto irrepetible que nos moldea. Con el tiempo, encauzamos nuestro aprendizaje, en mayor o menor medida, para entender quiénes somos, cuáles son nuestros límites, qué sentimos, qué queremos y qué desconocemos.

La próxima gran revolución es un desafío para direccionar a la humanidad hacia un nuevo paradigma del rol de la sociedad en el desarrollo tecnológico y la transformación del contexto que de esta se deriva. Para ello, es imprescindible un proceso de introspección que nos permita claridad en ver dónde queremos estar como sociedad en el futuro y qué rol pretendemos dar a la tecnología en ese proceso.

Las cinco habilidades internas básicas que debemos desarrollar son saber quién soy, entender qué es lo que me limita, desarrollar mi inteligencia emocional, fortalecer mi voluntad de vencer y desarrollar la capacidad de aprender de los otros.

1.1 *Being* (saber quién soy)

Si no sé quién soy, cómo puedo ser. Para saber quién soy, tengo que descartar aquellas cosas que sin su existencia no alteran mi existencia y al final me quedará lo que yo soy. Estando aquí y ahora.

En este proceso es necesario un proceso de introspección, reflexión y conocimiento de nosotros mismos. Descubrir quiénes somos es un proceso fundamental para tener una base sólida para comprender lo que hacemos y por qué lo hacemos.

No puedes pretender cambiar el mundo si no sabes quién eres. Si un grupo de personas que no saben quiénes son, cómo pretende liderar un cambio en la sociedad, saber quién soy me permite asumir un sentido de responsabilidad, compromiso con la construcción del bienestar para todos a partir de mi propio cambio o acciones.

1.2 *Break limits* (saber qué me limita)

Comprender que nuestro primer límite somos nosotros mismos y la necesidad de romper ese límite, romper con nuestras barreras mentales nos permite ser capaces de lograr lo que nos propongamos.

Liberar de preconceptos la mente es de las cosas más importantes. La mayor parte de las personas fueron educadas para no romper las reglas, para no cuestionar lo que se nos enseña en la escuela y replicar lo que ya está establecido para evitar cometer errores.

Cualquier cambio en cualquier campo implica cuestionar lo existente a fin de encontrar nuevas soluciones o redescubrir soluciones antiguas que nos permitan una transformación. Muchas veces creemos que las reglas, normas o leyes limitan la capacidad de crear o innovar y la verdad es que algunas de las ideas más creativas surgieron cuando tuvieron la necesidad de generar una solución superando los límites predefinidos.

1.3 *Know you* (desarrollar mi inteligencia emocional)

La inteligencia emocional es la capacidad de identificar, entender, comunicar y gestionar las emociones. La inteligencia emocional nos permite dar respuestas alineadas con nuestros valores y objetivos a los desafíos de la vida y de la sociedad; ser críticos, creativos y comprometidos con los problemas sociales.

Ser reflexivo con nuestros propios pensamientos y tener capacidad de autolimitarnos, controlar impulsos y evitar reacciones impulsivas que podrían causar problemas o conflictos. Nuestra empatía y comprensión de los problemas de la sociedad nos permite tener una idea clara de la realidad en la que vivimos.

1.4 *Hungry* (fortalecer mi voluntad de vencer)

Ya sea porque se tiene todo o porque no se tiene nada, ambos polos de la situación pueden llevar a las personas a no realizar un esfuerzo por cambiar el contexto. Cuando se tiene todo, no hace sentido hacer algún cambio. Si estoy en una posición confortable y cuando no se tiene nada, sentir que la falta de recursos nos limita a tomar algún tipo de acción también es común.

Es importante que cuando identificamos algo errado de lo que sucede en nuestro contexto con lo que no estamos de acuerdo tener la ambición y la osadía de desafiar al mundo, se tengan o no los recursos para hacerlo.

Los grandes cambios fueron realizados por personas que sin importar su origen o condiciones tuvieron la ambición de cambiar el mundo.

1.5 *Learn* (aprender de los otros)

Esta práctica es más simple para los orientales que para los occidentales. Quizás como algo cultural en países como China, se valora la sabiduría y la experiencia acumulada a lo largo de los años; esta sabiduría es considera un recurso. La autoridad y las posiciones más altas de jerarquía en la familia o la comunidad son reservadas a los adultos mayores.

En las culturas occidentales algunos factores como la lucha por la libertad está ligada a la juventud; los jóvenes buscan la libertad de ser, de pensar, de decidir, de cometer sus propios errores y aprender de ellos.

Aprender de los otros implica hacer a un lado el ego y valorar la experiencia de los otros, como parte del proceso creativo o disruptivo. La interacción con personas de diferentes culturas, profesiones y generaciones nos permite acceder a una visión y compresión más amplia del mundo.

2. Athlete inner skills

«Mente sana en cuerpo sano» es una de las frases que revelan la importancia de la práctica de un deporte como parte de nuestra vida. Sin embargo, existen otras razones importantes por las cuales la práctica de un deporte juega un papel relevante en la construcción de nuestra capacidad de enfrentar desafíos en otros contextos de nuestra vida.

Las cinco habilidades internas del atleta que debemos desarrollar son el entrenamiento intenso, disfrutar el juego, afrontar con humildad, competir con valores y desarrollar agilidad mental.

2.1 *Hard work* (entrenamiento intenso)

Para los deportistas, es claro que solo con esfuerzo, disciplina, dedicación y dando lo mejor en cada entrenamiento o prueba se consiguen resultados. Solo después de miles de horas de entrenamiento se llega a una olimpiada. Algunos atletas comienzan a entrenar desde una edad muy temprana, a menudo en la infancia, siendo un factor común el entrenamiento varias horas al día, todos los días de la semana.

El esfuerzo es fundamental en el deporte. Conseguir un reto ya sea personal, en grupo o competición solo es posible si no renunciamos al primer fracaso o caída. El esfuerzo es clave para fortalecer nuestro cuerpo y nuestra mente. En una prueba como el maratón, triatlón o *ironman,* los kilómetros finales son un desafío psicológico más que físico, pero solo el esfuerzo en la preparación, trabajar en el desarrollo de técnica, una buena nutrición y el descanso adecuado nos permite llegar preparados a una prueba tan exigente.

2.2 *Enjoy* (disfrutar el juego)

Aquí más que nunca la frase «lo importante es divertirse y no ganar» hace la total diferencia. La empresa de ropa deportiva Nike en su campaña «Juega bonito» resume la parte más importante del deporte, la diversión. Los grandes deportistas se distinguen por disfrutar al máximo lo que hacen, esto les permite ir más allá de las expectativas y crear cosas únicas llevando el deporte a otra dimensión.

Algunos lo vinculan a la vocación, las personas que disfrutan su trabajo suelen decir frases como «Podría hacer esto todo el tiempo y además me pagan por hacerlo».

2.3 *Lowliness* (afrontar con humildad)

Siempre hay que tener en cuenta que todo adversario es digno de respeto, nadie es mejor o peor que nosotros, simplemente es diferente. El respetar al adversario nos permite estar mejor preparados para un partido o una competencia. La fábula de la liebre y la tortuga habla justamente de ese respeto al adversario; la liebre se durmió pensando que era mejor que la tortuga y al final perdió.

En los deportes de equipo, todos los elementos son importantes. Es necesario respetar y valorar el esfuerzo de cada jugador y entender que todo esfuerzo es imprescindible y valioso, aun cuando ese esfuerzo resulte en un error, ya que estos errores son oportunidades de aprendizaje.

2.4 *Fair play* (competir con valores)

Mantener valores y principios nos lleva a trabajar en equipo para obtener resultados con la ayuda de todos los integrantes. Cuando practicamos un deporte, no tiene caso engañarse o engañar a los demás. Hay muchos aspectos como la honestidad o el respeto que se resumen en el concepto *fair play*. A dar lo mejor de nosotros en cada momento y no buscar únicamente nuestro beneficio sin importar el cómo afecte a los otros. Actuar con ética, ser responsables de nuestros actos, es decir, tomar decisiones que no afecten a la sociedad o al planeta, eso es jugar limpio.

2.5 *Decision making* (desarrollar agilidad mental)

Cuando practicamos un deporte, una de las situaciones más importantes es la toma de decisiones rápida. Tenemos que decidir en milésimas de segundo entre avanzar para un lado o para otro, en frenar o acelerar, y en muchos casos esas milésimas de segundo en una decisión pueden ser la diferencia entre ganar o perder o la capacidad de evitar hacernos daño o dañar a otro.

Mi deporte es el MTB enduro, disfruto el desafío constante a la mente. Tener que tomar decisiones segundo a segundo decisiones que te permitirán sobrepasar diversos obstáculos y situaciones complejas. Nuestro cerebro va creando con base en su experiencia la capacidad de anticipar en segundos un posible resultado de cada decisión que requerimos tomar incluso en milésimas de segundo, a través de esa experiencia acumulada, decide cuál es la mejor alternativa.

Algunas personas lo llaman intuición. Esta es la capacidad que tiene nuestra mente de anticipar un resultado con base en experiencias semejantes y que nos permite tomar decisiones rápidas de forma asertiva.

3. *Leader inner skills*

El trabajo en equipo y el liderazgo es una de las habilidades más importantes cuando queremos emprender. Cuando hablamos de proyectos complejos, como terminar con el hambre en el mundo o llevar educación a todos los niños del mundo, es imprescindible colaborar y trabajar en equipo, pero el desafío es organizar, gestionar, liderar y motivar a ese equipo para alcanzar el objetivo definido.

Liderar significa ir al frente, es decir, poner el ejemplo, ser una inspiración para los otros; trabajar en equipo implica asegurarnos de que todos llegan de forma adecuada al objetivo y estar disponibles para extender la mano cuando se les dificulta llegar solos.

Las cinco habilidades internas del líder que debemos desarrollar son eliminar obstáculos, superar las expectativas, crear sinergias, construir soluciones y establecer un propósito.

3.1 *Endurance* (eliminar obstáculos)

La persistencia es una de las características que nos permiten alcanzar nuestros objetivos. Muchas personas que intentan emprender desisten por diversos motivos antes de conseguir obtener resultados. El fundador de McDonald's decía que el mundo estaba lleno de personas inteligentes sin resultados, porque no eran persistentes.

No se puede liderar un equipo sin persistencia; si nos rendimos como líderes, nuestro quipo no tendrá más razones para seguir enfrente. Ser persistentes nos hace más resilientes ante la adversidad, nos ayuda a recuperarnos rápidamente de los fracasos y contratiempos, aprendiendo de ellos y seguir afrontándolos sin perder el entusiasmo.

3.2 *Excellence* (superar las expectativas)

La importancia de ser extraordinario, es decir, dar un extra de lo ordinario, dar más de lo que normalmente los otros dan hace la diferencia en nuestra relación con ellos. La búsqueda de la excelencia implica desafiar nuestras habilidades y capacidades, lo que nos lleva a crecer.

Cuando somos excelentes, nuestras acciones pueden inspirar, motivar y guiar a los otros, contribuyendo al desarrollo de la sociedad. La excelencia nos proporciona un sentido de propósito, la mejor forma de hacer un mundo mejor empieza siendo excelentes cada uno.

3.3 *Teamwork* (crear sinergias)

Tener la capacidad de conectar, entendernos como parte de un todo, de una comunidad, de la humanidad o del ecosistema del planeta.

Trabajar en equipo nos permite combinar capacidades, experiencia, habilidades, conocimiento y recursos para lograr resultados que están fuera de nuestro alcance individual. Trabajar en equipo nos permite adquirir nuevos conocimientos y visiones que nos permiten crecer, al mismo tiempo nos permiten desarrollar otras habilidades sociales como la negociación, la resolución de conflictos, la empatía y la comunicación efectiva.

3.4 *Communication* (construir soluciones)

La comunicación efectiva implica escuchar activamente a los demás, mostrar empatía y compresión hacia sus puntos de vista y necesidades; esto fortalece las relaciones, la confianza, la coordinación de esfuerzos, el intercambio de ideas, la distribución de tares y la construcción de soluciones donde sean tomadas en cuenta todas las partes involucradas.

Comunicar de forma efectiva nos permite transmitir información de manera clara y precisa, ya sea para compartir información, instrucciones, nuestras ideas, sentimientos o necesidades para construir una dinámica que nos permita conectar, entender y relacionarnos.

3.5 *Purpose* (establecer un propósito)

Un propósito nos da un sentido de significado en nuestras vidas, nos ayuda a sentir que nuestras acciones trascienden nuestras necesidades y deseos personales, nos proporciona una realización y concepto de éxito profundo.

Hacer las cosas por las razones o los motivos correctos, haciendo de nuestras acciones y logros un modelo a seguir que inspire a nuestro equipo, a nuestros aliados, a nuestra comunidad a contribuir de forma positiva al mundo; cuando nuestras acciones están haciendo una diferencia positiva en el mundo, esto nos impulsa a esforzarnos más y a perseverar a través de los desafíos y obstáculos que puedan surgir en el camino.

4. Innovation inner skills

El proceso de construcción de los conceptos, los sistemas de vínculo sináptico nos permiten crear relaciones entre el conocimiento almacenado y el nuevo conocimiento, a fin de aplicar la conjugación de diversos conocimientos para la creación de algo completamente diferente. Cuanto más conocimiento adquirimos y más diverso, mayor nuestra capacidad de generar nuevas ideas potencialmente innovadoras. Para ello debemos entrenar a nuestro cerebro para ser flexible, estar en la búsqueda constante de conocimiento y el análisis de dicho conocimiento hasta el punto de poder transformarlo.

Las cinco habilidades internas del innovador son comprender el contexto, afrontar nuevos desafíos, generar nuevas ideas, integrar soluciones y resolver problemas.

4.1 *Perception* (comprender el contexto)

La forma más simple de entender la capacidad de percepción es el ejemplo de Newton, quien plantea la ley de la gravedad después de ver caer una manzana. Esta capacidad de observar e interpretar lo que sucede en el contexto para encontrar soluciones podemos entenderlo como percepción.

Hay diversas formas de lograr una visión clara del contexto. Una de ellas es crear gráficos donde podamos representar una situación y las características que la definen para poder entender mejor las relaciones o procesos que en ella ocurren. Otra es identificar todas las variables que componen un sistema y descifrar el funcionamiento y relaciones que entre ellas existen.

Todo lo anterior con el fin de comprender el funcionamiento de la sociedad o el medioambiente y construir a partir de ese conocimiento posibles soluciones.

4.2 *Flexibility* (afrontar nuevos desafíos)

Ser flexibles o abiertos a nuevas ideas, nuevos pensamientos; entender que todo es susceptible de mejora. Conforme el tiempo pasa, accedemos a más información que nos permite comprender mejor el mundo y eso trae consigo cambios en los paradigmas.

De nuestra parte, tenemos que expandir el pensamiento para permitirnos discernir nuevas y diferentes formas de resolver desafíos y problemas. Es imposible innovar si nuestra mente no es capaz de abrirse a la posibilidad de que las cosas pueden ser de una forma diferente de cómo hasta hoy las conocemos o entendemos. La flexibilidad cerebral nos permite adaptarnos rápidamente a nuevas situaciones o entornos, lo cual es crucial en un mundo en constante cambio.

4.3 *New knowledge* (generar nuevas ideas)

Una mente enfocada en la innovación requiere de mantener un proceso constante de aprendizaje; cuanto mayor es nuestro conocimiento, mayor nuestra capacidad de generar nuevo conocimiento.

El acceso a información útil y diversa sirve como fuente de inspiración directa para la innovación al proporcionar conceptos que pueden aplicarse de forma novedosa en diferentes contextos.

El conocimiento nos permite acceder a nuevas perspectivas, conceptos o posibilidades, de tal forma que el aprendizaje se establece como un punto de partida a la generación de nuevas ideas y, por tanto, a la innovación.

4.4 *Analogy* (integrar soluciones)

El conocimiento es la base de la innovación y, cuanto más diverso es el conocimiento, mayor es nuestra capacidad de ser disruptivos. Para poder concretar esta afirmación, es necesario desarrollar otra capacidad, la de transferir conceptos, ideas o soluciones de un contexto a otro, incluso para otros contextos aparentemente no relacionados.

La creación de analogías nos permite también deconstruir problemas complejos y simplificarlos a través de contextos familiares o conceptos conocidos; al encontrar similitudes entre fenómenos aparentemente dispares, se pueden aplicar los principios y conceptos de un campo o disciplina para otro, permitiendo introducir nuevas ideas o enfoques.

4.5 *Cognitive processes* (resolver problemas)

Nuestra mente se moldea a través de experiencias. Cuanto más diversas sean las experiencias con las que nos enfrentamos y construimos nuestros pensamientos, mayor será nuestra capacidad de crear innovación disruptiva.

Cuando nos enfocamos en desarrollar áreas específicas de conocimiento, disminuye nuestra capacidad de proponer mejoras o cambios si no contamos con puntos de partida que contrasten con lo establecido.

Cuando somos niños, vamos comprendiendo la lógica de los procesos, hasta el punto de que podemos prever una consecuencia. Cuando llegamos a la juventud, somos capaces de construir un proceso y anticipar su consecuencia únicamente a través de nuestra imaginación. Cuestionar constantemente lo establecido nos permite encontrar nuevas ideas y nos crea el hábito de una mente analítica.

5. Design inner skills

El *design thinking* se convirtió en una moda por una simple razón, antes de su utilización los productos y servicios estaban siendo desarrollados desde un concepto de creación de la demanda, es decir, con la idea de generar la necesidad de su consumo. El *design thinking* crea los productos partiendo del usuario, con ello busca entender las necesidades o problemas de las personas, satisfaciéndolas de forma efectiva. Este alineamiento a las necesidades del mercado crea una nueva cultura empresarial orientada a la flexibilidad y agilidad.

Los diseñadores requieren de curiosidad que los lleve a adentrarse en el problema y no quedarse únicamente en la superficie. Observar los detalles para comprender lo fundamental, la raíz o la estructura de la necesidad del usuario, a fin de materializar una solución centrada en las personas.

Las cinco habilidades internas del diseñador son la curiosidad infantil, sistematizar el contexto, descubrir las conexiones, construir un modelo y materializar una solución.

5.1 *Curiosity* (curiosidad infantil)

El *design thinking* habla de la necesidad de ser empático con los usuarios para descubrir las verdaderas necesidades que nos permitan acotar mejor el problema. Aquí la curiosidad es una de las competencias más importantes para permitir a la mente una aproximación al problema, sin ideas previas, lo que nos permite desprendernos de nuestra percepción y centrarnos en las necesidades y perspectivas de los otros, aceptar el cambio y crecer. De la misma forma que un niño se maravilla e interesa por descubrir el mundo con la mente abierta a todas las posibilidades.

5.2 *Observe* (sistematizar el contexto)

Una solución es un resultado. Un resultado entendido como la culminación de un proceso que suma acciones y condiciones. Identificar cuáles son las diversas variables que intervienen en dicho proceso, sistematizar el contexto, nos permite jugar con todas las variables, a fin de optimizar el proceso y descubrir nuevas soluciones.

Observar implica una atención consciente y activa hacia lo que se está viendo, es un proceso deliberado en el que se enfoca la atención en los detalles, patrones cambios o características específicas de lo que se ve. La correcta percepción, reflexión, análisis y entendimiento del sistema que define el problema nos aproxima a una mejor solución.

5.3 *Analyze* (descubrir las conexiones)

Un análisis adecuado del problema nos permite comprender la estructura, variables, funciones, interacciones y descubrir las conexiones de las cuales podemos servirnos para lograr una solución.

Analizar implica ir más allá del pensamiento deductivo, es decir, del raciocinio lógico; analizar requiere de un pensamiento inductivo, es decir, la construcción de una solución a través del análisis para un problema planteado de forma hipotética.

5.4 *Develop* (construir un modelo)

Cuando tenemos una idea es importante tener la capacidad de construir modelos con el objetivo de tener lo más rápido posible una aproximación a dicha solución que nos permita validarla preferentemente con quienes demandan dicha solución.

Ya sea que se trate de una solución material o inmaterial, lo importante es utilizar nuestras habilidades para conseguir una representación que permita poner a prueba dicha solución antes de invertir es su completo desarrollo, incluso para permitir correcciones o ajustes necesarios para su adecuado funcionamiento o tal vez reformular por completo.

5.5 *Project* (materializar una solución)

Es normal que todas las personas tengan ideas, nuestros pensamientos constantemente nos conducen a nuevas ideas, pero no todas las ideas que tenemos son materializadas o puestas en práctica, muchas personas tienen dificultades en pasar de la idea a su implementacion.

Materializar una solución depende de su viabilidad, y la viabilidad depende de nuestra capacidad de resolver con recursos propios o externos cualquier condicionamiento para alcanzar la materialización.

Existe una máxima en matemáticas que dice, si es un problema tiene solución, si no tiene solución entonces no es un problema es una condición, esto se aplica de forma semejante a las ideas, si es una idea se puede materializar, si no se puede materializar entonces no es una idea es una utopía.

6. Inventor inner skills

Inventar es crear algo nuevo, es decir, algo que no existe, por tanto, no tendría sentido inventar algo que ya existe, o considerarse un inventor si inventamos cosas que ya existen. Cuando inventamos algo nuevo, podemos obtener una patente; una patente es, entre otras cosas, la constatación de que hemos concebido algo que no existía.

El acelerado desarrollo tecnológico está impulsando de forma incremental la solicitud de patentes, pero gran parte de las solicitudes son rechazadas por falta de novedad, es decir, porque buscan reivindicar algo que ya existía.

El *patent thinking* es una guía sustentada, por un lado, en la gestión estratégica de patentes y, por otro lado, en el proceso de investigación, desarrollo e innovación para conseguir llegar a una patente de forma exitosa.

Ser un inventor, científico o tecnólogo conlleva el desafío, por un lado, de adentrarse en las profundidades del conocimiento específico y, por otro lado, el estar informado de los avances que se realizan por miles de otros inventores dispersos por el mundo.

Las cinco habilidades internas del inventor son cuestionar todo, establecer el punto de partida, pasar de la teoría a la práctica, conectar los extremos y llevar de la mano.

6.1 *Query* (cuestionar todo)

No podemos inventar si no cuestionamos lo existente; cuestionar sin una carga de si es bueno o malo, cuestionar desde la búsqueda, la comprensión o el descubrimiento.

No quedarnos con el primer ¿por qué? Adentrarnos en el problema a través de cuestionar nos permite tener una percepción más profunda, cuanto mayor es la información que tenemos, nuestro análisis será más asertivo. Si no cuestionamos el mundo y su funcionamiento, no podemos hacer aportaciones o cambios.

6.2 *Elasticity* (establecer el punto de partida)

Cuando hablamos de investigar, el primer paso fundamental es tener la seguridad de que no vamos a invertir tiempo, dinero y esfuerzo en desarrollar una solución tecnológica de algo que ya fue inventado por alguien más. Arrancar desde el punto más avanzado de conocimiento y mantenernos en ese punto es fundamental.

Ser elásticos implica no enclaustrarnos en el foco de nuestra investigación, debemos también estar alertas y vigilantes de lo que en todo el mundo sucede para no vernos sorprendidos con cambios que puedan alterar el foco de nuestra investigación y estar mentalmente abiertos a replanteamientos a lo largo del proceso de investigación.

6.3 *Solve* (pasar de la teoría a la práctica)

Desde que las tecnológicas se conciben hasta que están disponibles pasan por un proceso de maduración. Es necesario validar los principios que fundamentan la tecnología, no basta con conseguir un resultado una vez, es necesario ser capaces de replicarlo, controlarlo y estabilizarlo.

Pasar de una pequeña dimensión a un entorno mayor o real, en términos técnicos, es elevar el nivel de madurez de la tecnología de la investigación básica a la demostración en un entorno relevante.

6.4 *Translate* (conectar los extremos)

La tecnología es la aplicación práctica del conocimiento científico. Esta transición de ciencia a tecnología implica un desafío complejo, no es solo una cuestión de conocimiento o capacidades, en determinadas situaciones es algo semejante a unir dos polos opuestos o comunicar en dos idiomas distintos.

La traducción del conocimiento científico a su aplicación tecnológica requiere la capacidad de superar la viabilidad técnica, financiera, de conocimiento y de aceptación; esta capacidad de traducir requiere un enfoque multidisciplinario, colaborativo y empático.

6.5 *Commitment* (llevar de la mano)

El mundo está lleno de tecnología en los cajones de los escritorios de miles de investigadores, que, por diversas razones, no han llevado a la sociedad o al mercado sus tecnologías. Esto no sirve de nada, no crea ningún beneficio.

La sociedad requiere apropiarse de la tecnología, es decir, adoptarla y servirse de ella para resolver de forma alargada y con éxito los problemas que le atañen.

Debe existir un compromiso en cerciorarse de que la tecnología es adoptada de forma adecuada por la sociedad. Quienes participan en el desarrollo de la tecnología deben mantener un compromiso con ella y con su impacto en la sociedad.

Revolutionary inner skills

Esta es una metodología que identifica treinta *soft skills* que considero necesarias para actuar con un pensamiento revolucionario en el ámbito del emprendimiento tecnológico y científico.

Las treinta *soft skills* están inspiradas en la forma como piensan los diseñadores, los jugadores profesionales, los administradores de empresas, los especialistas en propiedad intelectual de la tecnología. Finalmente, integra un enfoque humanista, con habilidades para saber quiénes somos y dónde queremos llevar la tecnología.

1. Core inner skills

1.1 *Being* (saber quién soy)

1.2 *Break limits* (saber qué me limita)

1.3 *Know you* (desarrollar mi inteligencia emocional)

1.4 *Hungry* (fortalecer mi voluntad de vencer)

1.5 *Learn* (aprender de los otros)

2. Athlete Inner Skills

2.1 *Hard work* (entrenamiento intenso)

2.2 *Enjoy* (disfrutar el juego)

2.3 *Lowliness* (afrontar con humildad)

2.4 *Fair play* (competir con valores)

2.5 *Decision making* (desarrollar agilidad mental)

3. Leader inner skills

3.1 *Endurance* (eliminar obstáculos)

3.2 *Excellence* (superar las expectativas)

3.3 *Teamwork* (crear sinergias)

3.4 *Comunication* (construir soluciones)

3.5 *Purpose* (establecer un propósito)

4. Innovator inner skills

4.1 *Perception* (comprender el contexto)

4.2 *Flexibility* (afrontar nuevos desafíos)

4.3 *New Knowledge* (generar nuevas ideas)

4.4 *Analogy* (integrar soluciones)

4.5 *Cognitive processes* (resolver problemas)

5. Designer inner skills

5.1 *Curiosity* (curiosidad infantil)

5.2 *Observe* (sistematizar el contexto)

5.3 *Analyze* (descubrir las conexiones)

5.4 *Develop* (construir un modelo)

5.5 *Project* (materializar una solución

6. Inventor inner skills

6.1 *Query* (cuestionar todo)

6.2 *Elasticity* (establecer el punto de partida)

6.3 *Solve* (pasar de la teoría a la práctica)

6.4 *Translate* (conectar los extremos)

6.5 *Commitment* (llevar de la mano)

Estas habilidades blandas pueden ser desarrolladas de diversas formas. Los conceptos aquí plasmados pretenden establecer una ruta que podrá ser desarrollada por diferentes vías, tomando como punto de partida metodologías ya existentes, como el *design thinking, innovation thinking* o el *patent thinking*.

Apropiación tecnológica como mecanismo de equidad

Las empresas de impacto social requieren de ingresos para permear sus beneficios a la sociedad, de igual forma que la tecnología altamente revolucionaria requiere de recursos para permear en la sociedad y mantener un ciclo de desarrollo.

Partiendo de este principio, la inserción de la tecnología en la sociedad nos permite asegurar la apropiación social de la tecnología y la resolución de los problemas que le competen, bajo un modelo autosustentable.

La creación de valor de la tecnología está soportada por el valor de la creación del conocimiento que está en su génesis. Es decir, la tecnología alcanza un mayor valor cuando somos sus creadores y dueños. De esta forma, es imprescindible crear derecho legal sobre la tecnología, por ejemplo, a través de una patente o un secreto industrial. A esto se le conoce como activos intangibles.

Los activos tangibles son, por ejemplo, los inmuebles, fábricas, maquinaria, y los activos intangibles son conocimiento, tecnología, marca y *know-how*.

Los activos intangibles han incrementado su valor en los últimos cincuenta años. Pasaron de representar el 20% de valor de las empresas en 1970 a representar el 90% en 2020. Por ello hoy día empresas de tecnología que no tienen activos tangibles se venden por más de mil millones de dólares, ya que sus intangibles son lo que les da valor.

Pero gran parte de las personas o entidades, incluso empresas, que invierten en el desarrollo de tecnología no efectúan una gestión estratégica de sus activos intangibles. En muchos casos, por desconocimiento; en otros, porque se construyó una idea errada en relación con el derecho sobre los intangibles de registrar para que nadie me copie.

Desde el ámbito legal, se acuñó un concepto de registrar los activos intangibles, con el objetivo de su protección y defensa. Es decir, conseguir una ventaja competitiva de otros competidores impidiendo su utilización o posibilidad de demandar a quien me copie. Sin embargo, esta es una postura fragmentada del objetivo de la propiedad intelectual.

El derecho sobre un activo nos permite, ante todo, la posibilidad de llevar a su máxima capacidad de retorno de la inversión a un activo. Es decir, es la base para construir una estrategia proactiva de generación de valor o monetización y no reactiva de defensa.

Según la NIC 32 de las Normas Internacionales de Contabilidad, para poder establecer derecho sobre un activo intangible es necesario que esté adecuadamente identificado y se tenga derecho legal sobre él. Es decir, que esté registrado bajo las leyes de propiedad intelectual e industrial, definidas por la WIPO, pero aplicadas de forma autónoma por cada país.

No todo lo que se inventa es susceptible de patente. Para ello debe demostrar actividad inventiva y novedad, esto quiere decir en pocas palabras que seamos sus creadores y no esté ya inventado.

Pero existen diversos modelos de registro. Además de las patentes, están los modelos de utilidad, los diseños industriales, las marcas tridimensionales, las marcas, las denominaciones de origen, autoría, marca gráfica, marca fonética, secreto industrial. Estos son solo algunos de los más comunes.

La definición de modelo de registro más adecuado no depende únicamente de las características de lo que pretendemos registrar, también debe estar alineado con la estrategia de lo que pretendemos hacer con ese activo intangible. Siendo el fin ideal la generación de valor.

A partir de aquí te compartiré una serie de metodologías que te permitirán insertar con éxito las tecnologías altamente revolucionarias para que se transformen en soluciones altamente revolucionarias.

Existen diversos mecanismos que nos pueden llevar a la apropiación tecnológica; sin embargo, no todos son conocidos o considerados. Es importante también tener en claro que no todos los procesos de transferencia de tecnología culminan en apropiación de la tecnología.

La transferencia de la tecnología del laboratorio al entorno productivo y posteriormente su apropiación por la sociedad o el mercado es un desafío donde muchos fracasan. Dicho de otra forma, lo que se desarrolló en un laboratorio no siempre consigue ser replicado en el entorno real y, en muchas ocasiones, esto sucede porque los involucrados en el proceso tienen diferentes objetivos e intereses que llevan al fracaso este proceso.

En algunos contextos, la transferencia de tecnología es confundida con el proceso de licenciamiento o venta de patentes. Sin embargo, ninguno de los anteriores asegura el éxito en este desafío de pasar del laboratorio al entorno productivo. Por lo tanto, una cosa no implica la otra.

De igual forma, el licenciamiento y la venta son solo una de las diversas opciones que pueden anteceder al proceso de transferencia. Antes de entrar en detalle de cómo pasar de la transferencia a la apropiación, exploremos algunas alternativas que nos permiten llegar del laboratorio a la transferencia.

La matriz de monetización de activos intangibles (IAM) nos propone doce modelos. Dependiendo del nivel de la fase de desarrollo en que se encuentra la tecnología (TRL) y de la capacidad de inversión, existen diversas opciones para llevar la tecnología a un proceso de transferencia a la sociedad o el mercado.

Una acotación al margen del término «monetización», una vez que en algunos entornos científico-tecnológicos, principalmente los públicos, se considera que los resultados de las actividades científico-tecnológicas financiadas con recursos públicos debería transitar de forma gratuita para la sociedad, mi particular opinión al respecto es que la monetización en estos casos es una vía para fortalecer la actividad que requiere cada vez de más recursos. Estoy convencido de que se puede crear un equilibrio que permita, por un lado, captar recursos para cofinanciar o financiar la ciencia y la tecnología y, al mismo tiempo, atribuir un valor justo para la sociedad.

En todos los casos de monetización, el precio y el destino de los ingresos tendrán que ser congruentes con el objetivo, sobre todo en aquellos que pretenden tomar estos procesos como base de la inserción de las tecnologías altamente revolucionarias.

La IAM nos presenta doce modelos para llegar al proceso de transferencia. De abajo hacia arriba los requieren de una menor inversión para ser implementados; de izquierda a derecha requieren de alcanzar un menor TRL para ser implementados.

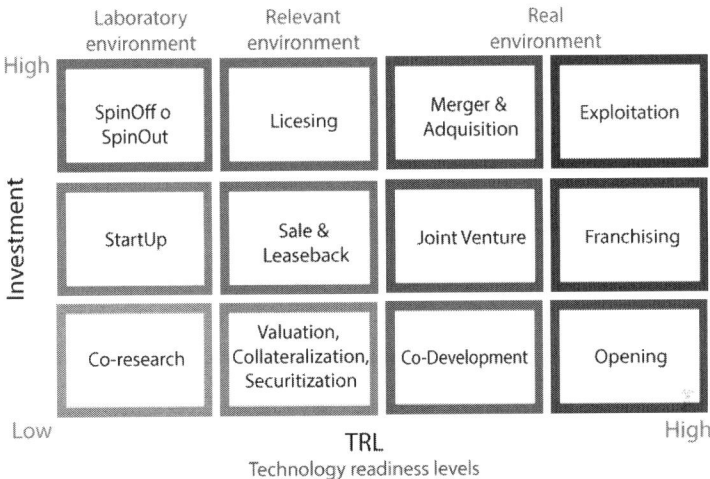

Como ya dijimos, los modelos de venta y licenciamiento de tecnología son normalmente los modelos más utilizados y buscan crear un equilibrio entre el desarrollo tecnológico y social por medio de la comercialización. Buscan principalmente el retorno de la inversión utilizada en el desarrollo de la tecnología. Este retorno es fundamental para crear un ciclo de autosustentabilidad del desarrollo tecnológico independientemente de si fue originado en un entorno público o uno privado.

Pero ¿cómo podemos conseguir la monetización o construcción de valor de la tecnológica a través de los diversos modelos planteados en la matriz de monetización de activos intangibles?

Como punto de partida, es importante entender que solo podemos aplicar estos modelos desde que tengamos posesión o titularidad jurídica de los activos intangibles y aplica a todos los modelos de registro de propiedad intelectual e industrial, pero aquí nos centraremos en los relacionados con la tecnología.

La matriz parte del concepto de utilizar el activo como inversión a partir de su valor, por lo que resulta imprescindible en la mayoría de los modelos contar con la valoración de la tecnología.

Open source (TRL de 2 a 3, baja inversión)

Cuando nos encontramos en una fase muy inicial y con pocos recursos, la forma más efectiva de avanzar en el desarrollo es a través de la colaboración abierta donde en comunidad se desarrolla la tecnología. La inversión puede ser simplemente el compartir nuestros avances o ideas de la tecnología a desarrollar, ya sea en un proceso *open source* existente o creando uno nuevo. Los ingresos son posibles una vez desarrollada de posibles servicios basados en dicha tecnología.

Start-up (TRL de 2 a 3, media inversión)

En este caso, hablamos de transferir nuestros avances o ideas de la tecnología a desarrollar en una *start-up*. En muchos casos, las *start-ups* se plantean desafíos tecnológicos que no saben cómo solucionar o requieren de recursos con que no cuentan para llegar a un desarrollo tecnológico que puede ya existir. Esto representa una oportunidad para aportar tecnología como si de capital se tratara. Esto lo llamo de *knowledge angels,* personas o entidades que depositan tecnología en una *start-up* que podrá llevar al mercado como solución tecnológica. Puede ser aplicado desde TRL bajos, pero cuanto más alto sea el TRL, también mayor su valor en términos de aportación de capital.

Spin-off (TRL de 2 a 3, alta inversión)

De forma semejante al concepto de inversión como *knowledge angel,* donde colocamos como aportación de capital una tecnología desarrollada. Aquí la diferencia radica, como en toda *spin-off,* en la iniciativa de crear la empresa. Los elementos estratégicos mantienen el concepto de *spin-off* y permiten desarrollar un negocio vinculado a una tecnología y buscar otros inversionistas para su desarrollo y puesta en el mercado. De igual forma, cuanto mayor sea el TRL, mayor la aportación de capital.

Valoración o valuación tecnológica (TRL de 4 a 5, baja inversión)

La valoración de una tecnología es un servicio que se contrata a una entidad independiente de quien desarrolló dicha tecnología para determinar el valor de mercado. Esta evaluación es fundamental para poder sustentar la aplicación del activo como inversión y permite la constatación del monto de la aportación financiera. Sin embargo, la considero una estrategia de monetización, porque, adicionalmente, una vez realizada, puede ser la base de una estrategia fiscal y financiera para la entidad que desarrolló la tecnología. Aunque la valoración puede realizarse desde TRL bajos, es importante dejar claro que cuanto más desarrollada está la tecnología, mayor será su valor.

Venta (TRL de 4 a 5, media inversión)

Un activo intangible mantiene siempre derecho de autoría; sin embargo, es posible vender los derechos de explotación. Es decir, ceder a otra entidad los derechos de comercialización. Muchas entidades enfocadas en el desarrollo de tecnología venden sus tecnologías para financiar y continuar enfocadas en la actividad del desarrollo de nuevas tecnologías. En determinadas situaciones, algunas empresas desarrollan tecnologías que resultan fuera de su *core* de actividad; la venta es una opción para recuperar la inversión.

Licenciamiento (TRL de 4 a 5, alta inversión)

Esta es una de las estrategias más conocidas y aplicadas. A diferencia de la venta, donde nos desprendemos del todo y, definitivamente, del activo intangible, en el licenciamiento es una especie de renta del derecho de explotación y puede ser limitativo a un periodo de tiempo, a un territorio, a una aplicación industrial, a un producto y a la utilización por otros competidores.

Codesarrollo tecnológico (TRL de 6 a 7, baja inversión)

En un desarrollo tecnológico, podemos estar limitados por nuestras capacidades, conocimiento, *know-how*, equipo, laboratorios, certificaciones, etc. En estas situaciones, es factible suplir dichas limitaciones a través de la creación de un consorcio o alianza para la conclusión y puesta en mercado de una tecnología, aportando los avances tecnológicos y capacidades al consorcio.

Joint venture (TRL de 6 a 7, media inversión)

Existen principalmente dos vertientes. Una primera, sucede dentro del marco de un codesarrollo tecnológico, con la diferencia de que el proceso o los resultados de ese codesarrollo serán la base para la creación de una nueva empresa, quien a partida será la responsable de la comercialización de la tecnología. Una segunda vertiente es la inversión de una tecnología por parte de una entidad y las capacidades de desarrollo comercial por parte de otra entidad para la creación de una nueva empresa. En esta última, se utiliza el valor del activo intangible como parte de la aportación al capital y se licencia el activo a la nueva empresa.

Merge & acquisition (TRL de 6 a 7, alta inversión)

En este modelo, existen también principalmente dos vertientes. La primera y más común como parte de la estrategia de nuestro *roadmap* de desarrollo tecnológico, adquirir una *startup,* empresa o entidad que ha desarrollado una tecnología que nos interesa a fin de ahorrar recursos, tiempo y dinero en su desarrollo, acelerando la entrada al mercado. Una segunda vertiente menos común es la utilización del activo intangible como parte de la aportación financiera en la adquisición de una empresa.

Liberación (TRL de 8 a 9, baja inversión)

En pocas palabras, es permitir de forma libre a cualquier persona la utilización de un activo intangible. Pueden existir diversas motivaciones para ello, desde permitir que cualquiera tenga acceso a una tecnología hasta una más estratégica. Por ejemplo, cuando tenemos una tecnología muy disruptiva y existen varios *players* en el mercado sin posibilidad de reaccionar tecnológicamente es muy posible que la transición tecnológica suceda muy lentamente hasta los competidores conseguir desarrollar su propia tecnología. En esas situaciones, compartir de forma gratuita parte de la tecnología permite que los competidores ayuden en el cambio de paradigma y llevando al mercado a la adopción de la nueva tecnología.

Franquicia (TRL de 8 a 9, media inversión)

En las situaciones en que tenemos un modelo de negocio sustentado en una tecnología escalable, es una alternativa crear un modelo de franquicia que nos permita acelerar su expansión, contando con inversionistas interesados en replicar dicho modelo en otros territorios o localizaciones. En estos casos, el TRL debe ser el más alto y deberá existir una experiencia de mercado exitosa y replicada que nos permita sustentar la viabilidad y rentabilidad del modelo de franquicia.

Explotación (TRL de 8 a 9, alta inversión)

Es el modelo más común, donde la misma entidad que desarrolla y es propietaria de la tecnología se encarga de todo el proceso de llevarla al mercado para obtener el mayor retorno posible de su inversión.

Para la adecuada implementación de cualquiera de los modelos de la matriz de monetización de activos intangibles (IAM), es siempre aconsejable contar con el apoyo de una entidad especializada en propiedad intelectual y transferencia de tecnología para la definición de procesos, contratos y negociaciones inherentes a cada modelo.

Parece un comentario trillado, pero es muy común verificar errores en estos procesos cuando no existe una gestión estratégica de los activos intangibles.

Por ejemplo, es muy común el desconocimiento de los procesos necesarios para la implementación del secreto industrial o el adecuado modelo de registro de *software* y la trazabilidad de su desarrollo, así como la estrategia adecuada para la definición de los países relevantes para la extensión del derecho de propiedad intelectual.

Matriz de monetización de activos intangibles (IAM)

La matriz nos permite visualizar las opciones que tenemos de estrategias o modelos para la monetización de un desarrollo tecnológico o tecnología sobre la cual se tiene derecho jurídico con base en el desarrollo y recursos para construir una estrategia de monetización de los activos intangibles.

Open source (TRL de 2 a 3, baja inversión). Establecimiento de un modelo de colaboración para el desarrollo de una tecnología donde los resultados son públicos y de libre uso a fin de monetizar su aplicación.

Start-up (TRL de 2 a 3, media inversión). Utilización del valor del intangible como aporte valorizado o no pecuniario, siendo la tecnología aportación de inversión para la adquisición de *equity,* licenciado el intangible a la *start-up.*

Spin-off (TRL de 2 a 3, alta inversión). Utilización del valor del intangible como aporte valorizado o no pecuniario, siendo la tecnología aportación para la creación de una nueva empresa, licenciado el intangible a la *spin-off.*

Valoración tecnológica (TRL de 4 a 5, baja inversión). Valorización del activo. Podrá ser realizada por diversas metodologías, con objetivo de tener el valor económico de una tecnología.

Venta (TRL de 4 a 5, media inversión). Venta de los derechos de explotación de una tecnología.

Licenciamiento (TRL de 4 a 5, alta inversión). Autorización para la aplicación y comercialización de una tecnología con condiciones delimitadas.

Codesarrollo tecnológico (TRL de 6 a 7, baja inversión). Establecer una alianza a fin de realizar un trabajo colaborativo para la conclusión del desarrollo de la tecnología utilizando el valor del intangible como aporte valorizado o no pecuniario.

Joint venture (TRL de 6 a 7, media inversión). Utilización del valor del intangible como aporte valorizado o no pecuniario, siendo la tecnología aportación de inversión en una alianza, licenciando el intangible a la nueva empresa.

Merge & Acquisition (TRL de 6 a 7, alta inversión). Utilización del valor del intangible como aporte valorizado o no pecuniario, siendo la tecnología aportación de inversión o establecimiento del valor en una compra.

Liberación (TRL de 8 a 9, baja inversión). Liberación o publicación de una tecnología ya desarrollada, de forma total o parcial, a fin de permitir a otros *players* su fabricación, facilitar su adopción y acelerar su entrada al mercado.

Franquicia (TRL de 8 a 9, media inversión). Autorización para la aplicación y comercialización de una tecnología y una marca con condiciones delimitadas, bajo un modelo de negocio ya definido.

Explotación (TRL de 8 a 9, alta inversión). Maximización de los ingresos de la aplicación de una tecnología por vía propia.

El rol del Estado en el desarrollo tecnológico

Independientemente de que la Ley Bayh-Dole fuera o no detonante para el crecimiento del desarrollo de la economía de EE. UU. y del aporte que la comercialización de tecnología ha tenido para las universidades americanas, quienes han establecido un modelo de referencia para la comercialización y transferencia de tecnología.

Es necesario continuar trabajando en el diseño de modelos que de forma *ad hoc* o generalizada tomen en cuenta el contexto local o nacional para definirse, evitando replicar los modelos norteamericanos que responden a un contexto muy específico cultural, económico y de mercado.

Es necesario desarrollar modelos enfocados en desarrollar las capacidades y competencias de las entidades de transferencia de tecnología. Ya sean estas universidades, centros de desarrollo tecnológico u otras entidades públicas y privadas enfocadas en el desarrollo de ciencia y tecnología.

Y a pesar de que en la actualidad muchas entidades de transferencia de tecnología tienen más para recibir y aprender de las empresas que para enseñar y transferir, eso no significa que no podamos y debamos desarrollar propuestas que permitan invertir esta suposición.

Y si el proceso de transferencia de tecnología es aún una caja negra para muchas entidades, siempre debemos encararlo como una oportunidad para cambiar de perspectiva y de análisis del problema.

Hasta hoy, se ha considerado a las entidades de transferencia como el eje sobre el cual debe girar el desarrollo científico y tecnológico, pero qué sucedería si las consideramos como a otro actor, ¿qué pasaría si formulamos una nueva ecuación donde el eje son los científicos o las empresas?, ¿cuál es el papel que las entidades de transferencia tendrían que jugar en ese caso?, ¿y cuál es el papel de los restantes actores?

En 2015, fui responsable del diseño e implementación de un modelo de comercialización y transferencia de tecnología para el Centro de Innovación y Desarrollo Tecnológico de Pereira, liderado por Viviana Barney, que actúa como nodo central de un interesante modelo de desarrollo e innovación sustentado en el conocimiento y el desarrollo tecnológico para el territorio y localizado estratégicamente en la Universidad Tecnológica de Pereira (UTP), en Colombia. Parte importante de los resultados del proyecto radicó en la propuesta para alterar la perspectiva de transferencia de tecnología por otra de apropiación de tecnología.

Hasta hoy, la visión de las universidades siempre fue encontrar el mejor camino para llevar la tecnología de las universidades a las empresas (proceso de transferencia tecnológica). En la propuesta que elaboramos para la UTP, la visión se cambió por encontrar el mejor camino para asegurar que las empresas se apropian de una nueva tecnología (procesos de apropiación tecnológica).

En su tesis de doctorado, mi madre decía que el discurso era la base de los resultados. Si planteamos de forma diferente el problema desde el discurso, también las soluciones serán diferentes si corresponden a un nuevo discurso.

Las oficinas de transferencia de tecnología sirven como enlace de las entidades de transferencia con las empresas; por tanto, sirven a los intereses de las entidades de transferencia. En este nuevo discurso y modelo que propusimos, la Oficina de Apropiación Tecnológica tendría el rol de servir a los intereses de las empresas que requieren una tecnología proveniente de las entidades de transferencia.

Las oficinas de apropiación de tecnología, por tanto, al entender la cultura de funcionamiento de la entidad de transferencia, pueden saber cómo gestionar mejor los proyectos para servir a los intereses de las empresas.

El modelo desarrollado para el CIDT contempló también la redefinición de la normativa de la universidad en relación con la explotación de los derechos y las reglas de gestión de los activos de propiedad intelectual de la universidad. Aunque destacó este modelo de apropiación tecnológica, centrado en la empresa, no significa que descuidamos otros aspectos, como la creación de *TechLabs*, grupos de investigación, gestión de financiera de fondos públicos y privados, impulso a *spin-offs* y *start-ups*. Una mayor participación de los alumnos en diversas estructuras y fases del proceso, entre otros elementos que permiten un beneficio y desarrollo para la universidad y su comunidad.

Tan solo y de cara al proceso tradicional de transferencia, cambiamos este abordaje de apropiación tecnológica para obviar en el proceso, que si la tecnología no llega a la empresa y, a su vez, la empresa tiene la capacidad de generar nuevos procesos, productos o servicios que pueda insertar con éxito en el mercado derivado de la tecnología, el proceso de transferencia no es útil o queda inconcluso.

Por tanto, debe existir una oficina con la capacidad de crear esa empatía y asegurar que dichos resultados son apropiados de forma adecuada para la empresa y llegan con éxito a la sociedad.

La oficina de apropiación, a partir de un plan de trabajo ya trazado, podrá desarrollar un plan de trabajo para la formación de ambas entidades a modo de asegurar que las lagunas de información relativas al mercado o a la tecnología sean cubiertas. Asimismo, que la información lleve con qué se cuenta, tanto a nivel tecnológico como de mercado, y son aprovechadas para desarrollar una adecuada propuesta de solución de cara al mercado.

Pero el ciclo no termina ahí. Cuando los nuevos procesos, productos o servicios son inseridos con éxito en el mercado, dentro del plan trazado, deberán estar identificadas las siguientes fases de desarrollo, que permitan aumentar la competitividad de la empresa, por un lado, y el nivel científico-tecnológico de la universidad, por el otro. Asimismo, deberán estar identificadas las oportunidades que conduzcan al desarrollo de nuevo conocimiento científico y tecnológico del cual puedan derivar potenciales innovaciones.

La ciencia aplicada, entendida como el proceso por el cual se convierte una nueva idea en una solución científica o tecnológica, capaz de revolucionar el mercado con un nuevo producto o servicio, es un concepto que en la práctica resulta complejo llevarlo a la realidad.

En la actualidad, persiste el conflicto entre la visión empresarial y el desarrollo científico, la divergencia de interés y objetivos dificulta una fructífera relación entre las empresas y las entidades tecnológico-científicas.

Es claro que las universidades no son las únicas productoras de ciencia aplicada, pero es en las universidades donde esta divergencia de objetivos es más acentuada. Los tiempos escolares, los entregables, la normativa interna, los incentivos financieros, los elementos de evaluación y los resultados son medidos muy diferente a la forma en que las empresas miden los resultados de la inversión en el desarrollo tecnológico.

Las universidades que son las principales inversionistas en el desarrollo científico, en todas las áreas de conocimiento, sufren de una politización interna donde los recursos financieros y el talento humano son gestionados con un prisma político, dificultando de esta forma la creación de estructuras productivas y enfocadas a crear ciencia aplicada.

Esta visión sobre la necesidad de hacer productivas a las universidades es interpretada como una visión apocalíptica del propósito de la universidad. No obstante, es una realidad actual que a las universidades se les exige que cumplan con su deber social de impulsar el desarrollo social y económico.

La productividad de las universidades debería ser entendida como su capacidad para generar resultados, utilizando de forma eficiente y eficaz los recursos que tienen disponibles. Esta convendría ser una premisa para cualquier universidad, pero obligatorio para aquellas que son públicas y que tienen un mayor compromiso con la sociedad, que es quien las financia.

Existe en la actualidad una tendencia para la reducción de financiamiento público a las universidades. En este afán por el desarrollo económico basado en la tecnología, los Gobiernos están presionando a las universidades para financiarse de sus capacidades de transferencia de tecnología.

En países desarrollados, este tipo de políticas están funcionando. Podemos constatar en diversos casos, donde las universidades consiguen desarrollarse, asentando ese desarrollo en sus capacidades de transferencia de tecnología y las relaciones que establecen con importantes empresas e industrias.

En los países en desarrollo por inercia y siguiendo esta tendencia, se definen políticas alineadas a esta reducción de financiamiento público al sistema científico y tecnológico, sin tomar en cuenta la necesidad de invertir en la creación de un contexto adecuado para que estas políticas puedan funcionar en la práctica.

La falta de modelos adecuados dentro de las universidades para los procesos de transferencia tecnológica, sumado a las reducidas capacidades de desarrollo tecnológico-científico y su contexto empresarial, lleva a las universidades a justificar su dificultad en la concretización del financiamiento por esta vía, llevando en la mayoría de las situaciones a las universidades a la prestación de servicios básicos, donde terminan por competir de forma desleal con sus propios egresados.

Es importante señalar que esta problemática no es exclusiva de los países en desarrollo. Aun en los ecosistemas científico-tecnológicos maduros, como el que tiene la Unión Europea, existen universidades que no son capaces de financiarse a través de procesos de transferencia tecnológica y terminan haciéndolo por vía de la prestación de servicios básicos.

Por servicios básicos me refiero a aquellos que la universidad comercializa a otras entidades, donde dado el nivel de complejidad del proyecto o servicio podría ser realizado por cualquier egresado de pregrado de esa misma universidad.

Si una empresa requiere de un servicio cuya complejidad le permite elegir entre una persona egresada de una universidad o por los servicios de la universidad, en este caso se crean condiciones de competencia desleal, donde la universidad compite con sus egresados, distorsionando la oferta del mercado.

Cuando las universidades ofertan servicios básicos, consiguen normalmente hacer a precios más bajos y justifican la calidad de sus servicios utilizando su condición como institución. Ya sea a través de la oferta directa de sus servicios o incluso participando en concursos públicos.

Para que una universidad pueda realmente aportar valor a la sociedad, para su desarrollo económico y social debe ser capaz de llevar al mercado soluciones y servicios que sus egresados no puedan realizar. De lo contrario, es mejor que permita a sus egresados hacer ese trabajo.

Este contexto donde las universidades no son capaces de crear valor para la industria y empresas de su entorno, las universidades deben ser fortalecidas para que construyan las competencias y diseñen los modelos de comercialización y transferencia de tecnología que les permitan asegurar no solo su aportación a la sociedad, así como también su capacidad de financiamiento por esta vía.

Es un hecho que para las universidades que están apostando en el autofinanciamiento por la vía de la transferencia tecnológica este esfuerzo no solo se traduce en ingresos financieros para la universidad. Más allá de eso, estas universidades consiguen crear ciclos de evolución de sus capacidades de investigación y desarrollo tecnológico, así como aumentar su capacidad de generar tecnologías potencialmente innovadoras.

Las políticas nacionales de ciencia y tecnología deben contemplar el financiamiento a las universidades para el desarrollo de modelos de transferencia y comercialización de tecnología y las universidades, por su lado, tienen la responsabilidad de adaptarse a la evolución de la sociedad.

Las universidades deben generar competencias en sus áreas de investigación que les permitan enfocarse estratégicamente en el desarrollo de la ciencia aplicada, entendiendo este abordaje estratégico como la intersección de sus intereses como unidades de investigación y como universidad con los intereses de las empresas o industrias hacia las cuales transfieren tecnología.

Para conseguir dicho propósito, las universidades deberán pasar de un modelo tradicional de transferencia de tecnología para un modelo de apropiación tecnológica. Dicho modelo deberá encontrar el equilibrio entre el desarrollo de ciencia básica y ciencia aplicada de forma que la universidad asegure su desarrollo y calidad científica.

En cuanto el modelo de transferencia de tecnología se centra en las capacidades de la universidad, un modelo de apropiación tecnológica se centra en asegurar la apropiación de la tecnología por parte de la empresa o industria que la recibe. Esto significa asegurarse de que la entidad que recibe la tecnología es capaz de traducirla en procesos, productos o servicios e inserirlos con éxito en el mercado.

El modelo de apropiación tecnológica requiere que la ciencia aplicada parta de una base de planeación estratégica que le permita asegurar la intersección de los intereses de la universidad con los intereses de la entidad que recibirá la transferencia tecnológica.

Esto en la práctica se traduce en una intervención integral del abordaje actual de las universidades, donde las tradicionales oficinas de transferencia de tecnología y conocimiento dejan de hacer sentido, es necesario crear una entidad que asegure la apropiación tecnológica.

A simple vista, parecería solo una cuestión de título o nombre, pero la gran diferencia radica en la responsabilidad sobre los resultados de la empresa, situación que hasta aquí no era relevante para la universidad.

Como mencioné anteriormente, las universidades no son las únicas responsables de la generación de ciencia aplicada. Existen diversas entidades de desarrollo tecnológico, pero aquí también las empresas juegan un papel importante en este tema no solo como receptoras o financiadoras, también como entidades de transferencia.

Incluso las empresas llevan este desafío aún más lejos. La industria 4.0 y la incorporación diaria de nueva tecnología en las empresas es una realidad inevitable y dentro de esta realidad los procesos de transferencia y apropiación tecnológica son también un desafío, porque el lenguaje, intereses y objetivos de los tecnólogos difieren de los objetivos de los ejecutivos desarrolladores de negocio.

Es, en otras palabras, los procesos de transferencia de tecnología también se dan al interior de la empresa cuando una tecnología pasa del área de desarrollo para el área de producción, o bien como en las TIC la informatización, digitalización y automatización de procesos también representa un desafío de apropiación tecnológica.

Apropiación tecnológica versus transferencia tecnológica

Con base en mi experiencia en propiedad intelectual y transferencia tecnológica, desarrollé una matriz que facilita el proceso de construcción de un plan estratégico de transferencia de tecnología.

En el proceso de construcción de la matriz, consideramos relevante optar por un enfoque de apropiación tecnológica. Este enfoque centra el esfuerzo en conseguir crear las condiciones y competencias necesarias en las empresas para que sean capaces de apropiarse de la tecnología, transformarla en productos o servicios y conseguir insertirlos con éxito en el mercado.

Esta visión retira el enfoque tradicional de las oficinas de transferencia tecnológica de gestión de *stock* tecnológico y *know-how*. Optando por priorizar la inserción de las tecnologías con éxito en el mercado por parte de las empresas.

Matriz de apropiación tecnológica

Para la construcción de la matriz, es necesario partir de dos SWOT o DAF, uno que se hará sobre la tecnología/entidad que transfiere y otro sobre la empresa/mercado que recibe.

Como ya fue referido, el objetivo de la matriz es ser una herramienta que facilite trazar un plan de apropiación tecnológica.

El cruce de la información de las SWOT nos permitirá definir un plan con los siguientes puntos:

* La transferencia de competencias
* La definición de la solución tecnológica
* Las necesidades de desarrollo
* La estrategia de innovación

ATM Appropiation Tecbnology Matrix
Doble SWOT

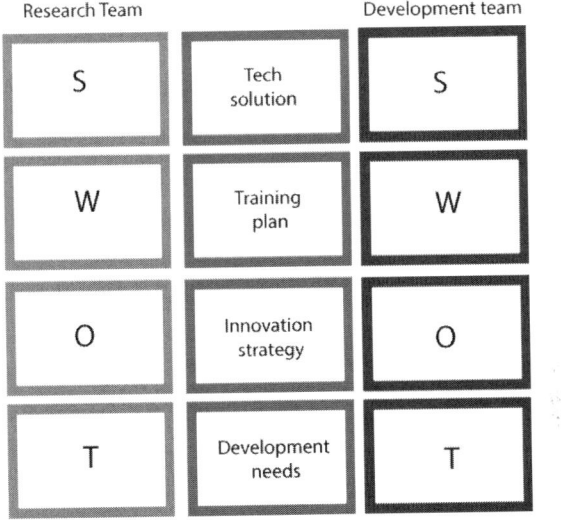

Una vez construida ambas SWOT, pasamos a confrontar la información para definir un plan de acción que será también la base del contrato de transferencia de tecnología. Los alcances del plan de apropiación definen las obligaciones de cada entidad para asegurar que la entidad que recibe la tecnología será capaz de generar procesos o productos con éxito de la tecnología transferida. Esto lo llamaremos apropiación tecnológica.

Solución tecnológica

El cruce entre las fortalezas de ambas matrices tiene como objetivo facilitar el análisis sobre las soluciones que la tecnología ofrece a los problemas del mercado o de los clientes. El objetivo es construir una explicación comprensible de qué soluciones son y para qué problemas se están ofertando.

La solución no debe ser confundida con las características de la tecnología. Esta solución debe expresar de forma clara cuál es el problema que resuelve, cuál es el valor que aporta al cliente o usuario. Aquí no importa describir el cómo lo hace o cuáles son los elementos técnicos que describen y caracterizan el funcionamiento de la tecnología.

Una de las principales dificultades que muchas empresas de base tecnológica tienen es la construcción de un discurso comercial comprensible para el mercado, ya que en la mayoría de las situaciones dichas empresas se esfuerzan por hacer comprender a sus clientes las características tecnológicas de lo que ofrecen.

En la gran mayoría de las situaciones, los clientes no comprenden o no les interesa comprender la tecnología o su funcionamiento. Los clientes requieren principalmente entender qué es lo que soluciona dicha tecnología y cómo lo que ofrece la empresa puede contribuir a la oferta de valor.

Para los tecnólogos, su desarrollo o invención vale por todo el pormenor técnico de la solución. Sin embargo, en muchas ocasiones se pierden en explicaciones pormenorizadas de los procesos o tecnologías que están por detrás de ellas.

Es conveniente no partir de un conocimiento empírico sobre la competitividad o grado de novedad o potencial de innovación de la tecnología. Es importante utilizar estudios de vigilancia e inteligencia tecnológica que permiten determinar con información confiable el potencial real y fortalezas de la tecnología.

Cuando hablamos de un proceso de transferencia de tecnología o, mejor dicho, de los desafíos a los que se enfrenta una organización cuando está inmersa en un proceso de transferencia tecnológica, obviamos que el tipo de tecnología se encuentra a un nivel de complejidad alta. Como referido previamente, se espera que estos procesos resulten de la aplicación de nuevos descubrimientos científicos a la tecnología cuyo resultado se espera que cuente con un alto potencial innovador.

Por tanto, existiendo este componente de potencial innovación, es importante entender e identificar cuáles son los elementos diferenciadores o que hacen de esta tecnología algo diferente, único, mejor, etc., ya que son estos elementos los que nos permitirán entender las ventajas competitivas que tendrá la solución en el mercado.

La consideración de las competencias de las tecnologías y de la experiencia del equipo responsable del desarrollo de la tecnología también son un valor agregado para la toma de decisiones.

Por tanto, es importante documentar y conocer lo mejor posible la tecnología y las personas responsables del desarrollo de la tecnología a fin de explorar otras posibles mejoras o adecuaciones que permitan brindar una mejor solución al mercado.

Plan de formación

El cruce entre las debilidades de ambas matrices tiene como objetivo desarrollar un plan de formación que asegure colmatar las necesidades de conocimiento que ambas entidades requieren.

En la medida de lo posible, el escenario ideal como parte del fortalecimiento de la alianza resultante del proceso de transferencia es que este plan de formación y desarrollo de competencias y capacidades sea realizado entre las entidades, sin que intervenga una tercera para la formación.

El análisis SWOT nos permitirá identificar de forma directa e indirecta la necesidad de *know-how* a través de la debilidad de ambas entidades. Es decir, por un lado, las necesidades de la entidad científica que transfiere la tecnología y, por otro lado, las necesidades de la empresa que se apropia de la tecnología.

Si para cada una de las debilidades que encontramos existe una forma de fortalecerla con *know-how,* entonces debe ser parte del programa de formación. La conjunción entre las necesidades de conocimiento del mercado por parte de la entidad que desarrolla la tecnología con las necesidades de conocimiento tecnológico de quien desarrolla el mercado nos permitirán establecer un plan de formación que asegure que ambas partes logran empatizar con las necesidades de conocimiento necesarias para asegurar el éxito del proyecto.

El plan de formación tiene como objetivo recoger la información correspondiente a las debilidades identificadas en la entidad responsable de la transferencia de tecnología, relacionadas con el conocimiento que esta tiene del mercado donde será insertada la tecnología.

Por lo tanto, la información deberá recoger, por un lado, las debilidades del SWOT de la entidad que transfiere, integradas por un listado de información y conocimiento del mercado identificado como desconocido por la entidad que ha desarrollado la tecnología.

La conjunción entre la realidad del mercado y la realidad científico-tecnológica es uno de los principales desafíos en el proceso de transferencia de tecnología. Cuando un grupo de tecnólogos o científicos establece como propósito desarrollar una solución para un problema, ya sea que se trate de un problema identificado por ellos o por un tercero, que podría ser una empresa o un emprendedor. Su enfoque tecnológico la aleja del enfoque de mercado.

En los proyectos de ciencia aplicada, es indudable que las competencias técnicas y conocimiento científico son lo más relevante para la construcción de esa solución. Sin embargo, una solución tecnológica que no sea competitiva y atractiva para el mercado termina por no ser adoptada y aplicada a la solución del problema para el cual fue creada; por tanto, pierde sentido.

Los proyectos de investigación aplicada independientemente de que surjan de una entidad pública deben buscar su rentabilidad y retorno financiero que permita desarrollar un trabajo de continuidad mejorando la calidad de la ciencia y sus alcances, así como contribuyendo al desarrollo de la entidad a la que pertenecen. Este principio parecería lógico, pero es en la actualidad una barrera en los modelos de transferencia de tecnología de muchas instituciones.

Las instituciones responsables del desarrollo de la ciencia aplicada requieren de adoptar procesos que les permitan asegurar que los resultados de sus proyectos de investigación son apropiados para una empresa y que esta consiga llevar con éxito esa solución al mercado, ya que de esta forma ese éxito se traducirá también en una fuente de financiamiento para la institución científica, ya sea a través de regalías o nuevos proyectos.

Por tanto, cuando la solución tecnológica está identificada, desarrollada y probada, no quiere decir que esté lista para el mercado. Antes de que eso suceda, deberá ser definido si será introducido el mercado como un nuevo producto, un nuevo servicio o un nuevo modelo de negocio.

En el proceso de apropiación tecnológica, es importante identificar cuáles son las carencias que el equipo responsable de la tecnología tiene con respecto del mercado, para así corroborar si la solución es adecuada y será valorada por el mercado.

Aquí el concepto de *expertise* del mercado va más allá de una opinión de lo que piensan que puede o no funcionar o del conocimiento que ya se tiene sobre el mercado, pasa también por el *know-how* del abordaje al mercado para poder validar el proyecto desde su fase inicial y en el transcurso de su desarrollo.

La entidad responsable de la apropiación tecnológica deberá identificar cuáles son las debilidades en el conocimiento del mercado que tiene el equipo responsable de la tecnología.

A veces una práctica muy funcional dentro del proceso de desarrollo de la solución consiste en la confrontación inmediata con el mercado para verificar la idoneidad, dar la solución propuesta y realizar las correcciones necesarias antes de invertir más recursos en ese desarrollo.

En todo caso, el objetivo es que la entidad que recibirá la tecnología se asegura de identificar el grado de conocimiento que los investigadores tienen sobre el mercado y subsanen la falta de conocimiento necesario para que los resultados del proyecto de ciencia aplicada correspondan a la realidad y sea factible de esa forma su introducción y valorización en el mercado.

Por otro lado, las debilidades del SWOT de la entidad que recibe deben recoger la información correspondiente con el conocimiento y capacidades en falta que esta tiene sobre la tecnología que le será transferida.

Por lo tanto, la información integrada en el plano deberá listar la información y conocimiento de la tecnología, identificado como desconocido por la entidad que será responsable de comercializar la tecnología.

La empresa que se apropiará de la tecnología tendrá que enfrentar el cambio de paradigma tecnológico, cuando las diferencias entre la tecnología que se adquiere y la tecnología existente implican la implementación de nuevos procesos es normal que al interior de la empresa se genere resistencia al cambio.

De igual forma, todo cambio de proceso requiere la creación de nuevas competencias, identificar el grado de conocimiento que la empresa tiene sobre la tecnología y los procesos relacionados con la nueva solución tecnológica o necesarios para su comprensión total serán estratégicos para que la empresa pueda integrar y llevar al mercado dicha solución.

La presencia de lagunas o cajas negras por parte de la empresa en relación con la tecnología crea una resistencia y rechazo por parte de los tecnólogos de la empresa, que al enfrentarse a algo desconocido prefieren desacreditar la nueva solución frente a una falta de comprensión o capacidad de resolver la adecuada integración de la solución a sus procesos, productos o servicios.

La creación de un programa de formación adecuado que colme las lagunas tecnológicas o científicas en la empresa que recibe la tecnología deberá ser una preocupación y responsabilidad de la entidad científica, ya que ante una solución que utiliza nuevo conocimiento científico o tecnológico nadie mejor que esta para determinar las necesidades de transferencia de *know-how* tecnológico.

Si, por un motivo o por otro, la entidad responsable de la transferencia de la tecnología debe tener la capacidad de identificar cuáles son las deficiencias para la comprensión de la nueva tecnología a fin de asegurar que podrán ser generados los procesos, productos o servicios derivados de esa nueva tecnología.

La claridad en la información será extremadamente importante para permitir a ambas partes identificar las posibles mejoras de la solución tecnológica que cubra necesidades del mercado o que, por lo menos, satisfaga de forma eficiente las expectativas del mercado. Por otro lado, una mejor comprensión de la tecnología puede permitir la definición de nuevos modelos de negocio con base en la comprensión de la solución tecnológica y su potencial.

Cuando el distanciamiento entre el estado del arte de conocimiento necesario para alguna de las entidades es muy distante al *know-how* que se requiere para conseguir desarrollar o apropiarse de la nueva solución tecnológica, deberá ser planteada la integración de nuevos miembros en el equipo de trabajo, ya sea de forma temporal o definitiva, que sirvan de enlace y acorten la brecha entre el conocimiento existente y el indicado.

Cuando una empresa va a recibir una nueva tecnología y en la empresa no hay nadie que la domine o comprenda, resulta obvio que se requiere centrar al nuevo empleado para que logre comprender sobre esta tecnología y así poder asegurar su apropiación en una primera fase, pero, sobre todo, para poder transformarla en una solución que pueda llegar al mercado.

En el caso de la entidad científico-tecnológica, debe suceder algo semejante cuando el estado del arte del conocimiento con relación al mercado es muy distante de la realidad. Es conveniente integrar una persona al equipo de investigación para reducir esta diferencia.

Por otro lado, la entidad que recibe la tecnología debe transmitir su conocimiento y posicionamiento de mercado, la información importante o crucial relacionada con el nicho, los consumidores y los usuarios, que le permita comprender de forma pormenorizada las problemáticas o necesidades de los potenciales clientes.

De igual forma, es conveniente que no se parta de un conocimiento empírico. Es recomendable que se sustente utilizando herramientas del *design thinking,* como el *user journey,* o de *marketing,* como estudios de mercado, que los lleve a comprender cuáles son las problemáticas del cliente que requieren ser solucionadas.

Una de las dificultades que enfrentan los tecnólogos es conseguir que las tecnologías que desarrollan sean fácilmente identificadas como una solución por el mercado.

Es en esta fase donde la experiencia de la empresa que recibirá la tecnología será clave para entender qué características deberá cumplir la tecnología para poder representar valor para el mercado.

De esta forma, la empresa representa un primer contacto de los tecnólogos con la realidad, con base en su experiencia de mercado. Los especialistas podrán adecuar y hacer mejoras a la tecnología para ser valorada por el mercado y expresar de una forma clara cuál es la solución que ofrecen.

Estrategia de innovación

El cruce entre ambas matrices de las oportunidades que el mercado y la tecnología podrán generar en el futuro. Es posiblemente la parte más importante de la matriz. A partir de la identificación de estas oportunidades, podremos trazar un plan de acción que nos permita dar un salto cuántico, generando ideas disruptivas que permitan crear oportunidades para potenciales tecnologías altamente revolucionarias.

Las oportunidades identificadas para la tecnología en la visión del futuro tecnológico y de la transformación del contexto son clave para proyectar líneas disruptivas que conduzcan a tecnologías altamente revolucionarias.

Aquí es importante hacer uso de herramientas como la vigilancia y la inteligencia tecnológica para la construcción de un escenario donde podamos explorar con mayor rigor las oportunidades tecnológicas existentes.

De igual forma, las oportunidades del mercado identificadas en los escenarios trazados a partir de los cambios sociales que afecten el estilo de vida de las personas y conlleva al surgimiento de nuevas necesidades a satisfacer o nuevas soluciones a problemas persistentes o existentes en este nuevo contexto.

Para la identificación de estas oportunidades de mercado en el SWOT, tanto de la entidad que recibe la tecnología como del sector o área en que está inserida, se conjugan los objetivos estratégicos de la empresa con una visión a futuro de la forma como las personas se relacionarán con los productos, servicios y soluciones que ofrecerán desde una perspectiva de la necesidad resultante de las alteraciones del contexto.

Existen metodologías como el *foresight* o la prospectiva que permiten crear estos escenarios futuros y explorar cómo estos podrán afectar la vida de las personas, siendo así posible anticipar nuevas necesidades y, por tanto, a partir de estas últimas identificar posibles innovaciones disruptivas para el mercado actual.

El objetivo de esta fase del análisis es no dejar el proceso de transferencia concluido con la adopción de la tecnología. Con esta matriz, se pretende identificar acciones que permitan dar continuidad a una relación para el desarrollo de nuevas tecnologías y su inserción en el mercado.

En escenarios donde el nivel de desarrollo de la entidad que recibe la tecnología busca una solución poco sofisticada, este tipo de análisis permite identificar otras oportunidades de colaboración.

Es común encontrar casos de centros de investigación o universidades insertos en tejidos empresariales poco desarrollados, donde las universidades y centros de investigación son considerados como estructura primordial y esencial para el desarrollo del territorio. Sin embargo, se teje una compleja condicionante cuando las necesidades tecnológicas y el tejido empresarial local son muy básicos o poco sofisticados. Esto limita a las universidades y centros de investigación.

Al identificar tanto las oportunidades de desarrollo tecnológico como de mercado y cruzar esa información, podemos trazar un plan de ruta para desarrollar tecnologías que permitan aprovechar esas oportunidades de mercado e innovar.

Necesidades de desarrollo

El cruce entre las amenazas tecnológicas y de mercado tiene el objetivo de identificar necesidades de desarrollo de la tecnología de cara a aumentar la competitividad, por un lado, de la empresa que la recibe y, por otro lado, contribuir a elevar el desafío del nivel tecnológico de la entidad que lo transfiere.

La identificación de las necesidades de desarrollo de la tecnología debe partir de un análisis de todas aquellas tecnologías o desarrollos tecnológicos que resuelvan la misma problemática, aunque no lo hagan con la misma eficiencia o eficacia. Tecnologías emergentes que aunque no demuestren madurez o parezca utópico su desarrollo o aplicación.

Aquí la imparcialidad de la información es primordial. Si es necesario, se recomienda subcontratar este análisis a una empresa especialista en *screening* tecnológico que pueda hacer una investigación alargada e identificar todas las tecnologías que podrían representar una amenaza en el corto o mediano plazo.

Es importante evitar la soberbia o una actitud paternalista que sesgue este análisis, ya que es fácil y común para los responsables del desarrollo de la tecnología, por diversas razones, perder la objetividad con relación al potencial y competidores de la tecnología.

Además de las tecnologías, también deben ser considerados líderes de mercado, aunque ese posicionamiento lo tengan con tecnologías obsoletas o incluso en modelos de negocio donde no es utilizada ninguna tecnología, pero que en la actualidad resuelven la misma problemática.

Cuanto más completo y profundo sea el análisis, mayor será la posibilidad de identificar las tecnologías potencialmente amenazadoras.

Por otro lado, es necesario realizar un análisis sobre el comportamiento del mercado, las actitudes de consumo, las variables del contexto que puedan redefinir la necesidad o problema que pretendemos resolver.

Las características de la empresa que recibe y monetizará la tecnología juegan un papel importante en este análisis. No es lo mismo una *start-up* que una multinacional o que una microempresa. Para cada una de ellas, las amenazas son completamente diferentes e independientes de las amenazas que la tecnología por sí misma tiene.

En cuanto una multinacional puede tener un mejor conocimiento del mercado y mejor posición en su modelo de distribución, también puede ser lenta al reaccionar, al tomar decisiones e implementar una nueva estrategia. Por otro lado, una *start-up* puede ser desconocida para el mercado, pero ser rápida para reaccionar y aprender puede fácilmente arriesgar en la implementación de modelos de negocio innovadores.

Es importante crear este análisis desde una perspectiva netamente de mercado. Aquí situaciones como el tipo de relacionamiento creado entre las empresas y los clientes relacionados con la fidelidad o dependencia son ejemplos de amenazas que deben ser tomadas en cuenta.

Incluso es necesario entender e identificar el nivel de satisfacción y experiencia que empresas competidoras pueden brindar, incluso sin recurso a tecnología.

En los modelos donde la tecnología es considerada un recurso para el desarrollo del tejido empresarial y se utilizan los modelos donde las entidades de transferencia son el pilar para fortalecer la competitividad, en el contexto territorial donde están localizadas, es posible que no todas las empresas tengan un nivel de desarrollo que implique un verdadero desafío para la entidad de transferencia tecnológica. Este cuadrante tiene la particularidad de servir como un oráculo a partir del cual se define una estrategia que permita aumentar el nivel del tejido empresarial.

Incluso en aquellas situaciones en que el tejido empresarial no cuenta con un nivel de desarrollo elevado, los proyectos de transferencia encontrarán en este cuadrante de la matriz la oportunidad de trazar una ruta para elevarlo, definiendo como necesidades prioritarias aquellas que impliquen un esfuerzo continuo para incrementar el grado de sofisticación tecnológica de ambas entidades.

Del *marketing* al *societing*

Las 4P del *marketing: product, price, place and promotion,* creadas por Jerome McCarthy y hechas famosas por Philip Kotler, fueron desarrolladas entre los años 1950 y 1960. En ese momento, el PIB norteamericano equivalía a más del 27% a nivel mundial. La economía era tan próspera en Norteamérica que lo más importante era promover y vender, llegando al mayor número de puntos de venta disponibles y con el mejor precio posible.

Esos tiempos de crecimiento imparable del consumo y de estabilidad predictible han cambiado. Hoy en día, nos encontramos en un contexto diferente, incluso denominado como VUCA: *volatility (V), uncertainty (U), complexity (C)* y *ambiguity (A),* donde la única constante es el cambio y las 4P de Kotler ya no son válidas.

Con el paso de los años, han surgido diversas propuestas sobre las nuevas P del *marketing,* sustituyendo las propuestas por Kotler y McCarthy o complementándose hasta llegar a doce del *marketing: process, product, price, promotion, place, people, planet, partioning, positioning, probing, profit, planning and prioritzing.*

Como nos dice Beñat Urrutikoetxea Arrieta, debemos pasar del *marketing* al *societing*. No podemos seguir tratando a la sociedad como compradores, debemos entender que como sociedad hacen parte de un ecosistema que exige un equilibrio. Por lo tanto, las 4P del *societing* son *purpose, people, planet* y *problem*.

Durante muchos años, las estrategias eran internas y confidenciales. Hoy en día, son externas y, por tanto, públicas. Para las empresas resulta fundamental ser transparente de cara a sus *shareholders* sobre el impacto que generan como organización y lo hacen público a través de los reportes ESG, pero también de cara a sus *stakeholders,* ante quienes buscan mayor credibilidad y confianza siendo transparente en estos mismos ámbitos. Por ellos estas 4P toman relevancia, pero también están jugando un papel importante en el futuro de la tecnología y la revolución que enfrentamos.

Planet (Environmental impact)

Las empresas buscan integrar en sus objetivos estratégicos un impacto positivo en el medioambiente. Acciones que permitan contribuir a compensar o reducir la contaminación, la generación de residuos, el consumo energético, el tipo de energía utilizada, la utilización de determinados recursos naturales como tierra, agua u otros que impactan en la biodiversidad, así como la emisión de CO_2 y otros contaminantes.

La llamada huella de impacto que una actividad económica o industrial requiere de ser restablecida o compensada con acciones que permitan mitigar los efectos negativos de las tecnologías que utilizan o desarrollan y pueden tener una visión proactiva, como la reconversión de la matriz energética o la protección de la biodiversidad.

Estas estrategias deben ser transversales a todas las actividades de la organización, sus productos y servicios dentro alargando su responsabilidad, por todo su ciclo de vida y cadena de valor en sus productos y servicios, así como del impacto generado también por sus *stakeholders.*

People *(Social impact)*

Las personas consideradas desde una visión transversal del impacto social, que van desde el interior de la organización, como, por ejemplo, las condiciones laborales, hasta el exterior de la organización, como, por ejemplo, de respeto a los derechos humanos.

De igual forma que en la reducción del impacto ambiental, se busca un alargamiento extenso de los efectos directos e indirectos de la organización en el impacto social. Se busca un alargamiento de impacto positivo a todas las comunidades con quienes se relaciona directa o indirectamente a través de sus *stakeholders,* principalmente de aquellas comunidades que rodean su cadena de valor, ciclo de vida, actividad económica o que resultan en exclusión de bienestar que generan con sus productos o servicios.

Además, se busca la inclusión social, ya sea de género, etario, étnico, económico, etc. Tanto al interior como al exterior de la organización a través de sus políticas, estrategias, inversiones, comunicación, oportunidades, acciones, lenguaje, productos y servicios.

Purpose *(Governance)*

Esta área engloba las cuestiones relacionadas con el gobierno corporativo de las organizaciones, su calidad corporativa, su cultura y sus procesos de gestión. Desde la compensación de los directivos, pasando por planes de transparencia y lucha contra las prácticas antiéticas, hasta las acertadas estrategias fiscales.

Cobra especial atención la elaboración de políticas internas sólidas y con indicadores claros que comprendan factores como la externalización, el cumplimiento normativo o la aptitud de los empleados, entre otros.

Problem *(real solution)*

Los productos y servicios de una empresa buscan ofrecer soluciones a los problemas de las personas. Es importante el papel que las empresas juegan en la resolución de problemas que la sociedad y los individuos enfrentan.

Ofrecer soluciones a problemas reales y relevantes que la sociedad y los individuos enfrentan, como son la pobreza; hambre cero y seguridad alimentaria; salud y bienestar; educación de calidad; igualdad de género; agua limpia y saneamiento; energía asequible y no contaminante; trabajo y crecimiento económico; industria, innovación e infraestructura; reducción de las desigualdades; ciudades y comunidades sostenibles; producción y consumo responsable; cambio climático; océanos, bosques, desertificación y diversidad biológica; paz, justicia e instituciones sólidas; sinergia.

Ya no es suficiente con buscar compensar los efectos negativos que las empresas causan a la sociedad o al ambiente. Es necesario replantear también el tipo de productos y servicios que generan de cara a ser relevantes. En la revolución que estamos viviendo, las personas están reinterpretando su existencia y su propósito.

Para muchas personas, la pandemia fue un momento de reflexión sobre la futilidad de muchos productos y la importancia de las vivencias, la salud, la familia, la libertad.

Las empresas de todos los sectores, más tarde o más temprano, tendrán que replantear lo que hacen y por qué lo hacen para entender la relevancia o futilidad de los problemas que resuelven. Tengo una controvertida frase que dice «el mercado es el que manda, aunque el mercado nunca sabe lo que quiere». La cuestión es que las empresas deben dejar de encarar a la sociedad como el mercado y entender que su rol va más allá del consumo y la monetización.

Existen productos que ostentan etiquetas que expresamente dicen «este producto es nocivo para la salud». Sin embargo, eso no detiene a los consumidores, ya sea de drogas toleradas o de alimentos con altos contenidos de elementos nocivos para la salud. Los consumidores son impredecibles.

Esto mismo sucede con las tecnologías. El 80% de la población destina en mayor porcentaje el uso de su *smartphone* para fines lúdicos, ya sea en las redes sociales o juegos en línea. Los consumidores quizás requieran de una cocina con inteligencia artificial que solicite los alimentos que están en falta al supermercado digital, pero la sociedad requiere que la tecnología acabe con el hambre en el mundo, no que haga la lista de compras del supermercado.

Del *design thinking*
al *patent thinking*

En la década de los noventa, el *design thinking* de la mano de IDEO se convirtió en un popular método para conquistar el mercado; su mayor referencia fue Apple. Steve Jobs confió el diseño de los productos de Apple a la empresa del diseñador David Kelley y en 1998, con el lanzamiento del nuevo iMac, seguido del nuevo iBook en 1999, ambos iconos del diseño robaron la atención del mundo empresarial.

Por detrás del diseño y desarrollo de estos productos, estaría una nueva forma de abordar los problemas y generar ideas innovadoras, incorporando metodologías de trabajo de los diseñadores a la gestión empresarial. En pocos años, el *design thinking* se convirtió en una disciplina que usa la sensibilidad y métodos de los diseñadores para hacer coincidir las necesidades de las personas, con lo que es tecnológicamente factible y con lo que una estrategia viable de negocios puede convertir en valor para el cliente, así como en una gran oportunidad para el mercado.

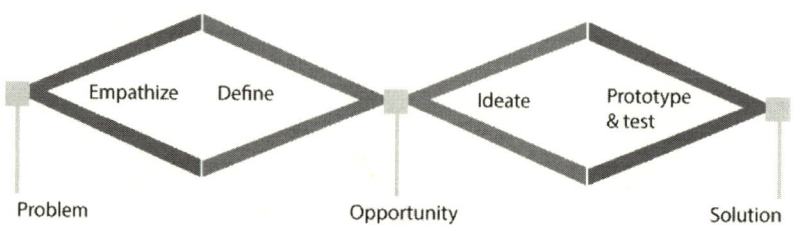

Design Thinking

Empathize | Define | Ideate | Prototype & test

Problem | Opportunity | Solution

Dos elementos clave del *design thinking* son la adecuada definición del problema, por un lado, y la empatía, por el otro, para colocar a las personas en el centro del desarrollo de un proyecto, generando como resultado lo más adecuado para ellas.

El método *patent thinking* no pretende competir con el *design thinking*. Por el contrario, pretende complementar el proceso de desarrollo de producto, pero enfocado en los productos de base tecnológica. Cuando tenemos un producto B2B, como una materia prima para el sector farma, la información tecnológica es tan vasta y tan dispersa que requerimos de un abordaje diferente para conseguir ser disruptivo y, al mismo tiempo, efectivo.

Respecto de la tecnología, desde el enfoque sociocultural, los humanos tenemos tres capacidades para transformar nuestro contexto a fin de convertirlo en tecnología: la percepción, la orientación y la apropiación. La percepción es la capacidad de contactar con el contexto a través de los sentidos; la orientación es la capacidad de relación con el contexto dentro del marco social; por último, la apropiación es la capacidad humana de tomar elementos del contexto, transformarlos y adaptarlos a un nuevo propósito.

El método *patent thinking* establece como contexto el conocimiento generado por la sociedad y congregado en la información científica y tecnológica de la propiedad intelectual e industrial (*patent*) y utiliza mecanismos de análisis de *patent* para la resolución de problemas. Y herramientas de apropiación tecnológica para transformar y asegurar el surgimiento de nuevos procesos, productos o servicios que puedan impactar de forma positiva en la vida de las personas.

Patent Thinking

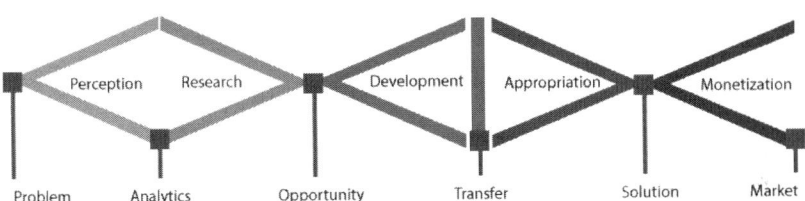

Sí podemos afirmar que el *design thinking* se enfoca en la empatía para colocar a las personas en el centro del desarrollo de un proyecto, generando como resultado lo más adecuado para ellas. El *patent thinking* se enfoca en el conocimiento para colocar la capacidad de las personas de apropiación en el centro del desarrollo de un proyecto, generando como resultado lo más útil para ellas.

De la misma forma que el *design thinking* utiliza herramientas relacionadas con la forma en que los diseñadores piensan, el *patent thinking* utiliza herramientas que los gestores de activos intangibles y tecnología emplean, como *technological intelligence, technological surveillance, technological validation, technology transfer, technological appropriation, technological screening, freedom to operate, technological roadmap, prospective, foresight,* entre otras.

La propiedad intelectual e industrial, tradicionalmente relacionada con la protección, asume con esta metodología *patent thinking* un fuerte enfoque en la creación de valor y potencia su capacidad como detonador de nuevas tecnologías, competitividad e innovación en un mundo donde la tecnología avanza de forma acelerada. Y donde para sustentar el liderazgo en el mercado se requieren modelos estructurados de desarrollo tecnológico.

Cuando hablamos de tecnología, ¿qué es más importante, el producto o el conocimiento con el cual se generó?

Si tengo un producto o solución tecnológica, los puedo vender, pero no los puedo replicar. En cambio, si tengo el conocimiento, se puede replicar el producto, cuantas veces quiera, y eso me da oportunidad de vender una mayor cantidad de productos.

Pero si tengo la capacidad de transformar el conocimiento con el cual se generó el producto para crear nuevos productos o nuevos procesos, eso abre un universo aún mayor de posibilidades para el desarrollo de nuevas soluciones tecnológicas.

Esta es la importancia de la apropiación tecnológica, pieza fundamental del *patent thinking*. La apropiación tecnológica es la capacidad de adquirir tecnología y conocimiento, transformarlos y adaptarlos a un nuevo propósito que derive en nuevos procesos, productos o servicios tecnológicos exitosos en el mercado.

Se estima que en el mundo alrededor de trescientas mil solicitudes de patentes por año son rechazadas por falta de novedad. En países como México, únicamente el 25 % de las patentes presentadas son otorgadas por el IMPI. En la Unión Europea, se calcula que alrededor de 60 000 millones de euros se pierden en investigaciones redundantes.

Estas cifras nos dicen que en todo el mundo millones de personas están invirtiendo tiempo y dinero en inventar o desarrollar una tecnología que ya está inventada. Lamentablemente, todo este tiempo y dinero mal aplicado podrían ser evitados, utilizando diversas herramientas con las que trabajan los especialistas en propiedad intelectual.

Si tomamos en cuenta la presión a la cual se encuentran sujetas las empresas para desarrollar nueva tecnología que las mantenga rentables en un mundo empresarial altamente competitivo y con un acelerado desarrollo tecnológico, resulta imprescindible generar e implementar un nuevo proceso en las empresas que les permita ser más eficaces y eficientes en el desarrollo de nueva tecnología.

Si, a pesar de este escenario, el mundo hoy en día se transforma en alta velocidad derivado del intenso desarrollo tecnológico, en muy diversos campos como la nanotecnología o la robótica, por citar solo un par de campos científico-tecnológicos, ahora imaginen que los millones de recursos humanos, económicos y materiales que se desperdician en investigación redundante tuvieran la posibilidad de ser bien encaminados.

Eso es lo que busca el modelo *patent thinking*, presentar de una forma simple y amigable un proceso a través del cual las empresas consigan obtener mejores resultados de la inversión que aplican al desarrollo de nueva tecnología, ya sea para el desarrollo de nuevos procesos o nuevos productos.

El método *patent thinking* utiliza para el desarrollo de una nueva tecnología la información científica y tecnológica concentrada en las bases de datos de todas las patentes otorgadas en el mundo utilizando herramientas de *big data* e inteligencia artificial que nos permiten acceder a toda la tecnología desarrollada en el mundo y utiliza mecanismos de análisis de patentes para la resolución de problemas. Así como metodologías de apropiación tecnológica para asegurar la transferencia de tecnología a la sociedad.

La caja de herramientas del *patent thinking* identifica metodologías, sistemas y procesos que los especialistas en propiedad intelectual, gestores de activos intangibles y gestores de tecnología emplean.

Patent Thinking Toolbox es una caja de herramientas que reúne diversas soluciones que los especialistas en propiedad intelectual emplean en las diversas fases del proceso de tecnología, donde herramientas como la inteligencia tecnológica buscan precisamente evitar el desarrollo de tecnología redundante.

Las herramientas que conforman esta caja son solo un ejemplo de las principales herramientas que se utilizan hoy en día por especialistas de la propiedad intelectual. Confío en que esta caja se fortalezca a través del tiempo con nuevas aportaciones y experiencias que nos permitan reforzar la metodología y ofrecer mejores soluciones a las empresas a fin de alcanzar un proceso eficiente y eficaz para el desarrollo tecnológico, así como para la respectiva inserción con éxito en el mercado de la tecnología resultante.

Patent Thinking Toolbox

Perception	Research	Development	Appropriation	Monetization
Prospective	Technology Intelligence	Patent Triz	Technological Appropriation Matrix	Exploitation
Foresight	Freedom to Operate	Tech Tree	Tech SWOT	Sale / Licesing
Technology Roadmap	Competitive Landscape	Design Around Patent	Technology Transfer	Joint Venturte / M&A
Trend Matrix	Technological Validation	Poka Yoke		Co-development & Co-research
ER Diagram	Technological Screening	Technological Surveillance		SpinOff & StartUps
Contex Mapping				Valuation / C&S
Journey Mapping				Opening

Las herramientas están agrupadas en cinco grupos relativos a las cinco fases del *patent thinking*.

Perception (definición del propósito)

Identificar el problema no solo desde una situación presente, sino también desde una visión de futuro. Para ello existen metodologías, como el *foresight* o la prospectiva, que nos permiten definir escenarios futuros y plantear soluciones con una mayor conciencia de su impacto en el futuro.

Existen diversas metodologías que nos permiten construir un propósito sobre la tecnología que pretendemos desarrollar. En la caja de herramientas, menciona siete. Cada una de ellas pretende reunir información que nos permita tomar mejores decisiones. Según cada caso, se puede optar por una u otra, siendo que la mayor parte de ellas se pueden conjugar simultáneamente.

Prospective

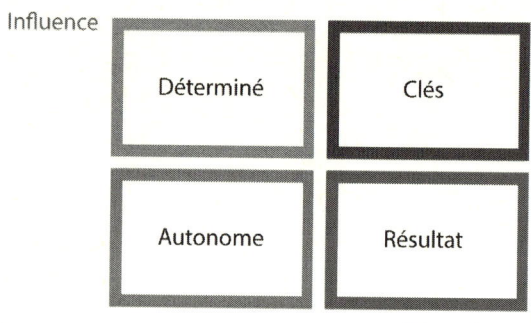

La prospectiva es, desde mi punto de vista, una que siempre debe ser utilizada. Esta metodología desarrollada por Michel Godet nos permite construir escenarios futuros, que, a su vez, nos permitan comprender el rumbo que una tecnología debe tener para responder a los problemas o necesidades del futuro.

La prospectiva nos permite generar posibles escenarios para responder preguntas del tipo ¿cómo será el mundo de aquí a cuarenta años? Este ejercicio reflexiona sobre el impacto de la tecnología o de una determinada tecnología a largo plazo.

Research (estado del arte)

Cuanta más información tenemos con relación al estado del arte de una tecnología, es decir, en el punto máximo en que se encuentra su desarrollo en la actualidad, esto nos permite establecer un mejor punto de partida para no inventar lo ya inventado. Para ello existen plataformas de consulta de *technologies intelligence* que nos permiten acceder a todas las patentes que hay en el mundo y, de esta forma, tener la seguridad de que nuestro proyecto es realmente algo nuevo.

Existen diversas plataformas electrónicas que nos permiten acceder a las diversas bases de datos de registro de patentes de cada país. Estas plataformas pueden ser públicas o privadas, gratuitas o pagadas, con mayor o menor cobertura de países, sin o con inteligencia, sin o con analítica de datos. Cuanto más completa la información a la que podamos acceder, eso le permitirá identificar, por ejemplo, líneas de investigación, patentes más relevantes, evolución tecnológica, líderes tecnológicos o tecnologías emergentes.

Tech Intelligence

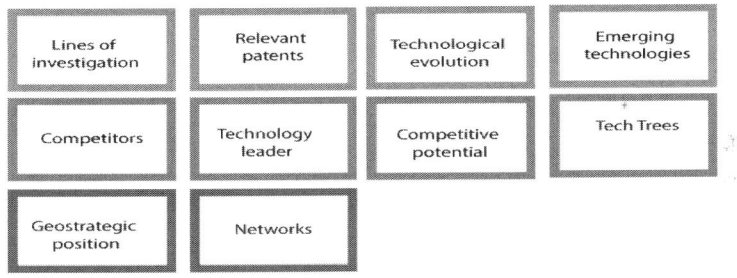

Development (*roadmap* **tecnológico**)

Cuando tenemos acceso a todas las patentes existentes de un tema específico, esto nos permite acceder al conocimiento que nos facilitó llegar a ese avance tecnológico, así como a cuál fue la entidad que desarrolló esta tecnología. Esto nos permite trazar una estrategia para a partir de este conocimiento llegar, ya sea de forma individual o en conjunto, a un avance en el desarrollo de dicha tecnología. Para ello existen diversas metodologías, como *patent triz* o *design around patent,* que nos permiten encontrar nuevos mecanismos de solución para los problemas que le conciernen.

Uno de los grandes desafíos del desarrollo tecnológico es el evitar inventar lo ya inventado o conseguir algo realmente novedoso que nos permita llegar a una patente o, al menos, no infringir una existente. Partiendo de un adecuado análisis de *technologies intelligence,* podemos establecer de mejor forma el estado del arte. La información contenida en dicho análisis también nos conducirá a patentes que pueden servir como *inputs* para ser trabajadas en metodologías como *patent triz.*

Patent TRIZ

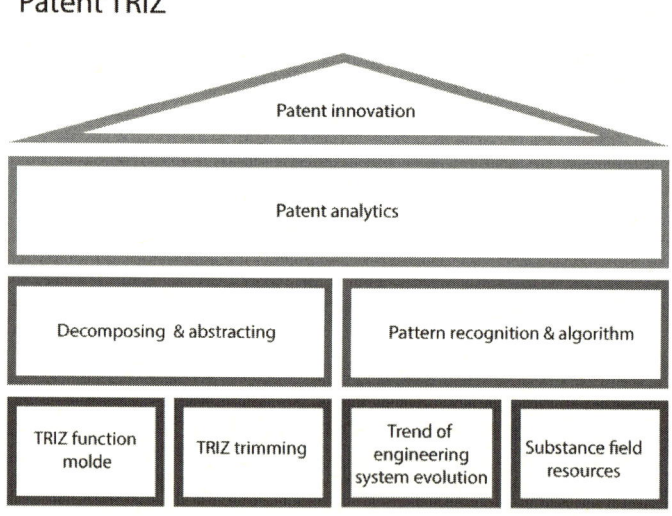

La combinación, la extrapolación, la mejora son las bases de esta metodología que busca desagregar el conocimiento o una tecnología y recombinar con otras, o incluso traer soluciones o conceptos de patentes aplicadas en otros contextos para crear una nueva solución tecnológica.

ATM Appropiation Technology Matrix
Strategic Plan

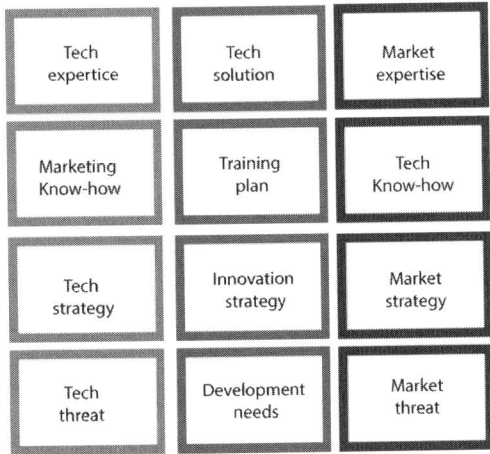

Appropriation (apropiación tecnológica)

Sobre este tema ya hablamos anteriormente en detalle. Una vez que se trata de algo fundamental en el desarrollo tecnológico, aquí la matriz de apropiación tecnológica, propuesta en este libro, juega un papel fundamental en un abordaje sistematizado para la gestión estratégica de la apropiación.

El *patent thinking* es un concepto de gestión estratégica de los activos intangible desde su concepción como idea o concepto hasta el momento de su inserción en la sociedad. No pretende interferir con la actividad de desarrollo tecnológico, sí pretende conducirla a un mejor resultado y un mayor impacto.

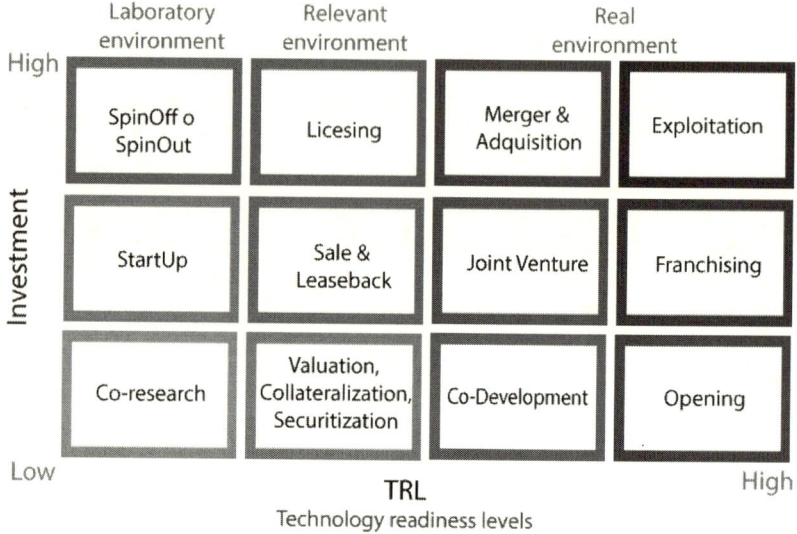

IAM Intangible Assets Monetization Matrix

Monetización (modelo de negocio)

Existen diversos mecanismos para convertir un activo intangible en ingreso. En 1975 los activos intangibles representaron el 20% del valor de una compañía. En ese momento, los activos tangibles como edificios, fábricas, vehículos, máquinas eran considerados elementos clave para determinar el valor de una compañía.

En 2020, esa paridad cambió completamente. Ahora los activos tangibles representan el 10% del valor de una compañía; en cuanto que los activos intangibles, como marcas, tecnología, patentes, *know-how* o secretos industriales, representan el 90% del valor de una compañía.

El gran desafío al que se enfrentan gran parte de las empresas es el de conseguir transformar ese valor en ingreso. La caja de herramientas nos propone doce diferentes formas de convertir ese valor en ingreso, que van desde los más conocidos, como la venta de los productos derivados de esta tecnología (explotación) o el licenciamiento de la propia tecnología, hasta otros más complejos, como la inversión en *start-up* de esos activos o la liberación principalmente con fines de consolidar un cambio en un paradigma tecnológico.

Patent Thinking Toolbox

Objetivo. Reunir diversas metodologías y herramientas que son utilizadas normalmente dentro del ámbito de la propiedad intelectual para la gestión estratégica de patentes a fin de utilizar dicha información con el objetivo de desarrollar nuevas soluciones tecnológicas y establecer de mejor forma objetivos estratégicos para el desarrollo de tecnología.

La caja de herramientas se divide en cinco bloques: percepción, investigación, desarrollo, apropiación y monetización.

Perception

Comprensión del problema, elaboración de escenarios futuros, establecimiento de ruta hacia la solución tecnológica.

Prospective. Desarrollo de escenarios futuros.

Foresight. Desarrollo de escenarios futuros.

Technology roadmap. Planeación de actividades, conocimiento y recursos necesarios para desarrollar una tecnología.

Trend matrix. Matriz de análisis del mercado.

Er Diagram. Sistematización de la relación entre los actores.

Context mapping. Sistematización de la relación con el contexto.

Journey mapping. Sistematización de la relación con el usuario.

Research

Technology intelligence. Reporte de las patentes existentes en relación con una solución tecnológica.

Freedom to operate. Identificación de los territorios donde está libre de uso la tecnología una patente específica.

Competitive landscape. Reporte de las entidades por detrás de los desarrollos tecnológicos que permite define un escenario de competitividad.

Technological validation. Análisis sobre una tecnología específica a fin de validar la pertinencia de un nuevo desarrollo tecnológico.

Technological screening. Análisis sobre una tecnología específica a fin de identificar una estrategia de desarrollo o adquisición de una tecnología, así como identificar las tendencias de desarrollo.

Development

Patent triz. Metodología para desarrollar nuevas tecnologías partiendo de patentes existentes.

Tech tree. Metodología para identificar posibles derivaciones o conjugaciones de tecnologías.

Design around patent. Metodología para identificar oportunidad de mejora de patentes existentes.

Poka yoke. Metodología para identificar mejoras en patentes o tecnologías.

Technological surveillance. Proceso continuo de *technology intelligence* para identificar avances y nuevos desarrollos tecnológicos, tecnologías emergentes o posibles infracciones.

Appropriation

Technological appropriation matrix. Metodología para el desarrollo de un plan estratégico para asegurar la aplicación en un producto o proceso de una tecnología transferida.

Tech SWOT. Aplicación de la matriz SWOT a una tecnología como base de construcción de la oferta tecnológica.

Technology transfer. Proceso de transmisión de conocimiento y tecnología a otra entidad o área para su escalamiento e inserción en un entorno real.

Monetization

Estrategias o modelos para la monetización de un desarrollo tecnológico o tecnología de la cual se tiene derecho jurídico.

Exploitation. Maximización de los ingresos de la aplicación de una tecnología por vía propia.

Sale. Venta de los derechos de explotación de una tecnología.

Licensing. Autorización para la aplicación y comercialización de una tecnología con condiciones delimitadas.

Joint venture. Utilización del valor del intangible como aporte valorizado o no pecuniario, siendo la tecnología aportación de inversión en una alianza, licenciado el intangible a la nueva empresa.

Mersh & acquisition. Utilización del valor del intangible como aporte valorizado o no pecuniario, siendo la tecnología aportación de inversión o establecimiento del valor en una compra.

Codevelopment. Establecer una alianza a fin de realizar un trabajo colaborativo para la conclusión del desarrollo de la tecnología utilizando el valor del intangible como aporte valorizado o no pecuniario.

Spin-off. Utilización del valor del intangible como aporte valorizado o no pecuniario, siendo la tecnología aportación para la creación de una nueva empresa, licenciado el intangible a la *spin-off*.

Start-up. Utilización del valor del intangible como aporte valorizado o no pecuniario, siendo la tecnología aportación de inversión para la adquisición de *equity*, licenciado el intangible a la *start-up*.

Franchising. Autorización para la aplicación y comercialización de una tecnología y una marca con condiciones delimitadas, bajo un modelo de negocio ya definido.

Valuation. Valorización del activo, podrá ser realizada por diversas metodologías, con objetivo de tener el valor económico de una tecnología.

Open source. Establecimiento de un modelo de colaboración para el desarrollo de una tecnología donde los resultados son públicos y de libre uso a fin de monetizar su aplicación.

Opening. Liberación o publicación de una tecnología ya desarrollada, de forma total o parcial a fin de permitir a otros *players* su fabricación, facilitar su adopción y acelerar su entrada al mercado.

4.
NUESTRAS
BATALLAS

Las batallas, tecnología versus humanos

Los cambios alrededor de la humanidad están sucediendo con mayor velocidad y no solo los tecnológicos también estos cambios suceden a nivel económico, político, territorial, cultural, ético, educativo, laboral, alimentario, movilidad, hogar, familiar, género y de identidad.

En la historia, las revoluciones han tenido un detonador, ya sea tecnológico, social, político, económico, cultural, científico o industrial. Y aunque en todas ellas existe siempre un soporte ideológico, una idea de base en la que se justifica la búsqueda del cambio, históricamente las revoluciones han sido en su mayoría sociales o políticas. Sin embargo, la industrialización y la tecnología han estado en la base de importantes revoluciones que han transformado al mundo.

Al pasar de los años, la historia de la humanidad se escribió por quienes ganaron las guerras, invasiones o conquistas de territorios, creando imperios; hoy la historia se escribe por quienes consiguen vencer al algoritmo.

La velocidad con que la tecnología avanza está creando un nuevo contexto donde buscamos dar solución a todos nuestros problemas a través de la tecnología. Parece ser que la tecnología es la única vía para resolver todo y surgen empresas de tecnología con propuestas para resolver cada aspecto de nuestra vida. Hoy día existen más de tres millones de aplicaciones (*apps*) que buscar dar solución a los más diversos problemas y tareas de nuestro día a día.

Ejemplos como Uber, o Gobike o Wize, que intentan resolver el problema persistente de la movilidad a través de tecnología. Sin embargo, las personas están pasando de cuestionarse el cómo debe ser la movilidad a cuestionarse por qué tiene que resolverse la movilidad a través de la tecnología. Ciudades como Pontevedra, en España, han implementado la peatonalización de sus calles. Esto no solo ha resuelto problemas de movilidad, también está contribuyendo al desarrollo de la economía local, mejoras en el medioambiente y la salud pública.

La pandemia del COVID-19 trajo para todas las organizaciones y las personas la reflexión sobre la necesidad de adoptar nuevos modelos de movilidad. Los cambios sociales y laborales que se vivieron a nivel mundial generaron nuevas necesidades y nuevos hábitos.

Si hoy puedo trabajar desde casa; si todas las tiendas tienen un sistema de entrega a domicilio; si hoy un dron puede traer cualquier producto que necesite a casa; si la realidad virtual me puede transportar a donde yo quiera; si puedo hablar con alguien que está del otro lado del mundo por videollamada; si puedo hacer todo desde mi sofá, ¿tengo que realmente moverme? Si puedo hacer todo desde mi sofá, ¿qué sentido tiene mi vida? Si un robot puede hacer mi trabajo, ¿qué haré yo? ¿Cómo debería ser la vida del humano para tener sentido? ¿Dónde encaja el ser humano en la actualidad? Si llevo una vida diferente, ¿tengo que comer diferente? ¿La dieta paleolítica debería ser acompañada por un estilo de vida paleolítico? ¿Tenemos que regresar al modo de mida paleolítico? ¿Tengo que pagar impuestos para vivir un estilo de vida paleolítico? ¿Hace sentido que me pregunte todo esto?

Sin duda, la tecnología es uno de los muchos problemas que enfrentamos hoy en día como sociedad, del cual se deriva el consumo energético y la contaminación ambiental, pero, así como la movilidad nos desafía a buscar nuevas soluciones, la alimentación, la educación, el trabajo, entre muchos otros, son desafíos que enfrentamos con cientos de años de rezago y desequilibrio.

En este capítulo, quiero compartir con ustedes algunos de los proyectos y personas que he conocido en mis viajes como consultor de innovación y transferencia tecnológica por el mundo y otros que han llegado a mi conocimiento derivado de mi trabajo con Gobiernos, *start-ups* y empresas. Quiero que conozcan algunas personas, organizaciones, proyectos y *start-ups* que buscan crear una revolución para incidir en algunos de los problemas más importantes que enfrentamos como sociedad. Algunos utilizan la tecnología como solución, otros buscan otros caminos sin depender de la tecnología.

No pretendo evaluar si son mejores las soluciones tecnológicas o los no tecnológicas, ni tampoco pretendo ponerlos como ejemplo de la mejor solución existente o posible para los problemas que enfrentan. Son simplemente ejemplos de personas que están siendo proactivas, tomando la iniciativa para cambiar el mundo. No se conforman con ser espectadores a la espera de que esto no tenga forma de ser remediado, dan lo mejor de ellos, buscan ser agentes del cambio para impulsar esta revolución que determinará nuestro futuro.

Esta revolución tiene diversas batallas que van de lo individual a lo global. El siguiente capítulo lo he ordenado siguiendo esta lógica y partiendo de la revolución que vivimos como individuos, para compartir no solo proyectos, sino también reflexiones.

Difícilmente podemos generar un cambio en el mundo si no empezamos por nosotros, hoy debemos tener claro quiénes somos como individuos y para dónde queremos ir, y con ello influenciar o moldear nuestro entorno más próximo, nuestra familia, nuestra casa, nuestra alimentación.

Necesitamos comprender cómo nuestra educación y nuestro trabajo está moldeando nuestra sociedad. Una sociedad limitada a territorios donde la economía y la política están condicionando nuestro planeta. Por último, comprender el rol de la ética como eje global donde se junta todo para construir un futuro sostenible.

Haremos un recorrido por los desafíos que la tecnología nos plantea en el futuro próximo, iniciando por definir el sentido de la vida. Si, como se pronostica, la tecnología terminará por sustituir a los humanos en diversas tareas, ¿cuál es entonces nuestro propósito?

La revolución del ser
(identity revolution)

La batalla de la identidad es la batalla central. Sucede en múltiples direcciones y de ellas se desprende esta gran revolución. Como ya lo expresé anteriormente en el libro, este movimiento es una revolución humana en donde buscamos, ante todo, encontrar nuestro papel en los cambios que en el mundo se generan y que son detonados principalmente por la integración de la tecnología en diversos campos, poniendo en juego o en análisis el papel de la sociedad y de los individuos en diversas actividades, pero principalmente un análisis de su propósito de vida.

En un solo día estamos expuestos al doble de la información que producíamos anualmente hace cuarenta años. Según Harriet Green que dirige la división de Internet de las Cosas de IBM, entre 2015 y 2017 generamos más información que en toda la historia, algo así como 16 000 millones de *gigabytes*, para 2020 habíamos generado 64 000 millones de *gigabytes* y para 2025 habremos generado 181 000 millones de *gigabytes*, es decir, 181 *zetabytes*. Estamos expuestos a un *big bang* de información. Esta exposición de una forma tan persistente está moldeando nuestros pensamientos y, por tanto, nuestro comportamiento.

Sabemos menos de las personas próximas a nosotros que de desconocidos a kilómetros de distancia, que muy posiblemente viven una doble vida donde su realidad poco corresponde a lo que comunican en las redes sociales, y son esas vidas falsas (*fakelifes*) las que se convierten en nuestro objetivo de felicidad.

Hacemos todo lo que escuchamos, vemos y conocemos a través de internet. Conocimiento validado como real es para gran parte de la población que no sabe distinguir entre la verdad y la mentira; el fenómeno de las noticias falsas (*fakenews*) se alarga al falso conocimiento (*fakeknowledge*). Miles de personas se convierten en peritos de cualquier tema desde que consiguen que el algoritmo entienda que lo que dicen es relevante para otros, siendo que relevante no implica verdadero.

Nuestro cerebro tiene la capacidad de recibir más de un millón de datos por segundo, de los cuales gran parte se consumen por lo que vemos y escuchamos, pero al frente de una pantalla conseguimos algo conocido como aislamiento sensorial, centramos todas nuestras capacidades en absorber la información de nuestro dispositivo móvil o computadora; estamos invadidos de todas estas mentiras y estas están modelando nuestro pensamiento, entonces, ¿en quiénes nos estamos convirtiendo?

Hoy es más común que las personas se pregunten desde diversos ángulos y por diversas razones: ¿quiénes somos?, ¿cuál es nuestro propósito?, ¿quién soy?, ¿adónde voy?, ¿qué debo hacer con mi vida?, ¿cómo puedo darle sentido?

Tony Robbins, Alan Cohen, Brene Brown, Richard Barrett, Thomas Leonard, John Whitmore y una lista de más de cientos de personas en el mundo y desde diversas perspectivas ayudan a otras a encontrar y desarrollar mecanismos de desarrollo personal a encontrarse a sí mismos.

Algunos con mayor profundidad buscan resolver conflictos emocionales que arrastran, que condicionan el comportamiento actual de las personas. Otros buscan en sus propias vivencias transmitir conocimiento y experiencia sobre la vida, incluso en muchas situaciones involucrando aspectos espirituales desde diversos abordajes.

Pareciera algo impensable, pero a pesar de todo el desarrollo que tenemos hemos centrado nuestros modelos de educación en la formación para el trabajo y hemos puesto de un lado la formación para la vida, donde damos principal relevancia a la comprensión de nuestro yo y de nuestro propósito.

Necesitamos modelos que desarrollen nuestra sabidora, es decir, saber vivir; la inteligencia, es decir, saber cómo lograrlo; y nuestro intelecto, es decir, generar las capacidades para lograrlo.

Nos hemos convertido en un reflejo de nuestro trabajo, de nuestra profesión, dejando de lado muchas veces quiénes somos y nuestros objetivos personales, enfocándonos en el desarrollo profesional.

La *start-up* Alldone.app es una *app* que busca contrariar las soluciones tecnológicas de productividad donde la beneficiada es la empresa. Alldone está enfocada en ayudar a sus usuarios a alcanzar sus metas personales y concretizar su proyecto de vida.

Marcos Ferreira-Santos, profesor de Mitología en la Universidad de São Paulo, promueve la ancestralidad como fundamento para la innovación en la educación. Para Marcos las soluciones no están en la tecnología del futuro, sino en las tradiciones y experiencia de nuestros antepasados.

Algunas culturas antiguas, como los mayas, conseguían definir con base en su percepción cosmológica el Tzolkin, el propósito de vida de las personas. No sé hasta dónde esto se mantiene vigente hasta el día de hoy, pero uno de los grandes conflictos que viven las personas en la actualidad es la definición de su propósito de vida, llegando a su edad adulta sin saber quiénes son, sin un propósito.

De alguna forma, nuestras culturas ancestrales e incluso preindustriales tenían una percepción diferente de la formación. Actualmente, la tecnología nos coloca en un proceso de reflexión sobre nuestra identidad. Una vez que en los últimos años quedó diluida en la profesión, es común cuando preguntamos a una persona sobre quién es direccionar inmediatamente su respuesta a cuál es su profesión o actividad.

James Sebastiano nos comparte en el documental *Chasing the Present* su jornada en la búsqueda del presente al lado de Sri Prem Baba, Rupert Spira, Gary Weber, Graham Hancock, Zelda Hall, Joseph Goldstein, Alex Grey, Matthew Watherston, Josh Korda, Sharon Salzberg y Russell Brand.

Nos lleva de la mano en una profunda reflexión sobre cómo definir quiénes somos. Una vez que solo somos aquello que perdura en nuestra vida, solo somos aquello que sin serlo seguimos siendo. Solo somos el instante en que estamos presentes, es decir, solo somos conscientes, somos lo que hacemos en este momento bajo nuestra conciencia.

Las personas ya no viven en el presente, están constantemente oscilando entre información del pasado y del futuro, generando ansiedad. El *mindfulness*, la meditación son una respuesta para escapar de la saturación de información que desvía la atención que tendríamos que dar a nosotros mismos. La *start-up* Headspace busca democratizar la meditación haciéndola accesible para todos de forma simple, llevando los beneficios de la meditación a las personas.

Hoy día millones de elementos distractores nos rodean. Estamos inmersos en una red en la cual somos bombardeados con información que algún algoritmo decidió que era relevante para nosotros y, por increíble que parezca, en la mayoría de las situaciones terminamos por darle la razón al algoritmo y dejamos a nuestra mente navegar por esa información condicionada.

Hasta dónde toda esta información a la que sometemos a nuestro cerebro define quién somos y nuestra identidad. En Japón se han registrado ataques a jóvenes que resultan de fetiches y fantasías generadas por la influencia del manga japonés, perdiendo el límite entre lo real y lo imaginario, distorsionando su identidad.

Los contenidos fantasiosos y sexuales han tenido un fuerte impacto en la juventud japonesa y en su identidad. La cuestión es que hoy día en un mundo global pocas cosas permanecen locales. ¿Qué tipo de identidades está forjando el contenido al que acceden los niños y jóvenes a través de internet o incluso el metaverso?

Barrios como Shibuya o Harajuku, en Japón, son uno de los lugares más influyentes de la cultura juvenil a nivel global. Todo lo que pasa en estos lugares termina influenciando a millones de jóvenes y adolescentes en todo el mundo.

El documental *Fake Famous* nos revela los intereses escondidos por detrás de quienes son considerados personas influyentes en las redes sociales y lo fácil que termina por ser engañar al algoritmo para hacerle pensar que nuestro contenido es relevante. Redes sociales como BeReal buscan alejar a las personas de esta segunda realidad que está caracterizando a las redes sociales.

¿Qué sociedad estamos construyendo bajo esta exposición indiscriminada del contenido de las redes sociales? El contenido que generamos lo hemos convertido en el mayor sistema de educación continua, la cantidad de información a la que sometemos nuestro cerebro en las redes sociales es mayor a la cantidad de información que recibimos en nuestra fase escolar. Las escuelas hoy día nos confrontan con menor información de la que recibimos del exterior.

Tenemos que parar y reflexionar en relación con lo que estamos haciendo. Si la educación formal es un modelo de preparación para el trabajo, la educación informal a través de estos contenidos dispersos con una falsa sensación de libertad de nuestras elecciones está definiendo el comportamiento de la sociedad.

Los desafíos que enfrentamos como sociedad requieren urgentemente que como individuos definamos nuestro camino personal y nuestro propósito, pero estos mismos individuos enfrentan el mayor desafío de la historia de la sociedad para poder discernir entre lo realmente relevante.

La pandemia de COVID-19 puso en cuestionamiento muchos supuestos que ya estaban establecidos. Las personas que perdieron seres queridos de un día para otro sienten hoy la necesidad de crear vínculos más próximos y de vivir la vida con mayor intensidad, de dar un propósito a su vida.

Cientos de personas en todo el mundo están cambiando sus altos puestos directivos para integrarse a iniciativas que les permitan crear un impacto. Muchos de ellos de un día para otro se vieron confinados conviviendo veinticuatro horas con hijos y parejas con los cuales antes pasaban poco tiempo. Para muchos de ellos esto fue una oportunidad para descubrir quiénes eran estas personas, así como para cuestionar sus propios proyectos de vida.

Sin duda, cada persona vivió la pandemia de una forma diferente, pero para millones de personas la oportunidad de dedicar más tiempo a situaciones que descubrieron relevantes también las llevó a tercerizar aquella actividades que estaban limitadas a realizar dadas la condiciones del confinamiento, potenciando el crecimiento de las plataformas de *delivery* y comercio electrónico en todo el mundo.

La pandemia, por otro lado, potenció la vida virtual. Las personas pasaron a relacionarse en mayor medida a través de la tecnología e incluso a fin de mitigar la soledad a sumergirse en mundos virtuales donde incluso asumen otras identidades, mostrándose en ese otro mundo dentro de otra realidad.

De la misma forma que la pandemia creó lazos más fuertes para muchas personas, también evidenció las diferencias o problemáticas entre otras. Como ya mencionamos, para muchas personas implicó cuestionarse quiénes son; la respuesta a ¿quién soy? estaba condicionada a su actividad profesional. De un momento para otro, el trabajo cambió de tal forma con la pandemia que muchos cuestionaron su rol en la sociedad y en su entorno próximo.

Muchas personas se descubrieron no sabiendo que eran ellas propias dentro de un estereotipo que al final no las llenaba. La historia ha establecido diversos roles que, de alguna forma, nos han ayudado a definirnos. Para mi generación era muy lineal, teníamos que ir a la escuela, terminar la universidad, conseguir un buen trabajo estable y formar una familia.

Pero mi generación también vivió el cambio de paradigma tecnológico y cultural. El contacto con el internet cambió nuestra forma de ser, trabajar, conocer, relacionarnos y comenzamos a cuestionarnos sobre la validez de lo preestablecido. Principalmente, internet se reveló como una ventana al mundo.

Hoy día estos principios se desvanecen. El trabajo se dirige a un espacio subjetivo donde las máquinas pueden reemplazar mucho de lo que hacemos y donde nuestro mayor aporte a la sociedad son los datos que generamos.

Pero no todos somos altos directivos o terminamos la universidad; solo un 10% de la población entra dentro de esa estadística. Esta crisis de identidad, existencial o de propósito, ¿será que afecta tan solo a un segmento reducido de la sociedad?

La mayor parte de las personas sienten que sus opciones son tan escasas que se limitan a aceptar aquello a lo que pueden acceder, no en tanto en esta era de números y datos, todos cuentan, aunque en la realidad se mantienen invisibles, pues no son tomados en cuenta para direccionar los beneficios de la tecnología para su bienestar.

Pero ¿qué pasará cuando todos tengan conciencia de que somos dueños de nuestros datos? Podemos comercializar esos datos de forma que mejor nos convenga y si esa conveniencia es desaparecer digitalmente, ¿también podremos convertir eso en derecho legal?

Hoy en día cuando una información entra en internet se convierte en pública y resulta muy complicado hacerla desaparecer. Innúmeras personas han enfrentado juicios con Google, Facebook o Twitter para que retiren contenido y durante mucho tiempo estas empresas se han escudado en el argumento de que ellas no son responsables del contenido que los usuarios generan para no tener una mayor responsabilidad.

Pero ¿hasta dónde nuestra identidad se ve afectada por nuestra huella digital? En las reflexiones de Gary Weber, solo somos el ahora, lo que define quiénes somos es el ahora. Sin embargo, internet abrió una ventana intemporal donde el pasado se mantiene presente y todo aquello que compartimos en internet es intemporal, permanente y presente.

Por tanto, nos encontramos en un punto donde, en esencia, somos presente, pero en la realidad nos estamos transformando en una mezcla entre nuestra esencia humana y nuestra esencia digital, coartados de alterar la digital que finalmente no nos pertenece, que quizás tampoco nos defina, pero que nos expone.

Entidades como Unicef, GovLab o Fundación Telefónica desarrollan contenido y promueven la comprensión de la identidad y huella digital, con especial énfasis en el derecho a la identidad digital infantil.

Actualmente, millones de niños y sus padres colocan información, imágenes, sin mucha conciencia de que este contenido será permanente. En aquellos casos en los que no es el propio niño quien comparte dicho contenido, surge la pregunta sobre los derechos que tienen los niños sobre su propia huella digital.

La iniciativa RD4C brinda orientación, herramientas y liderazgo para apoyar el manejo responsable de datos para y sobre niños. La tecnología, por otro lado, ofrece la posibilidad de impactar de forma positiva en temas como salud, educación y seguridad.

Esta iniciativa entre Unicef y The GovLab de la Universidad de Nueva York comparte diversos escenarios donde las buenas prácticas en la utilización de datos pueden traer soluciones importantes para la población infantil en situaciones concretas, como apoyo a los niños refugiados en Uganda, identificación de brotes de enfermedades en población infantil en el Congo, protección infantil, ante la violencia, o el abandono en Zimbabue, Rumania o Kenia, o datos de nutrición en Afganistán.

La identidad digital va más allá de los datos personales. Una foto publicada de un niño puede ser manipulada y utilizada con fines ilegales. Una broma juvenil puede convertirse en una historia viral en las redes sociales que marcará permanentemente a una persona.

La *startup* alemana Slay es la nueva red social que busca retirar los aspectos negativos de las redes sociales actuales, que a veces sacan lo peor de demasiadas personas, a través de incentivar la positividad y establecer diferentes dinámicas de relacionamiento que incentiven las interrelaciones positivas.

Alguna de la información publicada puede estar fuera de contexto, las personas pierden de vista que internet es un espacio público y basta que alguien replique ese contenido para que se convierta en público y permanente.

Internet nos permite acceder a la información de cualquier persona de forma fácil, basta colocar el nombre de la persona en un buscador e inmediatamente nos aparecerá diverso contenido al cual esa persona está asociado. Pero los profesionales pueden llegar más lejos de lo que nos imaginamos, accediendo a información que consideramos privada.

Si lo que nos define es nuestra conciencia y no la información que existe sobre nosotros, ¿qué pasará entonces con nuestra identidad cuando, como la ciencia ficción nos plantea, nuestro cerebro pueda ser hackeado y transferido para una máquina que nos permita ser eternos? Si la conciencia es estar presente y, en esencia, estamos ausentes, entonces, ¿qué resta de nosotros?

Si estamos de acuerdo en que somos solo el ahora, esto puede reducir nuestra ansiedad seguramente, pero ¿dónde queda entonces nuestra responsabilidad con el futuro? Siguiendo la misma lógica, queda en el ahora, por tanto, todo aquello que requerimos hacer por la sociedad y el planeta tendrá que ser hecho ahora, el futuro no nos pertenece.

Cada uno de nosotros tiene una identidad única, pero la tecnología está cambiando la percepción de quiénes somos no solo porque nos atribuye una identidad digital o porque exponemos nuestra identidad a cambio de las endorfinas generadas por las reacciones que nos provocan las redes sociales.

También por el hecho de la tecnología estar cada vez más inmersa en nuestra vida recogiendo todos los datos posibles para que un algoritmo en alguna parte de la nube pueda ayudarnos a tomar decisiones y transparentando a los demás quiénes somos. O quizás el algoritmo está tomando nuestros datos para tomar sus propias decisiones.

Los dispositivos que conectan nuestro cuerpo con la nube, conocidos como *wearables,* son cada vez más populares y ya existen empresas desarrollando *wearables* que pueden interactuar con el cerebro. Buscan también su aplicación a temas de conciencia y espiritualidad, buscando, ante todo, un camino más corto al encuentro de nuestra conciencia a través de estados mentales inducidos.

Hoy en día es posible compartir nuestras emociones a kilómetros de distancia a través de tecnología que interpreta nuestro pensamiento como el BrainGate, otros como el controvertido *God Helmet* estimulan con ondas magnéticas y oscilaciones que provocan diversas reacciones catalogadas por sus creadores como paranormales o espirituales.

Sin embargo, me parece algo contradictorio utilizar *weraables* para desarrollar nuestra conciencia. Personalmente, creo que esto pasa a ser una tarea que depende de nuestras propias capacidades. Incluso cuando consigamos potenciar nuestras capacidades con un chip que nos permita conectar nuestro cerebro con información infinita, deberemos tener valores, competencias y capacidad para hacer un buen uso de ello para nosotros y para nuestro contexto.

La tecnología también busca adentrarse en el campo del desarrollo personal y la identidad; es posible encontrar diverso contenido en todos los formatos audiovisuales y algunas aplicaciones (*apps*) para trabajar en nosotros, en quiénes somos, y nuestra salud mental.

Partiendo, claro, del principio de que cuando los chips para el cerebro sean una realidad, estos no podrán condicionar nuestro comportamiento; de otra forma nos convertiremos en una extensión de la tecnología, manipulados por quien los ha creado o quizás por la propia tecnología.

La propia identidad de la tecnología es un enigma; a pesar de que la lógica nos conduce a quienes son responsables por la creación o desarrollo de dicha tecnología, la IA está creando una brecha ideológica al respecto.

La tecnología actual aun cuando puede ser un soporte, una guía, no nos tiene bajo su control. Hasta hoy, si nosotros podemos decir «debemos trabajar en nuestra fortaleza mental», nuestra salud mental depende de nosotros en gran medida.

Sin embargo, la tecnología está tan inmersa en nuestras vidas hasta el grado de que en muchas situaciones ya dependemos de ellas. Esto, sin duda, está moldeando nuestra identidad. La gran pregunta es hasta dónde tenemos control de ello.

Otto Scharmer es el fundador de u-school, una plataforma global de desarrollo de capacidades e investigación activa que ofrece programas utilizando teoría U y artes sociales para activar un cambio en individuos y colectivos desde la conciencia del ego hasta la del ecosistema para la curación y regeneración del ser, la sociedad y el planeta. Frente al deterioro social y ambiental acelerado, u-school construye en sus alumnos capacidades colectivas para la transformación y sintoniza con nuevas posibilidades que aún están por nacer.

Cuando conocí el proyecto de Erik Fernholm, cofundador de Inner Development Goals, un marco global que define las habilidades individuales y colectivas necesarias para alcanzar los objetivos de desarrollo sostenible de la ONU. Eso me hizo confirmar que tenemos que trabajar en habilidades blandas (*soft skills*) para esta revolución. Erik junto a un importante grupo de personas han desarrollado un marco de referencia muy interesante. Erik es también fundador de 29k.org, la primera plataforma gratuita del mundo para desarrollar el liderazgo, la salud mental y nuestro interior.

Graham Hancock dice una frase que me parece clave: «Si cambiamos a nivel personal, entonces cambiaremos el mundo». Dicho de esta forma, parece que es muy fácil cambiar al mundo; el gran desafío es cómo reorientar la atención de las personas a sí mismas.

Sin duda, un cambio personal es el inicio del cambio del mundo. El desafío que enfrentamos es generar un cambio individual en ocho mil millones de personas que llegarán a ser casi nueve mil millones en los próximos diez años. Es un desafío colosal que solo se puede alcanzar si cada uno se hace responsable de su cambio individual.

Si no sabemos quiénes somos y qué queremos, alguien más estará tomando decisiones en nuestra vida por nosotros.

La revolución de género (gender revolution)

El estudio "La Mujer, la Empresa y el Derecho 2023", publicado recientemente por el Banco Mundial. Mide el progreso hacia la igualdad de género en 190 economías, examinando leyes y regulaciones que inciden en las oportunidades económicas de las mujeres. Según el estudio solo 14 países en el mundo han alcanzado la paridad de género, al menos desde el punto de vista jurídico. De estos 14 países del estudio, 13 son europeos.

Queda mucho por hacer, las mujeres aún en 13 países de la Unión Europea buscan una mayor participación en los puestos más altos y los consejos de administración de las compañías. Sandrine Dixson-Decléve es co-fundadora de la organización the Women Enablers Change Agent Network que promueve el rol de las mujeres en los puestos más altos de las empresas, la política y la sociedad civil europea, y presidenta del Club of Roma

México se encuentra dentro de los primeros 20 países del estudio del Banco Mundial, pero el sector financiero es un reflejo de una realidad alargada en este país, el 48% de los empleados de la banca son mujeres, pero solo 2% de los CEO son mujeres, tuve la fortuna de conocer a Adriana Rangel y Alicia Arias fundadoras de la iniciativa MEF Mujeres en Finanzas, donde, buscan colaboración entre mujeres para el desarrollo de su potencial profesional y personal con el objetivo de abrir más oportunidades para las mujeres en puestos de mayor rango en el sector financiero.

Pero el escenario de la Unión Europea, Estados Unidos o México, a pesar de complejo, es, en general, mejor al de muchos otros países donde las brechas de género son mayores y diversidad de género es impensable. Países donde existe una brecha entre lo legislativo y lo judicial, donde existen penas judiciales a quienes no se encuadren en el estereotipo heterosexual moralmente permitido.

Estas brechas de género crean contextos que favorecen al abuso físico, sexual, psicológico, emocional y económico. Situaciones que debilitan a la sociedad y su capacidad para crear un contexto favorable para el desarrollo social. La no participación de las mujeres deja un impacto que vas más allá de su desarrollo o salud personal, al ser un pilar de la sociedad, la familia y de las comunidades; resultan afectados otros aspectos como la educación, la alimentación o el ambiente donde juegan un rol estratégico.

Osprey Orielle Lake es fundadora y directora de Women's Earth and Climate Action Network (WECAN) International, una red que involucra a organizaciones mundiales de mujeres y mujeres líderes y todo tipo de grupos e individuos feministas y centrados en el género para unirse en un movimiento por la justicia climática. Fortaleciendo la capacidad y el liderazgo de las mujeres para resolver los problemas críticos del cambio climático desde una perspectiva interseccional.

De aquí a veinte años, dos de cada tres niños serán asiáticos y en cincuenta años, dos de cada tres serán africanos. Europa o América viven una realidad diferente de la realidad de África y Asia; en estos últimos, se acentúa la desigualdad de género entre hombre y mujeres, y no existe espacio para otro tipo de géneros, incluso penados por ley.

Emma Watson, en su emotivo discurso ante la ONU en el 2015 para lanzar el movimiento HeForShe, movimiento que busca cerrar una brecha de desigualdad entre hombres y mujeres, emma nos dice que si las cosas no cambian, las niñas del África rural no tendrán educación secundaria hasta el 2086, que entre 2015 y 2030 quince millones de jóvenes serán obligadas a casarse aún siendo niñas, y estos datos son solo la punta del iceberg de las consecuencias que la discriminación de género afecta en nuestra sociedad, pero que se acentúa en África y Asia.

Hoy día un 50 % de la población mundial está concentrada en siete países asiáticos y africanos; diversas organizaciones se esfuerzan por llevar a estos territorios soluciones que permitan reducir las brechas financieras, educativas y legales, en contextos donde la tecnología no consigue ser un mecanismo, derivado de las brechas digitales y de conectividad de estas regiones.

Organizaciones como Samhita brinda soluciones de microfinanciamiento a mujeres en poblaciones de bajos ingresos brindando oportunidades económicas. Los programas de concientización sobre derechos legales y los campamentos de protección social se establecen simultáneamente para los mismos grupos de mujeres. Estos educan a las mujeres sobre sus derechos legales para que puedan acceder mejor a los derechos, servicios y beneficios.

Con una visión interseccional, hay organizaciones que buscan solucionar al mismo tiempo los problemas de género y ambientales, la asociación Nsombou Abalghe-Dzal ha desarrollado una plataforma intercomunitaria que apoya a las mujeres rurales de cuatro aldeas gabonesas en la gestión de la biodiversidad de sus territorios.

Lejos de los modelos de emprendimiento tecnológico, se requiere desarrollar modelos ajustados a cada contexto. El proyecto Ocean Schol de Manta Trust busca empoderar a las mujeres de las Maldivas a través de formación en natación y *snorkel* para que puedan utilizar los recursos del océano.

América Latina y Oceanía, aun teniendo una realidad diferente a la africana y la asiática, arrastran brechas en sus comunidades autóctonas, dando origen a diversas realidades en un mismo territorio. Estas comunidades relegadas en zonas rurales viven una realidad incongruente, derivada de un sistema alimentario ineficiente, creando situaciones críticas de género.

El proyecto Boola Boola Yoka Dandjoo en Australia busca la inclusión de las mujeres en la agricultura con un rol fundamental en la conservación y estimular el intercambio intergeneracional de conocimiento y habilidades.

La colombiana Elepha es una red de mujeres que realizan venta puerta a puerta en zonas rurales de América Latina, permitiendo a las integrantes de la red ser parte de espacios de capacitación, fuente de ingresos adicionales y acceso a crédito en la compra de productos. A través de Elepha los productos esenciales llegan a zonas remotas.

Sin importar si se trata de un país más o menos desarrollado, millones de mujeres en el mundo son limitadas en su desarrollo personal, incluso hasta el punto de no poder siquiera trabajar.

Sin duda en los países o regiones con mayores capacidades de comunicación y conectividad, el comercio electrónico ha permitido a diversas entidades crear oportunidades para comunidades de mujeres que se organizan fabricando productos artesanales o proveyendo servicios de forma remota.

Pero como ya fue referido, incluso en los países más desarrollados, en sectores altamente desarrollados como el financiero, las empresas enfrentan desafíos para conseguir la equidad. Algunas *start-ups* buscan colmatar la falta de oportunidades y equidad en el trabajo; plataformas como MeVitae o Diversio ayudan a las compañías a reclutar o desarrollar la equidad en el trabajo. Buscan sensibilizar a las corporaciones sobre los beneficios de la inclusión en el desarrollo económico, la productividad y prosperidad.

La inequidad no es tema exclusivamente laboral o económico, desde que nacen y a lo largo de su vida las mujeres sufren diversas consecuencias de esta inequidad. Su rol como gestantes ha creado una condición en algunos contextos, incluso de riesgo, cuando no consiguen acceder a las mejores condiciones de salud, justicia, seguridad, habitación o alimentación.

Las mujeres son un vértice donde se encuentra la concepción, la sexualidad, la familia, la sociedad, la alimentación, la educación, pero en los contextos sin equidad todos estos aspectos quedan en riesgo, incluso al borde del riesgo de violencia.

La búsqueda del equilibrio de roles de la responsabilidad conceptiva es también importante. Actualmente, la mujer es la principal responsable, ya que existen muchos más dispositivos anticonceptivos para las mujeres que para los hombres; esto crea una inequidad en la responsabilidad reproductiva.

Rebecca Weiss ha creado un dispositivo que ganó el prestigioso premio de diseño James Dyson Award. Rebecca ha creado un sistema que utiliza ultrasonido para modificar la movilidad y la producción de espermatozoides, de forma simple y reversible, para dar oportunidad al hombre de tomar un rol de mayor responsabilidad conceptiva.

Las mujeres quieren y deben vivir una vida sexual saludable, es decir, de forma positiva, respetada, autónoma, segura, libre, sin represión, sin discriminación, sin sufrir daños físicos, emocionales o sociales.

Hoy día la sexualidad está condicionada por motivos individuales, sociales y culturales, y se reclama una educación sexual con un punto de vista biológico, psicológico y social que permita comprender que la sexualidad es algo natural, que hace parte de nosotros a lo largo de la vida, pero también se pide enseñar que el deseo sexual es diverso, no solo heterosexual.

El movimiento emo nace en los ochenta en Estados Unidos ligado a la cultura musical del *emotional hardcore*, pero entra en la moda a finales de los años noventa, popularizándose en los años 2000 y dando origen a otro tipo de géneros musicales, como el *emo pop* y el emo hiphop, trascendiendo de un estilo musical para una cultura urbana. Los *emo kids* son un movimiento cultural juvenil urbano que apela a la no restricción de la expresión de sus sentimientos, la demostración de sensibilidad.

Del otro lado del mundo, en la ciudad japonesa de Tokio, otra cultura juvenil urbana entra en la moda. En el barrio Harajuku, una pasarela donde los jóvenes se reúnen, hay una moda que gana fuerza: el *visual kei*. Definido por una visual andrógina, donde el vestuario extravagante, el maquillaje, los peinados nos recuerdan los libros de mangas japoneses caracterizados por una fuerte carga sexual. Este movimiento también es acompañado en el ámbito musical por algunas bandas que influencian, a su vez, a otras bandas europeas y americanas.

La banda alemana Tokio Hotel es una de esas bandas. Reúne las influencias de estas culturas, donde el estilo andrógino del vocalista Bill Kaulitz se convirtió en un importante icono de las culturas emos y *visual kei* con éxito en Alemania, Estados Unidos, Canadá y países de Latinoamérica.

Las mezclas de estas culturas crean un movimiento ideológico de la juventud urbana para la búsqueda de libertad de expresión, de libertad para expresarse a través de su estética personal, para comunicar no solo su personalidad, sino también su estado de ánimo, sus ideas, pensamientos y sentimientos.

La cultura emo apela a la no restricción de la expresión de sus sentimientos, la demostración de la sensibilidad y el afecto entre jóvenes del mismo sexo es normalizada, donde el espíritu andrógino conduce a la exploración de un concepto diferente de género. Esa necesidad de expresión de sentimientos más allá de las palabras da origen a los *emojis*, que hoy se han popularizado en las redes sociales.

En este marco cultural de tolerancia y lucha por la expresión de sus sentimientos y la descaracterización del género en los jóvenes, se crea un espacio de apertura que permite a otra cultura, los *rainbow teens*, manifestar abiertamente sus sentimientos. La demostración de la sensibilidad y el amor entre jóvenes del mismo sexo y explorar otros límites es normal entre ellos.

A diferencia de los jóvenes homosexuales de algunas décadas atrás que vivieron en el contexto de prohibición y persecución, los *rainbow teens* es un movimiento cultural de jóvenes seguros de sí mismos; jóvenes que viven su vida sin culpas culturales, prejuicios y sin necesidad de esconder sus preferencias sexuales.

Los *rainbow teens* buscan su libertad en todo lo que hacen, dan mucho valor a su privacidad y buscan su propio espacio donde pueden ser auténticos. No escapan de los problemas del resto de los jóvenes. También pasan por una etapa confusa de definición y toma de decisiones, pero se permiten experimentar su sexualidad con mayor libertad, creando una nueva percepción sobre el concepto del género, y exigen que se traduzca en un lenguaje inclusivo.

La presencia constante de marcas, series de TV, libros, redes sociales y diverso contenido de internet de personalidades jóvenes diversosexuales ha creado en la sociedad un ambiente de normalidad ante la cultura de diversidad de género.

La normalidad de la presencia de la diversidad en la sociedad, aunado al inicio temprano de la vida sexual, ha resultado en el cambio en la forma en que los niños/jóvenes entre trece y diecinueve años encaran su sexualidad. Pasamos de la apertura a la homosexualidad, a la normalización de la comunidad LGTBIQ+.

Esta revolución de género diversosexual ha ganado tal dimensión que Facebook ha considerado pertinente ofrecer la posibilidad a sus usuarios de elegir uno de los cincuenta y ocho géneros con el cual realmente se sientan identificados o representados:

Agender
Androgyne
Androgynous
Bigender
Cis
Cisgender
Cis Female
Cis Male
Cis Man
Cis Woman
Cisgender Female
Cisgender Male
Cisgender Man
Cisgender Woman
Female
Female to Male
FTM
Gender Fluid
Gender Nonconforming
Gender Questioning
Gender Variant
Genderqueer
Intersex
Male
Male to Female
MTF
Neither
Neutrois
Non-binary

Other
Pangender
Trans
Trans*
Trans Female
Trans* Female
Trans Male
Trans* Male
Trans Man
Trans* Man
Trans Person
Trans* Person
Trans Woman
Trans* Woman
Transfeminine
Transgender
Transgender Female
Transgender Male
Transgender Man
Transgender Person
Transgender Woman
Transmasculine
Transsexual
Transsexual Female
Transsexual Male
Transsexual Man
Transsexual Person
Transsexual Woman
Two-Spirit

Explicar cada una de las opciones de esta lista daría un libro, pero ese no es el objetivo. Lo que sí quiero es evidenciar que algo está cambiando en la forma en como las personas están encarnando su género y, por tanto, su sexualidad, y lo más importante es dejar una pregunta abierta sobre esta revolución, sobre el camino que debería seguir. Ante esta apertura y libertad que se busca de la sexualidad e identidad.

será que podrá libertar a la sociedad de otros problemas y patologías sexuales que durante mucho tiempo vivieron en la sombra de la sociedad o será que ante este nuevo universo estaríamos creando condiciones para el surgimiento de más diversas y complejas brechas.

¿Será que todo este peso que se le ha dado a la sexualidad la mitificó, convirtiéndola en el centro de los problemas alrededor de ella? ¿Será que un encuadramiento diferente cambiará las cosas?, ¿podríamos eliminar el mercado de tráfico humano, el abuso, la violación y prostitución forzada, cuando la sociedad viva en libertad y naturalidad su sexualidad e identidad de género?

La sexualidad es siempre un tema controversial en la sociedad, involucra normas sociales, éticas, religiosas, sanitarias, morales y judiciales. ¿Será que todas estas normas están llevando a la sociedad a una condición estresante de nuestra sexualidad?

La religión cristiana apostólica romana tiene dentro de sus normas que reserva solo para el sexo masculino la posibilidad de postularse al oficio del sacerdocio. Aquellos que asumen el sacerdocio tienen que optar también por la castidad, partiendo de un concepto de pureza inmaculada donde la sexualidad es encarada como algo sucio.

El hecho es que en los últimos tiempos la Iglesia se ha visto involucrada en diversos casos de denuncia de abuso sexual. Sin entrar en detalles o casos específicos, es evidente que algo no está correcto en la forma en que la sociedad ha caracterizado a la sexualidad.

Pero la religión católica no es la única con abordaje cuestionable de la sexualidad; el mito de las recompensa con mujeres vírgenes para los varones justos que luchen por Alá no basta ser vista como una propaganda de reclutamiento bélico, es en el fondo un símbolo sobre el valor y rol de la mujer en la sociedad extremista musulmana.

Detrás de todo lo que implica en nuestra vida y nuestra sexualidad esta revolución de género, el gran desafío no pasa únicamente por entender quiénes somos o cómo nos definimos ante los demás, el mayor desafío en la revolución de género persiste en la forma como tratamos a los demás.

Sin importar qué digan los estudios sobre la paridad de género, las mujeres en todo el mundo continúan sometidas en su libertad; en muchos países no se sienten libres, en seguridad en la calle o incluso en su propia casa. La tecnología de *start-ups* como 360Life, Safe and the City o Shift buscan reducir la violencia de género, permitiendo localizar a las personas o enviando alertas.

La Organización Mundial de la Salud considera la violencia sexual como un problema de salud que afecta no solo a mujeres, sino también a hombres. De igual forma, en el 2015 la Asamblea de la ONU estableció diecisiete objetivos para un mejor y sostenible mundo, para ser alcanzados en el 2030. El objetivo 5 es alcanzar la equidad de género.

La lucha por la equidad de género ocupa todos los espacios de comunicación y mediáticos para manifestar una postura de repudio a la inequidad y el abuso de género, dentro del movimiento de denuncia, uno de los más mediáticos y recientes involucra por lo menos ciento cincuenta y seis mujeres que han confrontado al médico de la federación de gimnasia de los Estados Unidos Lawrence Gerard Nassar, que durante más de treinta años aprovechó su estatuto para abusar sexualmente de las jóvenes deportistas.

Considerada como una de las mujeres más influyentes de los Estados Unidos, Oprah Winfrey asumió el liderazgo de un movimiento en contra del abuso sexual en Hollywood, apoyando la denuncia de los abusos sexuales y creando una ola de denuncias en muchos otros ámbitos en EE. UU., así como por todo el mundo.

Por su nivel de influencia, Oprah ya fue considerada una posible candidata a la presidencia de los Estados Unidos de América. ¿Qué podríamos esperar de un Gobierno liderado por ella? Sin duda, que algún empeño en solucionar una de las principales causas por las que ella lucha desde su rol como figura mediática; causas como la educación, la infancia, el racismo y los derechos de género.

Esta podría ser una oportunidad para crear un modelo nuevo de educación y cultura que permita de raíz crear valores que promuevan el respeto, la inclusión y la adecuada valorización del papel de la mujer en la sociedad norteamericana.

Asimismo, sus electores se sentirán con derecho a exigir una mejor legislación en pro de los derechos de la mujer y, por supuesto, la aplicación de penas más justas a quienes han gozado de impunidad para cometer crímenes de género.

Pero en un país como los Estados Unidos, donde hemos visto cómo Barack Obama no ha conseguido hacer la transformación profunda a la que se ha comprometido electoralmente, será que una figura como ella podría realmente transformar la compleja sociedad norteamericana.

Las grandes diferencias que marcan a la sociedad norteamericana y que dieron la oportunidad a Trump de ganar una de las elecciones más impensables de la historia de los Estados Unidos, siendo, además, el propio una de las figuras controversiales y criticadas por su relación y visión sobre el sexo femenino, que ha alimentado este movimiento de lucha por los derechos de la mujer en América.

¿Qué es lo que ha llevado a nuestra sociedad a guardar en secreto estos eventos durante tanto tiempo?, ¿y qué es lo que lleva a la sociedad actual a denunciarlos? Estos casos mediáticos de la sociedad norteamericana de violencia de género en un país considerado con un nivel de desigualdad de género baja, ¿qué podemos esperar de otros que no lo son?

En todo caso, el avance de las tecnologías de comunicación está influenciando también nuestra sexualidad. Incluso antes del internet, el cine, la televisión, la prensa fueron desafiando las normas y creando una cultura de la sexualidad de libertad de la mano de una cultura que apelaba a la paz, el amor y la libre sexualidad, pero transformando la sexualidad en un elemento comercial con arquetipos sexuales y modelos de vida donde la sexualidad juega un papel central.

La comunicación, la publicidad y el *marketing* recurrieron a estos arquetipos para relacionar productos y marcas como la llave de acceso a un mundo idealizado con una visión y cultura de género considerada hoy día como inadecuada.

En unas décadas pasamos de la cultura de las princesas de Disney a un contexto donde se exige a los diversos responsables por el contenido incluir conceptos de igualdad de género o incluso de diversidad sexual.

La película del 2004 donde la actriz Jordana Brewster interpreta el papel de Lucy Diamond en *D.E.B.S.* o la influencia en los medios de Lindsay Lohan como icono de los *rainbow teens* son un reflejo de la fuerza de toda esta cultura diversosexual. Marcas como Calvin Klein han sido las primeras en identificar estos cambios. Sus campañas publicitarias jugando con aspectos hermafroditas y modelos andróginos en sus elementos de comunicación donde modelos como Jenny Shimizu han hecho de la fragancia ONE un icono de la diversidad y orientado a la marca y sus productos para ese segmento.

Internet ha jugado un papel muy relevante en toda esta revolución. El acceso a la información y la rápida propagación de información han abierto la caja de Pandora en todo lo relacionado con la sexualidad. La facilidad para publicar, acceder y compartir contenido sexual ha cambiado la forma como encaramos hoy día nuestra sexualidad.

La facilidad de divulgación y acceso a la información global ha revolucionado la vida en general y el sexo no es una excepción. Basta un poco de curiosidad o de una conversación detectada por la IA y los algoritmos nos inundarán de información relacionada. La saturación y calidad de la información no es diferente de lo que sucede para otros temas, donde no todo es real o correcto.

Con la llegada de internet, los mecanismos de influencia cambiaron y las redes sociales pasaron a dominar la creación de nuevos elementos culturales, siendo en su gran mayoría jóvenes quienes adoptan las nuevas tecnologías rápidamente, globalizando movimientos y culturas.

Pasamos de la fiebre por ser un *influencer* exitoso de las redes sociales, donde los contenidos en el límite de lo erótico o sexual les permiten conquistar millones de seguidores, dando paso a los nuevos millonarios de fortunas construidas en páginas privadas para sus *fans*, donde la disponibilidad de contenido sexual les permite ganar millones de dólares mensuales y acentuar el concepto de las personas como un producto o un objeto, que se usa y se desecha. Conceptos que no son favorables para la construcción de una cultura saludable de género.

La revolución de género no es solo una lucha entre mayor libertad y mayores restricciones, es ante todo un desafío social y moral, político y legislativo. El reconocimiento legal de una tan amplia diversidad de género deberá abordar temas como el matrimonio, la adopción o la educación, considerando estos cincuenta y ocho diferentes tipos de género ya referidos. Gobiernos como el español ya reconoce actualmente treinta y siete diferentes géneros; en algunos países los libros de texto de las escuelas públicas ya plantean contextos familiares y diversosexuales fuera del patrón tradicional; el papa Francisco inicia una parcial tolerancia a la homosexualidad.

Sin duda, quedan muchos más desafíos por delante, tan complejos como la propia diversidad. Immanuel Kant nos dice que los seres humanos deben ser respetados porque son un fin en sí mismos. Al ser un fin en sí mismos, conservan un valor intrínseco y absoluto. La revolución de género es más profunda que definir nuestras preferencias sentimentales, relacionales o sexuales. Va más lejos de corregir la forma como lidiamos con nuestra sexualidad; la revolución tiene un enorme rezago en la forma como entendemos la equidad y el respeto independientemente del género con que nos identificamos en una diversidad que es tan grande como personas en el planeta.

La revolución
de la familia
(family revolution)

Los libros escolares de Suecia están incorporando imágenes de familias diferentes del concepto hasta ahora considerado como tradicional dentro del considerado mundo occidental. Ahora los libros muestran familias con dos mamás o dos papás, o familias en donde se juntan los hijos del primer matrimonio con los hijos de ambos en conjunto.

Diversos países han legalizado el casamiento entre personas del mismo sexo. De la misma forma, han legalizado la posibilidad de la adopción para estas familias. Esto junto con otros métodos que posibilitan a estas parejas el tener hijos, como la gestación subrogada o la concepción *in vitro* para la construcción de una familia.

El papel de la familia es fundamental como base de la sociedad. Es en ellas que se construyen las bases sociales, éticas, educativas, valores, principios, carácter, costumbre, cultura, gustos que nos definen.

Los modelos familiares y su forma de construcción son diferentes por cuestiones culturales y religiosas, lo que ha llevado a un cuestionamiento de unas culturas para las otras de las formas y prácticas como se encaran. Son cuestionados aspectos como la libertad de elegir a la pareja, los acuerdos que no toman en cuenta la edad principalmente de las mujeres y otras prácticas que principalmente van en contra de lo que en su mayoría el mundo occidental entiende y considera como correcto.

Sin embargo, nos encontramos en un momento en que las principales bases del concepto de sociedad están fragmentadas o alteradas. Al igual que el Gobierno, la Iglesia, la escuela pasan por una fase de pérdida de credibilidad o relevancia social. La familia, que es, sin duda, la base de la sociedad, pasa también por un cambio en su concepto y en su práctica.

Siendo ya una tendencia, pero acentuada con la pandemia del COVID-19, la cantidad de divorcios está en aumento. Las personas ya no mantienen los lazos familiares solo por costumbre o por prejuicio. Las personas entienden que hace parte de una salud mental o una congruencia con ellas mismas poner fin a una relación donde ya no existen objetivos o intereses en común.

Vivimos en una sociedad del instante y lo descartable donde la comunicación se ha relegado a la tecnología, las personas, las parejas. Las familias han perdido la capacidad de comunicar.

La sociedad líquida que el sociólogo y filósofo polaco Zygmunt Bauman, donde el concepto de comunidad se diluye para dar paso a la individualidad; la condición posmoderna del escritor Jean-François Lyotard, donde la ciencia y la tecnología se convierten en el legitimador, donde las tecnologías se establecen como los mecanismos de una nueva sociedad; la sociedad de consumo del Jean Baudrillard, donde nuestra forma de relacionarnos socialmente se ha fundido con nuestra cultura del consumo, donde tratamos a nuestra familia, a nuestra pareja como objetos de consumo; donde la abundancia nos ha llevado al concepto de sociedad de lo instantáneo y lo descartable del periodista y escritor Sergio Sinay.

Es verdad que nuestro concepto de familia se mantuvo inalterable durante centenas de años quizás en los pilares errados, pero hoy esta desestructuración de la familia surge en un contexto donde como sociedad vamos perdiendo la capacidad de relacionarnos y donde nuestras prioridades son manipuladas o influenciadas por un exceso de información bajo el efecto del eco tecnológico.

En esta nueva sociedad de lo inmediato y descartable, persisten al divorcio los hijos. Estos continúan a requerir que ambos progenitores continúen su rol en la construcción de las bases sociales, éticas, educativas, valores, principios, carácter, costumbre, cultura, gustos que los definen de entes sociales.

Es posible que el modelo que teníamos de familia ya no sea funcional. En algunas culturas, la comunidad actúa con funciones similares a las de la familia sin importar de quién son los hijos; los roles de «familiares» son dispersos entre los miembros de la comunidad y se mantiene la esencia del cuidado de los niños.

La tecnología está cambiando estos roles que hacían parte del concepto de familia o parentalidad. La tecnología cada vez más es un elemento que está más vinculado a la persona y la privacidad, pero su rol como facilitador de la vida lleva con una relativa naturalidad a poner en las manos de los niños diversos dispositivos con el fin de calmarlos, distraerlos o emanciparlos.

La familia está siendo la génesis de la emancipación tecnológica. A los padres de hoy, en una sociedad del consumo donde los individuos viven saturados, estresados, insatisfechos y frustrados, resulta más simple deslindar la responsabilidad de jugar, comunicar, enseñar a cualquier dispositivo electrónico que mantenga al niño sin perturbar.

En el 2007, Portugal inició un programa para entregar una computadora a cada niño de la escolaridad básica. Hoy día es muy común niños a partir de los seis años tener una computadora o un *tablet*. La tecnointegración infantil sucede cada vez a más temprana edad. En diversos contextos, es incluso común ver cómo los padres utilizan el *smartphone* o un *tablet* como mecanismo para entretener o tranquilizar a sus hijos de entre uno a dos años, sin mucha conciencia del tipo de estímulos a los que son expuestos.

Las relaciones familiares hoy día circundan también alrededor de la tecnología. Es común que los diversos dispositivos ofrezcan opciones de control parental para restringir el acceso a contenido no adecuado para menores de edad, aunque no todos los padres utilicen o sepan cómo se utiliza de una u otra forma van haciendo una gestión.

Los padres saben menos sobre quiénes son sus hijos. Ellos crecen distantes mientras los padres pasan horas en el trabajo, incluso horas en el tránsito, en el caso de aquellos que viven en las grandes urbes.

Por ello, se busca a través de la tecnología ofrecer a los hijos y padres acceso a una variedad de herramientas y recursos para fomentar la comunicación abierta y aumentar la resiliencia emocional. Togetherai es una empresa que está utilizando la inteligencia artificial para mejorar la relación entre los miembros de la familia, enfocada en la salud y bienestar mental. Togetherai quiere que las personas dediquen más tiempo a convivir con aquellos que realmente importan y dediquen menos tiempo a las redes sociales.

Es posible utilizar la tecnología para fortalecer la proximidad con familiares, amigos y comunidad local, favoreciendo interacciones con relaciones próximas en vez de interacción con extraños en las redes sociales. Remento es una empresa que se enfoca en fortalecer las relaciones familiares a través de preservar sus historias; su aplicación incentiva a los miembros de la familia a compartir sus historias de vida.

El desafío actual pasa por reducir el distanciamiento generacional resultado de la paternidad tardía y el enclaustramiento de los hijos, consecuencia de ser hijos únicos, de una convivencia familiar exclusiva con adultos y la desaparición del juego para el desarrollo de habilidades sociales.

Las familias se construyen cada vez más tarde. Los jóvenes se enfrentan a una precariedad laboral, los obliga a salir cada vez más tarde de casa. La edad promedio para casar ha incrementado, los jóvenes no resultan empáticos con el concepto del matrimonio, lo que ha llevado a una disminución de casamientos y una disminución de la natalidad.

Según un estudio de Alícia Adserà, de la Universidad de Princeton, y Mariona Lozano, del Centro de Estudios Demográficos, en las mujeres españolas la brecha entre fecundidad lograda y fecundidad deseada es de las más altas del mundo y señalan como principales causas las condiciones adversas del mercado laboral, las dificultades para crear un hogar, el aumento de la inestabilidad en las parejas y la falta de apoyo para facilitar la conciliación entre trabajo y familia.

Según la última encuesta de fecundidad del año 2018, España tiene una de las tasas más bajas del mundo: 1.3 hijos por mujer, y la edad media de las mujeres en el nacimiento del primer hijo se encuentra entre las más altas a nivel internacional: 30.9 años. Sin embargo, esta misma encuesta refleja que las españolas, en todas las franjas de edad, desearían tener o haber tenido dos hijos.

China, el segundo país más poblado del planeta, vive hoy día un cambio en el concepto tradicional de las familias resultado de la implementación en la década de 1970 de la política del hijo único. Dejó una población de más de cuarenta millones de hombres chinos sin la posibilidad de encontrar esposa hasta el 2050. Las mujeres han aprovechado esta situación para tomar una mejor posición en la sociedad, tienen más elementos para jugar un rol importante en la creación de la pareja y la familia. Pero en este país los cambios no son únicamente producto de las estrategias para bajar la natalidad, el desarrollo económico también está cambiando aspectos culturales relacionados con la familia, como la libertad de casar o elegir la pareja.

La tecnología está ayudando a crear mejores condiciones para algunas familias, dando la oportunidad de trabajar desde casa. Con la pandemia los vínculos familiares restablecieron o redefinieron prioridades. Hoy día es común que las empresas permitan a sus empleados trabajar desde casa gran parte del tiempo. Esto, sin duda, ha permitido crear nuevas rutinas y devolver fortaleza a los lazos familiares, pero incluso antes de la pandemia empresas como LiveOps fueron de las precursoras en la implementación del teletrabajo.

Con el acelerado ritmo de las urbes y el concepto de desarrollo profesional muchas familias mudaron sus hábitos alimenticios para el fastfood y las comidas precocinadas, perdiendo la esencia de las comida casera en familia como elemento de unión. La alimentación continúa siendo un elemento estructural de la familia, pero ahora los padres han perdido sus competencias culinarias. Empresas como Dream Dinners dan a las familias la oportunidad de tener alimentos con calidad, saludables y apetitosos para recuperar la dinámica familiar alrededor de la comida.

La pandemia, sin duda, cambió la forma como las familias y sus integrantes se relacionan y ven la vida; esto se suma a la diversidad de género, que seguramente trae con ella también nuevos modelos de familia, y a una tendencia para nuevos integrados familiares, donde padres separados o divorciados crean nuevas estructuras donde los hijos de la primera relación se suman a los de la nueva relación, dando como resultado esquemas diferentes al tradicional.

Pero ahora es necesario crear las condiciones para facilitar el sano desarrollo de los individuos, independientemente de cuál es su entorno familiar, a pesar de las complejidades que podrían encerrar situaciones particulares.

Es oportuno cuestionarnos el rol de la tecnología. La tecnología tiene la capacidad de colmatar carencias, estimular actitudes, preservar costumbres e incentivar comportamientos. Pero al final del día son los individuos con su voluntad y empeño la única posibilidad de asegurar modelos familiares funcionales sin importar su forma.

Así como la forma como las familias están hoy día estructuradas está cambiando, pero también el contexto y los desafíos que estas enfrentan en su rol. De la misma forma en que los padres juegan un rol primordial en la construcción de la personalidad, hoy se suma la forma como transmiten los valores y hábitos relacionados con la tecnología o consumo.

Como padres, tendemos a buscar proporcionar lo mejor que nos es posible para nuestros hijos, buscamos facilitar su vida, ofrecer las mejores experiencias que les permitan conocer el mundo y tener una vida confortable, saludable y prepararlos para el futuro.

Sin embargo, socialmente hemos establecido valores errados y se revela incongruente nuestro propósito de proporcionar un mundo mejor para nuestros hijos, en cuanto nuestras decisiones están construyendo un mundo insustentable.

Hoy somos poco conscientes de las implicaciones que hay detrás de la tecnología con la cual satisfacemos las necesidades de nuestra familia; implicaciones que van desde el riesgo que ciertos productos o tecnologías implican para la sustentabilidad del planeta, o incluso nuestra propia salud, como los materiales y procesos de ropa, muebles, vehículos, juguetes, alimentación, medicamentos y todo aquello que requiere una familia para su día a día.

Está claro que como individuos somos únicos y esas cosas que nos hacen únicos también nos conllevan a crear relaciones y entornos sociales únicos; sin embargo, tenemos que tener cuidado en no dedicar nuestro enfoque en aquello que nos hace únicos, en vez de eso tendríamos que dar por hecho que cada uno es único. Nuestro enfoque requiere centrarse en aquello que nos hace semejantes, lo que nos deberá encauzar a establecer un camino para el desarrollo de la sociedad sostenible y de la tecnología que requiere esa sociedad.

¿Cuál es el balance final de proporcionar la mejor educación a nuestros hijos si viven en un mundo donde millones de niños no tienen acceso a educación? ¿Cuál es el balance de garantizar abundancia de alimentos para nuestra familia si la huella hídrica, de CO_2, de desperdicio, de impacto social de esos alimentos no es sustentable o si en su mayoría son alimentos altamente procesados con cuestionable valor nutricional y seguridad alimentaria? ¿Cuál es el balance de proveer a nuestra familia vestuario de una industria con materias primas sintéticas de alto peso contaminante o de productos naturales provenientes de plantaciones de explotación infantil, abuso de uso de pesticidas o responsables de deforestación innecesaria que estimulan a un desenfrenado e innecesario consumo?

Al mismo tiempo que buscamos en nuestro interior quiénes somos, cómo queremos relacionarnos y qué familia queremos construir en esta cambiante sociedad, debemos también cuestionar nuestras decisiones e interacciones con todo lo que nos rodea.

No tiene sentido construir nuestro equilibro en un mundo que se desmorona, es decir, nuestro equilibrio como individuos solo se alcanzará cuando nuestro equilibro interior viva en un mundo equilibrado. Donde nuestra sustentabilidad sea parte de la sustentabilidad de nuestro planeta.

La revolución del hogar
(home revolution)

Todo apunta a que tenemos que vivir diferente. Es un hecho que por diversas razones nuestras necesidades están cambiando y con ellas los elementos que validan o determinan el cómo queremos, podemos o debemos vivir.

Hoy podemos vivir de muchas formas, pero la ética nos obliga a cuestionarnos el cómo debemos vivir. Por un lado, nuestro estilo de vida está llevando a un estado crítico los recursos del planeta. Los territorios más desarrollados buscan eliminar los excesos y crear un equilibrio entre satisfacer las necesidades de confort y la demanda de recursos no renovables. Por su lado, los territorios menos desarrollados enfrentan el desafío de erradicar las carencias de recursos que les permitan un mínimo de condiciones dignas sacrificando su ecosistema para vivir de la explotación de sus recursos naturales.

Este es el problema que los Gobiernos y la sociedad enfrentan, problema que deriva de la forma como vivimos. Eso nos hace parte del problema. Retomando la frase de Graham Hancock: «Si cambiamos a nivel personal, entonces cambiaremos el mundo».

Es momento de tomar conciencia del cómo cada una de nuestras decisiones y acciones afecta nuestro entorno y a nosotros mismos.

El enfrentamiento a la escasez de recursos y una búsqueda frenética por la sustentabilidad son una realidad cada vez más palpable para diversas poblaciones y los cambios necesarios ocurren, pero aún es una incógnita si llegarán a tiempo y en la magnitud necesaria.

En el discurso público, la palabra «resiliencia» gana una nueva connotación. Se exige que como sociedad seamos resilientes a un entorno volatilidad, incerteza, complejidad y ambigüedad, conocido por sus siglas en inglés como VUCA. En vez de trabajar en la raíz de los problemas para dar solución sustentable a las diversas crisis y desafíos que enfrentamos como sociedad, esto es el equivalente a colocar un letrero de «¡Cuidado, carretera en mal estado!», en vez de reparar la carretera.

En diversos contextos está aconteciendo un cambio en la sociedad revelando oportunidades y amenazas, estos cambios profundos en la forma en que las personas viven también terminará por definir el cómo son sus hogares, ya sea porque ahora buscan una mejor calidad de vida trabajando desde casa, ya sea porque el trabajar desde casa les permite vivir en cualquier parte del mundo, vivir en territorios que ofrezca mejor calidad de vida, ya sea porque se plantean su propósito, o ya sea porque su contexto no les da otra alternativa.

La tecnología, sin duda, pretende aumentar nuestra calidad de vida, pero debemos ser criteriosos a la hora de definir nuestras prioridades. Adquirir un refrigerador inteligente que programe nuestra lista de compras y se comunique con el supermercado digital que entregará en la puerta de la casa los productos que sabe que preferimos puede simplificar nuestra vida, pero puede también ayudarnos a gestionar y reducir el desperdicio de alimentos optimizando su conservación, gestionando el aprovechamiento de los alimentos y comunicando datos al sistema alimentario para reducir el desperdicio a lo largo de la cadena de producción.

En una publicidad atípica, Bankinter nos dice: «Dime lo que compras y te diré qué dejas. Dime lo que ahorras y te diré tus sueños». Que después de todo, el progreso es eso: que el que venga atrás tenga un poco más, en lugar de menos.

Nuestra sociedad vive con una visión cortoplacista obsesionada con el consumo, sin conciencia de los efectos que cada una de estas compras provoca en el equilibrio entre los recursos necesarios y los recursos disponibles para satisfacerla.

Cada decisión que tomamos para hacer más confortable nuestra vida se convierte en un efecto mariposa. Un lugar del planeta una mariposa agita sus alas y del otro lado del mundo eso provoca una tormenta. Cada alimento, ropa, electrónico, mobiliario que compramos proveniente de un territorio a cientos de kilómetros puede darnos la ilusión de que beneficia momentáneamente nuestra economía, con precios accesibles, sin embargo, la salida de ese dinero para otros territorios afecta la economía de nuestro entorno más próximo hasta el grado de que pone en riesgo nuestro propio ingreso y puesto de trabajo. Al mismo tiempo, condiciona la precariedad salarial de los países de bajos costos de producción y la intensa demanda de materias primas a bajo costo creando territorios insustentables.

Somos el reflejo de nuestras decisiones. Si continuamos dando valor a los aspectos errados, terminamos por premiar las peores decisiones de las personas. Cuando consumimos estamos premiando a una empresa o una marca por sus decisiones, cuando hacemos eso los inversionistas interpretan eso como la voz del mercado e invierten en las empresas que nosotros premiamos con nuestra elección. Nuestra casa es la base del territorio, en ella nosotros gobernamos y tomamos las decisiones. Es importante comenzar el cambio por ahí.

La migración poblacional del entorno rural hacia las ciudades representa otro gran desafío. Las ciudades están sobrepobladas y se expanden a su periferia definiendo una nueva zona urbana. Hoy existen seiscientas cincuenta y cuatro zonas urbanas que están por arriba del millón de habitantes, en su conjunto albergan más de 4670 millones de habitantes, más de la mitad de la población.

Nuestra visión actual sobre el desarrollo lleva a estas ciudades a replicar el estilo de vida de los países desarrollados. Si estas ciudades alcanzan ese nivel de desarrollo de la forma como hoy lo entendemos, esto significa una necesidad de consumo de 600 000 millones de litros de agua al día, 6071 millones de kilos de comida al día, 126 000 millones de megavatios por hora (MWh). Algo que el planeta no es capaz de generar.

Exigimos a los Gobiernos que generen desarrollo y crecimiento para nuestros países, buscamos tener una casa con todas las comodidades, pero la gran pregunta que se formula es si nuestro planeta tiene capacidad para proveernos este crecimiento.

Gran parte de estas seiscientas cincuenta y cuatro ciudades pasan por severos problemas para garantizar el consumo promedio de un ciudadano de los Estados Unidos de agua, comida o electricidad. El ciudadano chino está muy lejos de esta media de consumo. En una economía en creciente desarrollo como es la china, con más de cien ciudades por encima del millón de habitantes, ¿qué pasará cuando esos consumos se aproximen a la media de los de un ciudadano norteamericano?

El *Downsizing* es una tendencia donde muchas personas están dejando sus trabajos corporativos en las grandes ciudades para hacer un cambio en sus vidas; retirarse a lugares apartados, ambientes rurales o pequeños pueblos donde puedan aumentar su calidad de vida accediendo a productos orgánicos y locales, eliminando los desafíos de la movilidad y teniendo más tiempo para convivir con sus seres queridos. Cambiando sus trabajos para actividades con propósito.

Las familias están cambiando. El concepto tradicional de familia, trabajo, casa ya no es el mismo. Una forma nueva de vivir tendrá que dar origen a una nueva forma de casa. Hasta hace unos años las personas continuaban pensando en el concepto de una casa para toda la vida.

IKEA elaboró un estudio que concluyó que vivimos en ciclos de aproximadamente siete años. Los muebles que necesitas como bebé en tus primeros siete años de vida son diferentes que de los siete a los catorce, donde pasarás de bebé a niño; de los catorce a los veintiuno quizás necesitemos una cama más grande, un lugar para estudiar; en los siguientes siete años, seguramente iremos a la universidad y es posible que vivamos con una pareja; en los siguientes siete años es posible que tengas una relación más formal y tu primer hijo, y tu primera casa; a los siguientes siete años, es posible que estés en tu segundo matrimonio con hijos compartidos y adolescentes; en los próximos siete años, los hijos se van de la casa para estudiar en la universidad y en los siguientes siete años estarás iniciando tu segunda juventud.

Estas fases que identificó IKEA cambian nuestras necesidades de mobiliario, pero de otras cosas también, como alimentación, vestuario, movilidad o tipo de casa. El tamaño, forma o localización de la casa que necesitamos es diferente en toda esta evolución; como en muchos otros ámbitos, estamos pasando del concepto de renta o compra de casa al concepto de hogar bajo demanda.

Airbnb nació como una plataforma donde cualquiera podría recibir algún visitante en mi casa para que pudiera dormir en mi sofá, una dinámica conocida como *sofasurfing*. Después de diez años, esta plataforma se convirtió en una revolución, con más de diez mil cuartos disponibles, transformando miles de casas en la mayor oferta de casa bajo demanda del mundo.

La construcción de habitación se ve limitada por la disponibilidad de tierra urbanizable y los esfuerzos gubernamentales en programas de habilitación social fracasan en su mayoría derivados de la baja calidad de la construcción de la habitación, que rápidamente se ve deteriorada, así como de las condiciones desfavorables del entorno donde son colocadas estas urbanizaciones.

Pero el déficit habitacional no es solo la ausencia o falta de vivienda, sino el conjunto de carencias o precariedad en la vivienda y las condiciones del entorno que determinan las condiciones en que habita la población en un territorio determinado.

El crecimiento poblacional bajo una situación de pobreza y exclusión, afectada por una cadena de carencias de alimentación, educación y salud en amplios sectores de la población, reduce las probabilidades de empleabilidad adecuada y estable que les permita acceder a la habitación.

Según CEPAL, en América Latina y el Caribe casi cien millones de personas viven en la pobreza y en viviendas inadecuadas, que se suman a los aproximadamente cuarenta millones de refugiados y personas desplazadas.

En Europa, aunque el 70 % de la población reside en una vivienda en propiedad, el gran desafío pasa por la tasa de sobrecoste que representa, superior a un 60 % del ingreso.

En la otra cara de la moneda tenemos la especulación inmobiliaria; en países como España, donde el déficit es el más grande de Europa, 1.4 millones de casas, hay un *stock* de vivienda nueva acumulada de 450 000 casas construidas en los años de la burbuja inmobiliaria que se encuentran en zonas de escasa demandas sin posibilidad de salir del mercado.

Estamos a punto de entrar en la segunda burbuja inmobiliaria, después de la de 2008, esta vez detonada por el COVID-19, donde más del 50 % de las oficinas disponibles quedaron desocupadas, dejando en crisis al sector inmobiliario una vez más; una incongruencia con la falta de habitación.

Uno de los materiales más utilizados en la construcción de casas en el mundo es el concreto o cemento. El concreto es una de las industrias que más CO_2 genera y continúa siendo la base de la industria de la construcción, así como muchos otros de los insumos necesarios para la construcción de viviendas que provienen de recursos no renovables. Es momento de replantear la mejor forma de satisfacer ese déficit.

Es necesario replantear desde diversos ángulos la forma como estamos construyendo las casas. Una alternativa es el sistema de construcción «seco», que utiliza materiales respetuosos con el medio ambiente, lo que garantiza una mejor eficiencia energética del sistema de construcción, un rendimiento térmico y acústico óptimo, reducción de materiales de desecho, reducción de la producción de residuos de construcción, reducción del consumo de energía y agua y reducción de las emisiones de CO_2.

Empresas como OPDA Investment han desarrollado sistemas de construcción modular que permiten reducir el tiempo de construcción y eficiencia en el proceso, disminuyendo los materiales y residuos.

El impacto de la construcción y urbanización de baja calidad terminará resultando en un mayor impacto ambiental. En países como México, los programas de vivienda de bajo costo en la periferia de las grandes ciudades están siendo abandonados por la falta de servicios, la mala calidad de las construcciones y la dificultad para transportarse. Los que se han quedado enfrentan la inseguridad y la incertidumbre.

Cal-Earth (The California Institute of Earth Art and Architecture) es una organización sin fines de lucro enfocada en la investigación, el desarrollo y la educación en arquitectura de la tierra. Han desarrollado un sistema que permite construir a base de tierra, bolsas de plástico y alambre de púas casas seguras, confortables y sostenibles. El método es tan simple que permite a las personas construir ellas mismas su casa. Su sistema constructivo se ha convertido en un movimiento mundial donde diversas personas están aplicando para crear hogares en zonas de refugio, afectadas por la guerra o desastres naturales y zonas de bajos recursos.

Visualizamos un mundo en el que cada persona tenga el poder de construir un hogar seguro y sostenible con sus propias manos, usando la tierra bajo sus pies.

Es importante no pensar en la casa como un elemento único; es necesario desarrollar entornos sostenibles, donde los espacios conjuguen las diversas actividades que realizamos en nuestra vida. El Proyecto Urban Village de SPACE10 es un ejemplo de cómo podemos conseguir una vida sostenible al repensar el diseño, la gestión y el ciclo de vida del entorno construido. Soluciones integradas, recursos compartidos, casas hechas de madera contralaminada y un sistema de construcción modular desarmable, reemplazable, reutilizable y reciclable durante la vida útil del edificio.

SPACE10 es un laboratorio de investigación y diseño con la misión de crear una mejor vida cotidiana para las personas y el planeta. Con un enfoque colaborativo, SPACE10 trabaja con una red mundial de especialistas y creativos con visión de futuro. Comparten todas sus investigaciones e ideas públicamente a través de internet, exposiciones, charlas, eventos y proyectos para interactuar con las personas, provocar la imaginación, diversificar su perspectiva y misión. Trabaja en fuerte colaboración con IKEA. Con la misión de crear una mejor vida cotidiana para muchas personas.

Al interior de la casa, los espacios adquieren nuevas funcionalidades y la tecnología nos plantea una diferente interacción con los espacios; quizás la cocina del futuro será conectada a inteligencia artificial, nos ayudará a llevar una alimentación más saludable con menos desperdicios, identificará nuestro estado de salud para establecer el tipo de comida más adecuado o nuestro estado de ánimo para definir nuestra mezcla de café, reducirá nuestro consumo preservando nuestra ropa, reduciendo nuestro consumo como lo anticipa Electrolux.

Las casas inteligentes serán para todos. Dan Nurko, fundador de Kleverness, *start-up* que está democratizando la domótica con su tecnología que facilita la conversión de la instalación eléctrica tradicional en una red inteligente.

Diversas tecnologías están buscando en la circularidad dar soluciones para la vivienda, desde recubrimientos de vidrio reciclado, concreto a partir de las emisiones de ceniza de las plantas generadores de energía de carbón o recubrimientos térmicos para vivienda a partir de cartón reciclado.

Hemos superado la barrera de los ocho mil millones de habitantes en este planeta. Si pensamos en un promedio de una casa por cada cuatro personas, eso significa que requerimos dos mil millones de casas, dos mil millones de mesas, refrigeradores, estufas, sillones, baños, cuatro mil millones de camas, lámparas, puertas, ocho mil millones de platos, vasos, sillas, cobertores, cepillos de dientes... Si pensamos en un espacio mínimo de 50 m^2 para estas cuatro personas, eso nos da un promedio de 110 m^2 de construcción, incluyendo piso y muros, es decir, 220 000 000 000 m^2 de construcción. Para ellos necesitaremos madera, plástico, acero, aluminio, algodón, nylon, vidrio, polyester, barro, concreto, etc.

Los electrodomésticos que tenemos en casa son una mezcla de aluminio, plástico, acero y metales raros. Unos años atrás nos preguntábamos si los hornos de microondas afectaban los alimentos, hoy nos preguntamos también cómo los alimentos altamente procesados, los microplásticos o el teflón afectan a nuestra salud y comenzamos a cuestionarnos cómo serán los alimentos del futuro. Una cosa es cierta, más allá de si toda la carne que consumamos vendrá de laboratorios, la gran pregunta es la transparencia de información, ¿qué tanto sabremos de cómo están fabricados esos alimentos y sus posibles efectos secundarios?

En una entrevista, Beatriz Jacoste de KMZero decía que los alimentos del futuro deberían ser en apariencia semejante a los alimentos actuales, entre otras cosas, para preservar nuestra cultura; pero si los consumidores no son capaces de identificar cambios, podemos confundirlos y evitar una reflexión necesaria sobre lo que está detrás de su fabricación.

Susete Estrela se ha convertido en una educadora de miles de hogares que ven sus recomendaciones en TV. Susete habla de desde su experiencia como ingeniera en alimentos sobre los riesgos de seguridad alimentaria que existe en la cocina de nuestras casas y el manejo de los alimentos.

Nunca nos pasaría por la mente que el lugar que utilizamos para preservar los alimentos puede ser un local de propagación de bacterias cruzadas entre los propios alimentos, por ello vetro+ desarrolló un vidrio que permite a los refrigeradores eliminar bacterias peligrosas como la Escherichia coli.

Sin duda, los sistemas sanitarios de las casas o los sistemas de refrigeración de los alimentos han mejorado nuestra vida, la cuestión es: ¿a qué costo?

Por ello, en diversos países se ha estandarizado un modelo que evalúa la eficiencia energética o hídrica de las casas o los electrodomésticos, facilitando a los consumidores saber qué tan eficiente será un edificio en el consumo de energía para el invierno o el verano, y qué tan eficiente es una lavadora de ropa en energía y agua. Este tipo de información permite tomar mejores decisiones tanto de compra como de uso.

La revolución del hogar, sin duda, deberá iniciar por asegurar una casa para aquellos que la requieren, cambiando el paradigma de la construcción, pero también de su ciclo de vida y consumos. Sin embargo, el mayor desafío está en transformar las megaciudades que hemos construido y que están muy lejos de ser sostenibles.

Con más o menos tecnología, la revolución del hogar pasa por encontrar la autosustentabilidad. También pasa por entender que el equilibrio con el ecosistema es resultado de nuestras decisiones y acciones, las cuales requieren una visión de largo plazo, de otra forma las comodidades que hoy algunos tienen pueden dejar de existir antes de que consigamos proveer a toda la población de las condiciones mínimas de una habitación digna.

Revolución de la educación *(educational revolution)*

Educación, la gran pregunta que se plantea hoy es que cómo, cuándo y dónde. La sociedad, desde su conformación, ha tenido la necesidad de transmitir el conocimiento que permitiera en primera instancia distribuir las tareas relacionadas con la supervivencia. Conforme se fue sofisticando la sociedad, el conocimiento fue incrementando y diversificando; fuimos incrementando nuestra capacidad y necesidad de comprender el mundo y a nosotros mismos.

La educación es la base de la construcción de la cultura, y la cultura es el conjunto de conocimiento, ideas, tradiciones y costumbres que caracterizan a un pueblo, a un grupo social y que evoluciona a lo largo del tiempo.

El arte, la comunicación y la cultura van de la mano, desde que la especie humana ha sido capaz transformar la realidad en símbolos, la cultura ha caminado de la mano de la capacidad simbólica y de las herramientas, mecanismos que el hombre ha desarrollado a través de los años para comunicar ideas, tradiciones y costumbres.

En el arte pasamos de las representaciones creadas en cavernas con tallas sobre la roca o con pigmentos minerales y orgánicos, a una nueva era del arte con la creación del papel y los textiles; de igual forma los pigmentos fueron enriqueciendo y pasando de los pigmentos a las tintas, a los óleos y después a los sintéticos.

Hoy día el arte utiliza todos los materiales y tecnologías disponibles para expresar y representar su mensaje, incluso llegando al punto donde la participación humana en su creación se ha puesto de lado, dejando a la tecnología la creación de forma autónoma.

Con la sofisticación de la tecnología y el crecimiento de la población, también fuimos incrementando la especialización de las personas como mecanismo de la distribución del trabajo. Doscientos años atrás la esperanza de vida era de treinta y siete años; hoy día la formación para el trabajo consume nuestros primeros veinticinco años de vida y la esperanza de vida ronda los setenta años.

Sin embargo, la educación solo es accesible para un porcentaje muy pequeño de la población. Este porcentaje es variable según el país, el género y condición económica. Aunque la media de la OCDE es de 39%, en países como México es del 16%, solo un 1.8% tiene grado maestría y 0.3% de doctorado. España pasó de 22.7% en el 2000 a 40.7% en el 2021. En contraste, en las economías de bajos y medianos ingresos el problema comienza en la educación básica. El 70% dejarán la escuela antes de los doce años y el asistir a las escuelas no asegura el aprendizaje. En el mundo, el 64% de los niños con diez años no tienen capacidad de leer y comprender un texto sencillo. La desnutrición infantil afecta el desarrollo del cerebro en una fase crítica. Los niños que sufren grave desnutrición proteica energética (DPE) pueden presentar disminución del crecimiento cerebral y de la producción de neurotransmisores. Además, se afecta el proceso de mielinización nerviosa, lo cual provoca una disminución de la velocidad de conducción nerviosa, así como la disminución de las capacidades cognitivas y psicométricas, se calcula que un niño con grave desnutrición pierde hasta un 40% de sus capacidades neuronales afectando su desarrollo hasta la vida adulta. En el mundo, 153 millones de niños en edad escolar sufren de hambre.

Por todo el mundo está sucediendo una revolución en la educación, en algunos casos con mayor sinergia, en otros más como iniciativas aisladas, con más o menos apoyo de la tecnología, pero principalmente planteando una nueva perspectiva sobre la educación.

Esta revolución sucede en diversas verticales. La primera en el modelo de enseñanza pasando del modelo centrado en la transmisión del conocimiento por parte del profesor a los alumnos a un modelo donde los alumnos trabajan colectivamente para resolver desafíos y el profesor juega un rol más orientativo.

El número de niños que reciben clases en casa en Estados Unidos pasó de más de cuatro millones en 2019 a casi diez millones en 2020. De acuerdo con estimaciones de la NHSA, la pandemia del COVID-19 incrementó la opción por el *homeschooling,* modelo donde los padres se hacen 100% responsables de la educación de los hijos en casa. Estados Unidos no es el único país donde esto sucede. Un poco por todo el mundo esta práctica ya existente antes de la pandemia se está alargando y en algunos casos como en Brasil y Estados Unidos pasando a un modelo híbrido acompañado de educación religiosa.

Sugata Mitra en 1999 llevó a cabo un experimento que tuvo una gran repercusión dentro de la comunidad educativa mundial. *The Hole in the Wall* consistía en un agujero en un muro de una calle del barrio pobre de Kalkaji, en Calcuta. En el agujero colocó un ordenador conectado a internet y todos los niños que pasaban por allí podían utilizarlo libremente. Los resultados fueron asombrosos e inspiradores; las capacidades de autoaprendizaje evidenciadas fueron lo más relevante quizás de los resultados.

Sugata Mitra también creó la iniciativa Granny Cloud, que funcionó entre 2009 y 2022. Estaba compuesta por un equipo independiente de voluntarios que llegó a niños con recursos educativos limitados en todo el mundo, en una variedad de entornos, y les brindó la oportunidad de experimentar mundos muy alejados del suyo.

La iniciativa terminó su actividad en 2022, pero es un ejemplo inspirador de cómo a través de interacción entre adultos mayores con grupos de niños involucrándose en conversaciones y en actividades de varios tipos, como leer y contar historias, hacer manualidades, resolver acertijos y explorar grandes preguntas. El papel del adulto incluye provocar curiosidad, hacer preguntas, escuchar atentamente y brindar un cálido estímulo. Este abordaje es socialmente útil para ambas partes.

Sergio Juárez Correa, inspirado por Sugata Mitra, replicó el modelo de auto aprendizaje guiado por un adulto en su escuela en Matamoros México. El resultado: sus alumnos sacaron los mejores resultados de la prueba ENLACE en 2011. Entre esos alumnos, se destacó Paloma Noyola Bueno, de doce años, a quien la revista estadounidense *Wired* ha colocado en su portada como «la próxima Steve Jobs».

Paloma, más que una promesa, es un símbolo de esperanza e inspiración para unirnos y hacer de las próximas generaciones los líderes que esta sociedad necesita para enfrentar el mundo que les estamos heredando.

Francisco Javier Vera Manzanares es otra de esas inspiraciones; con trece años es un activista climático en defensa de la vida. Fundador del movimiento Guardianes por la Vida, plataforma infantil que reúne a más de quinientos niños (a la fecha) en Colombia y Latinoamérica.

A través de esta plataforma, busca incentivar nuevos liderazgos y promover la conciencia ambiental, así como promover la educación ciudadana, climática y ambiental. Francisco es embajador de buena voluntad de la Unión Europea en Colombia y asesor de la infancia del Comité de la Infancia de la ONU.

Hay muchos niños como Paloma o Francisco, pero desafortunadamente son una excepción entre millones, algunos requieren de otro tipo de motivaciones. No es fácil alentar a los estudiantes a desarrollar habilidades en producción textual, creatividad y colaboración. Por ello FazGame desarrolló una plataforma educativa que ofrece cursos de aprendizaje basados en juegos sobre una variedad de temas actuales.

Además de la motivación y el desafío para captar la atención de los niños en un mundo donde YouTube, Instagram y los videojuegos consumen su interés, se suma una generación afectada como resultado de la pandemia del COVID-19, que verificó un retroceso en el desarrollo de la lectura y las matemáticas como resultado del modelo de educción virtual al que tuvieron que forzadamente saltar las escuelas.

Los resultados de este hecho colocaron en cuestionamiento el paradigma establecido por Sugata Mitra de que los niños pueden aprender de forma autónoma con la ayuda de un computador, pero también evidenció la incapacidad del sistema escolar de sacar un mayor provecho de la tecnología y de la preparación de los docentes para este desafío.

Por ello es importante seguir explorando otros caminos que nos permitan actualizar la forma como estamos llevando el aprendizaje a los niños, InnoOmnia, en Finlandia, y Ørestad Gymnasium, en Dinamarca, también apuestan por el autoaprendizaje y el aprendizaje cooperativo donde los alumnos juegan un papel autónomo, apostando por una organización modular, personalizada, multietaria, abierta y colaborativa.

Las escuelas están pasando del conocimiento científico al conocimiento práctico, donde se busca ajustar los contenidos a la realidad del contexto. InnoOmnia vincula sus estudiantes a profesionales del mundo laboral y emprendedor, vinculando a los estudiantes con empresas donde juegan roles de aprendices y emprendedores reales.

Publicado por Fundación Telefónica, el libro *Viaje a la escuela del siglo* XXI, de Alfredo Hernández Calvo, un libro que nos lleva de viaje por el mundo para descubrir cómo con mayor o menor uso de la tecnología se están creando nuevos conceptos que buscan reducir las diversas brechas y desafíos de la educación —por favor, lean el libro— y del cual comparto tres reflexiones.

Primera: la importancia de hacer de la escuela algo estimulante para los alumnos. Las tiendas de artículos para piratas y artefactos para superhéroes son solo una forma disfrazada de una escuela que busca que los niños asistan por interés propio y no porque sus padres los envían. La forma de atraer a los niños a una escuela, que el escritor Dave Eggers, un grupo de amigos y un equipo de voluntarios dispuestos hacen parte de un proyecto educativo de atención personalizada único en el mundo, que se extendió a cientos de espacios diferentes en el mundo.

Segunda: la necesidad de llevar la educación a todas las comunidades y todas las comunidades a la educación. Doorstep Schools escolariza miles de niños que no pueden acudir a la escuela. Han transformado los autobuses en que los trasladan de la casa al trabajo en escuelas, los pasajeros se convierten en estudiantes. Ruchika es otra escuela que busca hacer llegar la educación a los niños que no tienen acceso a la educación por causa de su intensa jornada laboral. Ruchika ha transformado trenes y estaciones en escuelas. En Bangladés, un país castigado por las continuas inundaciones, Abul Hasanat Mohammed ha convertido un barco en una escuela; equipado con paneles solares, alimenta un ordenador y algunas lámparas en el interior.

Tercera: la urgencia de adecuar los modelos a un mundo lleno de contrastes. En un mundo donde la escuela ha cambiado poco en los últimos doscientos años, las escuelas que rompen con todas las reglas no se importan de no tener certificados reconocidos, profesores titulados o exámenes que evalúen el desempeño de los estudiantes. La comunidad Barefoot College organiza comunidades de aprendizaje en la India y Sierra Leona, donde reúne a todos los que tienen algo que enseñar y a todos los que requieren de aprender, de todas las edades, centrado en las competencias necesarias para su entorno, como producción textil, alfabetización, alfabetización digital, instalación de paneles solares, fontanería o cocina.

Las brechas de la educación son muchas. Van desde la evolución de los modelos educativos, la brecha de las competencias digitales, las brechas de aprendizaje, las brechas de recursos financieros, las brechas curriculares, las brechas en las capacidades de los profesores, las brechas de idiomas... Los contextos de cada territorio, sin duda, son determinantes.

Mientras en los países desarrollados como Noruega los modelos educativos se enfocan en el desarrollo psicosocial y habilidades blandas para la vida, en los países en vías de desarrollo las duras condiciones de vida alejan a millones de niños de la escolaridad donde la comprensión de lectura y el pensamiento matemático son el mayor desafío.

Tengo la fortuna de compartir mi vida con Mila Tonarelli, admiro su pasión para llevar la educación a donde más se necesita, ella fortalece mi espíritu de propósito, su trabajo en Fundación ProFuturo es inspirador para mí.

Es alentador ver cómo dos grandes empresas como Telefónica y La Caixa se unen por una causa, cerrando la brecha en la educación con el uso de la tecnología. Una tarea difícil en un mundo donde el modelo escolar lleva un rezago de dos siglos, al mismo tiempo que vivimos el umbral de la inteligencia artificial.

El programa digital de Fundación ProFuturo llega a cuarenta y cinco países de Latinoamérica, el Caribe, África y Asia. Ya formó a más de 1.1 millones de docentes y benefició a cerca de 23.4 millones de niños y niñas en estas cuatro regiones, centrando sus programas educativos en la matemática y el pensamiento computacional.

El acelerado desarrollo tecnológico está creando la brecha digital, pero la propia tecnología puede ser el camino para cerrar la brecha del aprendizaje y la digital. Khan Academy es otra organización sin fines de lucro. Salman Khan, su fundador, tiene el propósito de brindar una educación gratuita de primer nivel para cualquier persona en cualquier lugar. La organización ofrece miles de lecciones de matemáticas, ciencias y humanidades para estudiantes de todas las edades.

Actualmente, Salman Khan junto con OpenAI han desarrollado Khanmigo, un asistente GPT4 que funciona como tutor virtual para los estudiantes y como asistente en el aula para los maestros. La utilización de la inteligencia artificial permite personalizar los contenidos de acuerdo con la velocidad y habilidades de cada estudiante.

Pero llevar tecnología a los rincones menos desarrollados del mundo no es solo un desafío, sino también es insuficiente, pues muchas de estas escuelas no consiguen ofrecer un entorno digno para estos niños como un baño o un área de juego. Por eso Ed Partners Africa brinda soluciones financieras a los propietarios de escuelas, permitiéndoles construir instalaciones escolares y adquirir útiles escolares —como libros, autobuses escolares, instalación de tanques de agua, etc.—. También ofrecen capacitaciones de administración basadas en la escuela para mejorar la calidad de los sistemas y procesos de las escuelas.

La educación básica enfrenta grandes desafíos y sin duda es la base para que eses niños puedan llagar al máximo nivel posible de educación. Hoy día, la deserción escolar continúa siendo enorme y muy pocos consiguen llegar hasta la formación universitaria.

Pero las universidades también pasan por una fase difícil, los cambios tecnológicos también afectan no solo los modelos de enseñanzaaprendizaje, sino las expectativas que se tienen de estas instituciones como actores relevantes en la construcción de la propia tecnología.

Las universidades están pasando de ser lugares donde se transmite el conocimiento para lugares donde se genera el conocimiento. Se busca que asuman una responsabilidad en la construcción de la competitividad del territorio y el desarrollo tecnológico, aunque en realidad no todas tienen condiciones para logar esto.

A las universidades se les exige un nuevo modelo donde los profesores universitarios pasen de ser reconocidos por el conocimiento que divulgan para ser reconocidos por las patentes que consiguen vender a la industria. Sin embargo, el distanciamiento existente entre los entornos educativos y la realidad empresarial ha hecho que la transferencia de conocimiento y tecnología sea un gran desafío.

Los Gobiernos pretenden que las universidades soporten sus costos con los ingresos generados por la venta de las patentes o la tecnología que desarrollan, pero pocas universidades consiguen generar ingresos suficientes, ya sea porque sus capacidades están por debajo del estado del arte o porque sus modelos de vínculo con las empresas no son eficientes.

Por ello, este modelo está generando una brecha entre universidades que generan conocimiento y aquellas que solo transmiten. Ahora las universidades se distancian conforme su capacidad para dedicar recursos a la investigación y desarrollo de tecnología.

Pero antes de esta brecha de generación y transmisión de conocimiento ya existía una entre las universidades que transmiten el conocimiento que el mundo laboral demanda y las que transmiten conocimiento arcaico.

Cuando conocí a Pato Bichara, su proyecto quería romper con los modelos tradicionales de las universidades alejadas de la realidad que el mundo laboral demanda. Por ello creó una neouniversidad que evoluciona a la misma velocidad que la tecnología y los conocimientos que exige el contexto actual, así nació Collective Academy, una comunidad de aprendizaje que desarrolla habilidades tecnológicas, de negocios y de liderazgo conectando a quien quiere aprender con el conocimiento colectivo.

La programación de sistemas de información (TI) vive en un acelerado desarrollo de lenguajes y marcos de trabajo, resultando muy difícil para las universidades tradicionales mantener actualizados sus planes de formación, así como satisfacer la demanda de egresados con el perfil que las empresas están necesitando.

42 Madrid está abordando este problema de los egresados de TI con una filosofía revolucionaria, es mucho más que una escuela de programación. Es gratuita, 24/7 y sin profesores donde aprenden programación, ciberseguridad, diseño, *blockchain*, etc., así como también comunicación, liderazgo, tolerancia a la frustración, trabajo en equipo.

El sector TI no es el único que sufre una brecha de habilidades, también existen estas brechas en el sector de la salud. Por eso Virohan se ha propuesto brindar capacitación vocacional y habilidades para que los jóvenes de la base de la pirámide se conviertan en profesionales de la salud o paramédicos calificados y aliados en la India.

Virohan desarrolló un modelo de enseñanza que se lleva a cabo a través de capacitadores en el sitio y una plataforma tecnológica sofisticada. Conecta a los estudiantes en los principales hospitales urbanos de la India para la capacitación en el trabajo y tiene una tasa de colocación del 92% para trabajos de tiempo completo.

El mundo cambia rápidamente, internet ha creado un mundo globalizado donde las empresas no tienen fronteras; esto exige de las empresas equipos con capacidad de conectar. Aquí idiomas como el inglés son clave; Ignis Careers ofrece un plan de estudios complementario para escuelas privadas asequibles y escuelas gubernamentales llamado «Programa de inglés y habilidades para la vida» (ESL). El programa de ESL cambia el enfoque de la memorización del contenido académico a la comprensión y, a largo plazo, prepara a los estudiantes para futuros empleos donde es importante una sólida comprensión del idioma inglés y las habilidades para la vida.

Cuando algo se torna relevante como la comprensión del inglés, existe una tendencia para incrementar su precio, por eso 4YOU2 se preocupa por ofrecer clases de inglés con profesores extranjeros a precios muy asequibles, que permitan principalmente a los jóvenes oportunidades de desarrollo. 4YOU2 ha desarrollado un modelo donde combinando profesores con tecnologías de aprendizaje adaptativo busca mejores resultados. Actualmente, mantiene siete escuelas en tres ciudades diferentes de Brasil: São Paulo, Belo Horizonte y João Pessoa. Han llegado a más de diecisiete mil estudiantes hasta ahora.

El idioma es una puerta al mundo, pero no existe un idioma universal. En algunos casos el idioma también puede ser una barrera para acceder a conocimiento, empleo o incluso tecnología; en casos como Costa de Marfil, la tecnología es una solución para la inclusión cultural de aquellas comunidades que han conseguido preservar sus dialectos en África. Alain Capo-Chichi, fundador de Groupe CERCO, lanzó lo que se ha considerado como el primer *smartphone* de África, el Open G , ya que habla dieciséis lenguas locales; su propósito es facilitar su uso por aquellos que no leen o escriben otras lenguas.

Collective Academy, 42 Madrid, Virohan, Ignis Careers o 4YOU2 buscan cerrar una brecha que existe entre las universidades y las necesidades de un mundo en constante cambio del entorno laboral. Pero estas barreras no solo afectan a quienes pretender ingresar o mantenerse competitivos en el mundo laborar, una mayor empleabilidad o aumento de salario, también llegan a afectar a la integración de minorías.

Las dificultades que pasan las minorías para acceder a la educación y la posibilidad de mejorar su contexto contrastan con un vacío de propósito que la tecnología está generando en las generaciones más jóvenes. La tecnología está cambiando nuestro contexto cultural, la exposición a millones de contenidos a través de las redes sociales o internet deja en los jóvenes más aprendizaje que el sistema escolar, pero no estamos conscientes de lo que están aprendiendo.

En este nuevo contexto cultural, impulsados por toda información a la que son expuestos, los jóvenes aspiran a las nuevas profesiones que prometen hacerlos millonarios en segundos, como *influencer* en las redes sociales, *trader* de especulación financiera, *broker* de productos entre vendedores de AliExpress y compradores de Amazon, *trainer* de algoritmos o *digital artist* especializado en NFT.

Los NFT han abierto la caja de Pandora de una nueva forma de entender el arte. Hasta ahora el arte había sido considerado como una forma estilizada de la comunicación del pensamiento, sentimiento y espiritualidad humana, donde solo personas con capacidades extraordinarias son capaces de expresarlo visual o acústicamente de forma magistral, dejando al arte como punto alto de la excelencia humana.

Este libro inicia con la ilustración de Asier Sanz, donde juega con esta capacidad que estamos dando a las máquinas de entrar en algo que siempre consideramos la escénica de la humanidad y pilar de la cultura, el arte.

Si consideramos el arte como una componente relevante de nuestra cultura, ¿hasta dónde la participación de la tecnología debería contribuir en la construcción de la cultura, hasta ahora exclusiva de la humanidad?

Para muchas personas el arte puede ser una vía para fomentar el diálogo entre la acción humanitaria, el arte y la investigación, convocando a diversas audiencias al debate a través de exposiciones y proyectos. Pacal Hufschmid trabaja en fomentar ese diálogo en el Museo Internacional de la Cruz Roja.

El arte también puede contribuir a la preservación del medioambiente, contribuir a la educación cultural e histórica, para preservar y transmitir el legado de las comunidades indígenas. Sonia Diop trabaja en ello desde la Fundación Legacy.

El arte permite unir disciplinas, formas de arte y perfiles que no suelen coincidir, con el fin de cerrar nuevas perspectivas sobre temas urgentes; crea espacios colectivos, movimientos y espacios físicos que estimulan la innovación y la creatividad como la red PLACE y Wow!Labs, impulsadas por Charlotte Hochman.

El arte nos permite sembrar nuestra imaginación en torno a futuros diversos y regenerativos para las personas y el planeta. Raul CorrêaSmith impulsa el proyecto Fundación MOTI, una organización que busca detonar nuevas narrativas planetarias, inspirando a personas y organizaciones a comenzar a crear futuros sustentables que sean impulsados por la confianza.

MOTI, abreviatura de Museo del Mañana Internacional, nació en el Museu do Amanhã de Río de Janeiro para desarrollar proyectos culturales internacionales guiados por los valores del museo: sostenibilidad y convivencia.

Pero el arte pasa por una crisis profunda; los artistas reclaman que el arte moderno se ha convertido en una farsa, pues cualquier persona puede colocar un objeto banal en el medio de un museo haciendo de él por definición una obra de arte. La crítica de arte Avelina Lésper en su libro *El fraude del arte contemporáneo* explica por qué, desde su perspectiva, las instalaciones, *performances* y videoarte carecen de un verdadero valor artístico y se inscriben en una «ideología» en la que los curadores desempeñan una función capital para legitimar este arte que tanta controversia despierta en el mundo.

Diversos artistas hablan de que el mundo del arte se ha convertido en un sistema viciado y corrupto donde los curadores manipulan el mercado del arte y abren puertas incluso al lavado de dinero. A este escenario se suma la creación de arte por inteligencia artificial y la controversia del arte digital por los 91.8 millones de dólares por los que se vendió el NFT *The Merge*, del artista digital Pak, considerado por algunos como el artista más vanguardista.

No en tanto el arte digital está en la frontera de lo humano y la inteligencia artificial; cada vez es más complejo identificar cuándo ha sido creado por uno o por otro. Aunque la parte creativa es quizás la menos preocupante de cara al *deepfake,* donde esta tecnología ha probado que es capaz de engañarnos fácilmente llevando a otro nivel su capacidad de creación de imágenes, videos, audios en algo conocido como medios sintéticos.

Un grupo importante de artistas ha manifestado su rechazo a las creaciones artísticas divulgadas en plataformas como ArtStation, desarrolladas por empresas como Stable Diffusion, capaces de crear imágenes artísticas a través de IA.

Si bien es verdad que la inteligencia artificial es un reflejo de la sociedad, pues esta se nutre de los datos de la sociedad, eso no le da capacidades humanas; de hecho, si la inteligencia artificial es un reflejo de la sociedad, esto quizás sea una situación preocupante, porque cuando hablamos de sociedad no podemos asumir la sociedad como algo homogéneo.

La sociedad actual se encuentra fragmentada, las condiciones económicas, educativas, geográficas o religiosas nos hacen una sociedad diversa, pero no por ello equilibrada; las brechas educativas, tecnológicas y económicas en la sociedad crean grandes desigualdades entre una pequeña parte de la población privilegiada y la mayoría sin acceso.

Hoy los datos son la base del conocimiento y en ellos se desvanece la cultura, sin embargo, diversas entidades por el mundo están utilizando los espacios de cultura para crear conciencia y reflexión alrededor de los problemas que seguimos arrastrando como sociedad, como el Museo Internacional de la Cruz Roja, PLACE, Wow!Labs, Fundación MOTI o el Museu do Amanhã.

La transformación de estos datos tiene diversas aplicaciones; la gran pregunta que tenemos que hacernos es hasta dónde la transformación de estos datos está influyendo o determinando nuestros conocimientos, ideas, tradiciones, costumbres o el arte construyendo nuestra cultura.

Un futuro incierto se está configurando en un contexto global donde, como Mila Tonarelli nos dice, hemos conseguido llevar el aprendizaje a las máquinas antes que a las personas. Resultado de los grandes avances en inteligencia artificial, la IA es capaz de ayudar a los alumnos con las respuestas más completas y complejas de prácticamente cualquier campo de conocimiento; en breve la IA será capaz de reemplazar a las personas en diversas tareas y trabajos.

La digitalización de la educación no puede ser únicamente la desmaterialización de los libros, es decir, pasar los contenidos de los libros para la pantalla. La tecnología es una oportunidad para aplicar modelos diferentes antes imposibles de lograr, donde se desarrollen habilidades blandas y se obtenga el mayor provecho del acceso al conocimiento y el rápido procesamiento de información que nos permite la tecnología.

Nuestras prioridades son cuestionables, la inversión millonaria en el entrenamiento y desarrollo de la inteligencia artificial contrasta con los rezagos en el desarrollo de la inteligencia humana.

En breve la educación tendrá que enfrentar una nueva brecha. Vivimos una fase de transición de una etapa de recolección de datos para una etapa de transformación de datos en decisiones tomadas por máquinas que aprenden, donde hemos incrementado la cantidad y tipología de los datos que recaudamos con la ayuda de dispositivos personales. Pero también a través de esparcir dispositivos por las ciudades, espacios públicos y privados, donde también estos dispositivos contribuyen a la gran cantidad de datos que hoy generamos y que conjugamos en una metacomputadora.

La educación tendrá que enfrentar la brecha de los humanos mejorados, cuando la tecnología como los chips para el cerebro de Neuralink, que ya son hoy una realidad, nos permitan colocar millones de datos en nuestra mente y acceso a información infinita conectándonos directamente por internet a todo cuanto eso nos dé acceso. Nos enfrentaremos a uno de los más importantes cambios de paradigma en la educación.

Hasta que los humanos mejorados lleguen a ser una realidad, es relevante pensar en la educación como una actividad continua a lo largo de la vida, no solo para tener capacidad de afrontar el entorno VUCA donde nuestro rol como individuos está cambiando, también porque más allá del conocimiento o la información infinita a la que hoy ya tenemos acceso; es necesario crear las bases para saber hacer el mejor uso de ese conocimiento y generar nuevo conocimiento con ética.

La revolución
del trabajo
(work revolution)

El Foro Económico Mundial pronosticaba que los avances en robótica podrían dejar sin trabajo a cinco millones de profesionales
para 2020. Estimaba también que tres de cada siete puestos de
trabajo podrían ser sustituidos por tecnología inteligente.

John Cryan, presidente de Deutsche Bank, anunció en septiembre la eliminación de alrededor de nueve mil puestos de
trabajo, reemplazando a la mayoría con soluciones de automatización aplicadas a la banca y aun desafiando a otros bancos a sumarse
y apostar por el «espíritu revolucionario de la tecnología».

Por otro lado, Eurostat estima que hasta 2030 habrá en Europa
más de 1.6 millones de puestos de trabajo en áreas de tecnología
sin cubrir por falta de profesionales. De la misma forma que la
revolución industrial trajo un cambio de paradigma en términos
laborales, la revolución tecnológica está cambiando nuevamente el paradigma del trabajo, del cognitariado —trabajadores del
conocimiento— al tecnotariado —trabajadores de la tecnolo-

gía— y de la burguesía —dueños de los medios de producción o capital— a los Datadominis —dueños de los datos—.

La tecnología permea en capas, donde los trabajadores, las empresas o incluso los países ajustan su rol dependiendo de sus competencias. En una primera capa están los usuarios, aquellos cuyas competencias solo les permiten utilizar la tecnología. Por ejemplo, alguien que trabaja con un *software* más o menos complejo desde un redactor de textos, una hoja de cálculo, hasta un sistema de manipulación de nanopartículas, pero que son incapaces de entender su funcionamiento o crear un *software* de estas características.

En una siguiente capa están los desarrolladores, aquellos cuyas competencias les permite construir, desarrollar o crear tecnología. Normalmente, tienen una visión fragmentada de la solución tecnológica al ser responsables solo del desarrollo de una parte de la solución o una fase del proyecto, así como ceder los derechos de propiedad intelectual a su empleador.

Y una tercera capa, donde están los propietarios de la tecnología y sus resultados, que pueden tener o no capacidades para su desarrollo, pero tienen, sin duda, una visión clara de su aplicación útil y han invertido capital para su desarrollo. Por tanto, les pertenece la propiedad intelectual, datos, algoritmos, códigos y los resultados financieros que dicha solución tecnológica genere.

Fuera de este panorama laboral están aquellas víctimas de la brecha tecnológica, que no consiguen interactuar ni como usuarios, pero la tecnología consigue hoy día cubrir cada vez más partes de los procesos productivos y de desarrollo. Por ejemplo, en el desarrollo de un producto, una vez que se cuenta con un prototipo, la tecnología es capaz de digitalizar ese prototipo y aplicar esos datos para su producción. Dependiendo de la complejidad de la industria, esto representa eliminar hasta unas decenas de puestos de trabajo.

La tecnología está condicionando el futuro de las empresas y del trabajo. La evolución a la industria 4.0, aunque no es homogénea, va llegando cada vez a un número mayor de empresas, pero también los servicios 4.0 se van sumando, desde tiendas de conveniencia hasta hoteles que van reduciendo o eliminando lo que en tecnología ahora se denomina fricción en la experiencia del usuario, es decir, interacción con personas.

Las personas buscan ahora trabajos que puedan realizar de forma remota, pero antes de ello las personas tomaron el poder sobre dónde quieren emplearse. Desde que Google hizo público los beneficios que ofrecen a sus empleados y las diversas amenidades con que cuentan en sus espacios de trabajo, se estableció en las nuevas generaciones de empleados un modelo aspiracional de trabajo.

Otros factores, como la pandemia del 2019, cambiaron también el paradigma del trabajo, aunque no es algo nuevo. Veinte años atrás el *downshifting* ya era una tendencia. Las personas buscaban una vida más simple para escapar del concepto de éxito económico/material y reducir la tensión, el estrés y los trastornos psicológicos que lo acompañan. Una vida con equilibrio entre el ocio y el trabajo, el propósito y las relaciones.

La pandemia del 2019, sin duda, fortaleció esta tendencia. Las personas y las empresas se vieron de una u otra forma confrontadas con la necesidad de crear nuevas condiciones, que para muchos de ellos hoy prevalecen, como el establecimiento del *home office,* pero para muchas otras la impotencia ante la muerte de seres queridos también las llevó a replantear su propósito. Muchos directivos están dando un giro en su trabajo buscando envolverse en proyectos con impacto.

En la actualidad, un tercio de los alimentos que producimos se van a la basura. Eso significa que un tercio de los empleos vinculados a la producción de alimentos trabajan para incrementar los problemas inherentes a ese desperdicio, el volumen de desechos que generamos, la huella de carbono, etc. Por lo tanto, trabajan para crear un problema a la sociedad.

Cuántos de los empleos que hoy genera la sociedad son, en realidad, el punto de origen de los problemas que hoy enfrenta la propia sociedad. Esto no debería replantear la forma como trabajamos. La industria y los servicios relacionados con la agricultura y la alimentación representan más de cuarenta y cuatro millones de puestos de trabajo en la UE y diecisiete millones de puestos de trabajo en EE. UU. Eso podría significar que aproximadamente veinte millones de personas en estas dos regiones trabajan para producir alimentos que irán a la basura.

La tecnología puede sustituir a muchos empleados, pero un cambio en esta sociedad de abundancia para la reducción del desperdicio podría reducir quizás más empleos que la propia tecnología. De la misma forma que el cambio de paradigma tecnológico ofrece oportunidades para trabajadores con nuevas competencias, el cambio del paradigma del propósito ofrece nuevas oportunidades.

Como resultado de los cambios tecnológicos, se requerirán nuevas profesiones, pero no es necesario esperar por el futuro; hoy día vemos personas un poco por todo el mundo que buscan nuevos modelos de vida.

Con mis hijas gustamos mucho de pasar nuestras vacaciones en el campamento de Ze, en las proximidades del río Zêzere, en Portugal; en su *glamping* ecológico Nic reúne amigos y visitantes que buscan un turismo con menor impacto ecológico, al mismo tiempo este emprendimiento le ha permitido a Nic crear de su trabajo una forma diferente de vivir.

Nic es uno de los cientos de personas en el mundo que buscan crear quintas biológicas donde producen sus propios alimentos y desarrollan actividades con una visión de sustentabilidad.

En el documental *A Journey Into Creative Lives*, José Antunes relata cómo su proyecto Yoni, para fabricar planchas de surf ecológicas, se convirtió en un modelo de vida. Hoy José Antunes ha creado alrededor de este proyecto una quinta biodinámica y una escuela para llevar a los más pequeños esta nueva forma de vida.

En un contexto completamente diferente, Carlos Fernández «Charpu» es considerado uno de los mejores pilotos profesionales de corridas de drones. Carlos se ha desarrollado en una de las nuevas profesiones que están surgiendo de la mano de nuevas tecnologías.

Las personas ya no quieren vivir para trabajar. La pandemia abrió un nuevo modelo, el trabajo a distancia permite cambiar las reglas del juego. La *start-up* Remote Year ofrece un año de trabajo viviendo en doce países diferentes llevando al máximo el concepto de nómada digital. Definitivamente, vivir en otro país te transforma. Remote Year busca crear una comunidad de personas más empáticas por los problemas del mundo permitiendo vivir la experiencia de entrar en su cultura y su realidad.

Los nómadas digitales están creando un nuevo fenómeno donde incluso los países se pelean el título de mejor destino y ofrecen visas de residencia para estos nómadas digitales. El *boom* de las *startups* ha creado un movimiento global de servicios y soluciones que giran alrededor de los emprendedores. Unos años atrás la estabilidad laboral estaba en las grandes compañías, hoy es más factible que mantengas una estabilidad si tu emprendimiento consigue tener éxito.

En la década de 1970 las personas querían un empleo para toda la vida, en la década de 1980 con el *boom* de Wall Street todo se convirtió en una obsesión por el dinero, en la década de 2000 fue el *boom* de las dot.com. donde Bill Gates, Mark Zuckerberg y Steve Jobs se convirtieron en la punta de lanza de la venganza de los nerds. Los emprendedores se convirtieron en superestrellas, estos empresarios, y ahora todos, sueñan con repetir sus hazañas y construir una fortuna vendiendo su *startup* por algunos millones de dólares conquistando millones de usuarios.

Mientras las ferias industriales no volvieron a recuperarse de la pandemia, los eventos de emprendimiento como el WebSummit están cada vez más fuertes; reúnen miles de emprendedores, inversionistas y empresas como si se tratara de festivales o conciertos de música llenos de superestrellas de cine.

Pero según Sam Atman, el sector del emprendimiento está próximo de sufrir una de sus mayores transformaciones. Sam asegura que en breve las *startups* no van a requerir empleados, ya no existirán trabajadores, basta tener un fundador con una buena idea y conocimiento avanzados en el manejo de la inteligencia artificial y eso será suficiente para construir una *startup*; la inteligencia artificial se encargará de todo el trabajo.

Los impulsores de la inteligencia artificial ven en ella una oportunidad para contrarrestar la llegada de los androides, es decir, robots con aspecto y capacidades semejantes a los humanos. Apollo de Apptronik, CyberOne de Xiaomi, H1 de Unitree, PX5 de XPENG, Phoenix de Sanctuary AI, Figure AI o el Tesla Bot son algunos de los más avanzados que prometen en breve sustituir a los humanos en tareas de media complejidad.

Esta visión del futuro deja muchas incertezas en un mundo donde el 90 % de la población difícilmente tendrá acceso a estas oportunidades. El 90 % de la riqueza del mundo se encuentra concentrada en el 1 % de la población, mientras el otro 90 % vive con menos de 1 dólar al día.

Para millones de personas la vida es tan costosa que su trabajo no está alineado con lo que les gustaría hacer o un objetivo de vida; se basa en lo inmediato, en la posibilidad de pagar cuentas del mes. Para estos millones de personas la vida es tan costosa que tienen que realizar un esfuerzo de gran índole para garantizar que consiguen pagar todas sus cuentas cada mes.

Estos millones de personas viven en inseguridad alimentaria, es decir, no tienen la posibilidad de comer en cantidad, calidad e inocuidad suficiente. El costo de vida ha incrementado de tal forma, mientras los salarios prácticamente no han sufrido cambios; esto complica las cosas para muchas personas. Los alimentos menos saludables o menos sustentables son los más costosos y para poder llegar a final de mes sus decisiones terminan por no ser las más adecuadas.

Pareciera que estas personas están condenadas a un círculo vicioso donde una mala alimentación quizás sea la base de su fracaso escolar, de un empleo poco remunerado y de la imposibilidad de ofrecer para sí mismos y su familia una alimentación que les permita una vida saludable y en igualdad de condiciones.

En vez de eso, los salarios bajos terminan por condenar a las personas a hábitos menos saludables, que conducen a problemas como obesidad o diabetes, el tener que dedicar más tiempo al trabajo, recorrer mayores distancias para acceder a un mejor trabajo o incluso tener que trabajar en dos o hasta tres lugares diferentes para en conjunto tener dinero suficiente para pagar las cuentas del mes, afectando la salud física y mental de estas personas.

Es difícil sustentar una economía en estas condiciones laborales y, aunque los Gobiernos hacen un esfuerzo por establecer leyes que garanticen mejores condiciones para los empleados, las condiciones de vida que enfrentan terminan por tener un mayor peso en el tipo de empleo al que estas personas pueden acceder y su respectiva baja remuneración.

Estas mismas leyes que pretenden brindar mejores condiciones a los trabajadores son al mismo tiempo una barrera para el emprendimiento que ve con dificultad el crecimiento de sus pequeños negocios, resultado de los altos costos que implica contratar personas para crecer su empresa; esto en muchas situaciones termina por ser un incentivo al trabajo informal. La carga fiscal que hoy día es impuesta en algunos países está próxima del 50 % del salario que el empleado recibe.

En diversos países, el sistema de reforma o jubilación está en bancarrota. Factores como la informalidad del empleo o el envejecimiento de las poblaciones y el aumento de la esperanza de vida está haciendo insustentable el sistema donde unos pocos soportan a muchos, derivado también en muchos casos de una mala gestión pública de los recursos. Pero no solo el retiro es un problema, también lo es el sistema de salud. En países como EE. UU. es bien sabido que el modelo de acceso a la salud es ineficiente para cubrir las necesidades que la precariedad salarial genera en este país.

La promesa de la movilidad social es más complicada cada día; este 9 % de la población a la que llamamos clase media está disminuyendo y perdiendo poder adquisitivo. Durante años esa clase media aportó estabilidad política y económica, fue evolucionando y aumentando, generación tras generación las familias fueron mejorando su calidad de vida, pero es posible que la generación de los *millennials* —personas nacidas entre 1982 y 1994, conocidos también como nativos digitales— sea la primera generación que no pueda superar la calidad de vida que les ha sido brindada por sus padres.

A pesar de que la tecnología forma parte del día a día de los *millennials*, en su gran mayoría son únicamente usuarios, es decir, todas sus actividades pasan por la intermediación de una pantalla, pero no tienen la menor idea de cómo funciona la tecnología que está por detrás de ella.

Se anticipa qué tecnología dejará a millones de personas sin empleo, sobre todo aquellas que no puedan vender su conocimiento o pertenezcan a las áreas STEM; mi pronóstico es que sucederá de forma muy lenta, pero existe una pequeña posibilidad de que esto acelere. La tecnología permea cada vez más rápido a la sociedad y es una incógnita qué tan rápido y radical será al nivel del empleo. OpenAI necesitó dos meses para conseguir el número de usuarios para los que TikTok necesitó nueve meses e Instagram dos años y medio.

La sociedad de hoy vive de forma acelerada dentro de una cultura de inmediatismo, de lo descartable, que hace que tratemos a las personas como objetos dispensables, fáciles de sustituir y sin valor, pero estas actitudes terminan por jugar en ambas direcciones, es decir, nos tratamos a nosotros mismos de la misma forma que tratamos a los demás.

La generación del cognitariado se cuestiona continuamente sobre su valor, sufre con la incertidumbre de ser descartado en cualquier momento y se presiona constantemente por demostrar a los demás cuánto vale.

Sin importar la posición social y el tiempo de trabajo que se desempeña, la mayor parte de las personas buscan ser reconocidos, ser bien remunerados y hacer algo con lo cual se sientan satisfechos. Es una incógnita si el trabajo en el futuro evolucionará en este sentido, pero como siempre la sociedad termina por adaptarse a los cambios que trae consigo las revoluciones.

Es muy posible que la tecnología termine por realizar tareas enfocadas a la productividad y no necesariamente para retirar a los humanos de tareas que nadie debería hacer. Amazon ya hace pruebas para poder tener robots 24 horas en sus almacenes aumentando de esta forma su productividad, pero ¿cuánto tiempo tardaremos en ver estos robots en tareas de riesgo, exposición a contaminantes o peligrosas para la salud? Quizás sea algo que no suceda en el corto plazo, si resulta más económico seguir pagando a personas para que hagan estas tareas, principalmente en países menos desarrollados.

Los trabajos que nadie quiere se irán diluyendo en las próximas generaciones, pero, si pensamos que la economía informal, es la base de una impórtate cantidad de trabajos en los países más poblados y menos desarrollados. Es muy posible que aquí surja una nueva brecha, como sucede hoy con el acceso a la educación digital y el acceso a internet en las escuelas que no consiguen llegar a los más necesitados.

Hoy más que nunca el mundo enfrenta diversos desafíos que difícilmente conseguiremos resolver si no es con la participación de todos. A través del trabajo, las personas contribuyen al funcionamiento y desarrollo de la sociedad al producir bienes y servicios, generar riqueza y pagar impuestos que financian servicios públicos, como educación, salud y seguridad social.

La tecnología debería darnos la posibilidad de generar más trabajo, no como un proceso de reacción o adaptación forzada a una nueva realidad, sino de una forma estructurada y con el propósito de contribuir a un desarrollo sostenible cuando afirmamos que la IA y la robótica terminarán con algunos empleos, pero eso dará oportunidad para que surjan nuevos empleos en otras áreas. Tenemos que estar conscientes de que esto no se dará por magia, alguien tiene que hacerse responsable de que esa transición no destruya familias, incremente el hambre o ponga en riesgo los avances sociales hasta ahora conquistados.

La revolución de los alimentos (*food revolution*)

La historia de la civilización humana va de la mano de la agricultura. Nos convertimos en sedentarios gracias a la agricultura, la vida de recolectores nos obligaba a ser nómadas y a sufrir periodos de hambruna. La agricultura nos permitió garantizar el alimento para establecernos en un lugar, la agricultura permitió la creación de asentamientos humanos; la creación de aldeas que se convirtieron con el tiempo en ciudades, reinos y naciones.

La base de nuestra sociedad es hoy una de las actividades más fragmentadas. La Revolución Industrial cambió las reglas del juego. Antes de ello, solo producíamos conforme la capacidad de cada agricultor de cultivar y cosechar un área determinada, a lo mucho ayudado por un par de animales de yunta.

Con la entrada de tractores motorizados, la producción ya no dependía de la capacidad humana, pasó a depender de la demanda. Ahora los agricultores producen más de lo que la localidad donde están insertados es capaz de consumir.

Un ciudadano de Montreal (Canadá) puede comprar en el supermercado mangos de Colombia o aguacates de México. La globalización amplía el acceso a los más diversos alimentos, pero, al mismo tiempo, zonifica el desarrollo agrícola en los países con mejores capacidades agrícolas y menores costos de producción, desestabilizando la agricultura local.

Hoy el consumidor recibe alimentos de todo el mundo y se puede dar el lujo de rechazar aquellos alimentos que no conquisten su mirada. Los canales de distribución se ven obligados a descartar millones de alimentos todos los días.

En total, son más de 2500 millones de toneladas de alimento que se desperdician anualmente y que serían capaces de generar tres raciones diarias de 450 gramos, durante cuatro años y medio, a los casi 900 millones de personas en situación de hambre en el mundo.

Si un tercio de lo que producimos es desperdiciado, podríamos decir que solo en España, de los casi setecientos cincuenta mil agricultores del país, toda la producción de doscientos cincuenta mil agricultores se irá a la basura. Esto, sumado a la producción del tercio de todos los agricultores del mundo, nos daría algo así como 351 000 millones de toneladas de alimentos que se pierden anualmente en el campo a nivel mundial, desperdiciando horas de trabajo, afectando los precios en el sector y agotando innecesariamente el suelo, el agua y el ecosistema.

Los desafíos de la alimentación mundial continúan siendo extremadamente dispares. En cuanto los problemas de obesidad afectan a una parte de la población mundial, el difícil acceso a alimentos genera condiciones de desnutrición extrema a otra gran parte de la población mundial. Esta es una contradicción que no parece tener lógica y un problema que debería desde hace mucho tiempo estar resuelto.

El crecimiento de la población ha llevado los desafíos de la alimentación a un punto crítico, desde diversos ángulos, tanto a nivel del empleo que esta genera y los flujos de las personas del campo para las ciudades creando un estrés entre la actividad agrícola y el desarrollo económico, así como a la explotación de una agricultura intensiva industrializada, donde la integración de pesticidas, químicos, monocultivos ha transformado los alimentos. Hasta el punto de crear desconfianza por parte de los consumidores, quienes, a su vez, ahora buscan productos orgánicos libres de las tecnologías de la agricultura moderna.

La agropecuaria sufre también los efectos de la demanda. La utilización de procesos industriales e integración de hormonas, medicamentos y químicos en estos procesos productivos no solo han creado desconfianza en los consumidores, sino también alertado los problemas éticos relacionados con el trato a los animales.

En cuanto en el campo colombiano, para un pequeño productor lechero una vaca produce cinco litros de leche al día. En la industria láctea, el promedio diario de una vaca es cuarenta litros de leche al día. Esta disparidad nos hace cuestionarnos sobre los métodos, químicos u hormonas que son utilizados para aumentar la capacidad de producción de la industria lechera y los daños o repercusiones que esto tiene en los consumidores.

La Organización para la Agricultura y la Alimentación de las Naciones Unidas (FAO) estima que cerca de 840 millones de personas sufren escasez de alimentos. En este contexto, dadas las previsiones de un crecimiento poblacional mundial de ocho billones para nueve billones hasta el año 2035, podríamos llegar a los más de mil millones de personas padeciendo hambre. Es urgente identificar soluciones para asegurar el suministro de alimentos en el siglo XXI.

Una de las principales limitaciones en la producción de alimentos está relacionada con la disponibilidad de tierra agrícola arable. A este problema se suma la demanda de materias primas de origen agrícola por parte del sector energético, como soya, maíz, alcohol, etc.; de materias primas para productos no alimentarios, como algodón, celulosa, etc.; y de alimento para animales que compiten por tierra arable con los productos agrícolas para alimentación humana.

La crisis del petróleo derivó en un *boom* en la búsqueda de nuevas materias primas de origen agrícola, como la colza o la caña de azúcar; para los combustibles, como biodiésel o bioetanol. De igual forma, el sector de los plásticos busca en el maíz o en el bambú materias primas alternativas.

El mayor desafío que enfrentarán los productos agrícolas contra la búsqueda de nuevas materias primas de base agrícola está relacionado con la disponibilidad de terreno agrícola. En el Reino Unido, el consumo de combustibles en las autopistas es de 40 millones de toneladas anuales aproximadamente, el rendimiento de la colza es de 3.5 toneladas por hectárea. Esto implicaría tener que cultivar 26 millones de hectáreas para conseguir satisfacer la demanda actual de combustibles. El problema es que en el Reino Unido solo existen 5.7 millones de hectáreas agrícolas.

En Portugal, de los 2.3 millones de hectáreas agrícolas, solo 1.6 millones son cultivables, los restantes 0.7 millones son cultivos permanentes. Por otro lado, del consumo de combustible en Portugal, solo en el transporte son utilizados más de cinco millones de toneladas anuales aproximadamente, con lo cual serían necesarios 3.5 millones de hectáreas cultivables para obtener esta cantidad de combustible a partir de materia prima agrícola. Aunque el rendimiento del aceite de palma sea hasta cuatro veces superior, este no es un cultivo propio para el clima portugués. Aun así, serían necesarias por los menos 862 000 hectáreas, con lo cual tendría que ser destinada aproximadamente el 40% de tierra disponible.

Este problema se acentúa cuando vemos que para producir 190 kilos de carne de vaca son necesarios aproximadamente 6400 kilos de cereales como alimento. Las personas cuestionan el consumo de cárnicos bovinos ante la escasez de agua y alimentos. La cantidad de alimento y de agua necesarios para producir 1 kilogramo de carne de una vaca adulta parece insensata ante el difícil acceso a alimento por parte de gran parte de la población. Según datos presentados por la Vegan Society, en 1900 apenas el 10% de los cereales cultivados a nivel mundial eran destinados al consumo animal, en 1950 eran próximos al 20% y a finales de la década de los noventa los números rondaban el 45%. A este escenario donde el consumo humano rivaliza con el consumo para la alimentación animal, se suma, como ya dijimos, la demanda del sector energético y de materias primas.

La Unión Europea está realmente preocupada por la producción de los biocombustibles. La producción de biodiésel en el 2007 era de ocho millones de toneladas, un 60 % más que en el 2006. Alemania, Francia, Italia y Reino Unido fabrican juntos el 80%. De toda esta cantidad, se importan aproximadamente 430 000 toneladas (560% más que en el 2006).

Según el European Biodiesel Board, la producción de biocombustibles en Europa en el 2016 fue de once millones de toneladas y en el 2017 de veintiún millones de toneladas, siendo los principales productores europeos Alemania, España, Holanda, Francia y Polonia.

Indonesia es el segundo mayor productor de aceite de palma en el mundo. Facturó 4.43 billones de dólares aproximadamente en el 2004 con un precio por barril de 54 dólares frente a los 70 dólares por barril de petróleo.

Haciendo las cuentas, el sector alimentario, así como el energético requieren de encontrar alternativas innovadoras que les permitan con la misma cantidad de tierra obtener mucho más.

En el caso de los biocombustibles, la utilización del *switchgrass* es solo una alternativa que deberá ser reforzada por muchas otras. La energía se encuentra por todas partes. Del mismo modo, los sistemas agrícolas deberán explorar nuevas alternativas, como cultivos verticales aprovechando humedad del ambiente y multiplicando así el área cultivable. Por tanto, la batata innovadora del futuro podría ser aquella proveniente de plantaciones que no requieren de tierra. Las empresas altamente tecnificadas de aeroponia consiguen aumentar un 700% la productividad de la producción de batata.

Las personas buscan nuevas alternativas, diversos abordajes; estructuran soluciones que van desde un cambio y adecuación de la dieta hasta la calidad del origen de los productos.

En el 2009, colaboré en un par de proyectos en Portugal para el desarrollo del sector agrícola. El proyecto identificó como uno de los aspectos fundamentales en la competitividad del sector agrícola y del territorio la necesaria obtención del mayor rendimiento posible por área cultivada. Aunque esto parece extremadamente lógico, en la práctica esto no es así. Identificamos que existían diferencias considerables en los ingresos generados por municipios vecinos, consecuencia del tipo de cultivos practicados.

Otro de los resultados de estos estudios nos permitió concluir que la eficiencia de los recursos agrícolas depende de conseguir colocar la mayor parte de la producción lo más próxima de su lugar de origen y de la obtención de mayores cantidades de producto por hectárea. Por tanto, definimos un modelo donde la competitividad agrícola de un territorio está directamente relacionada con su capacidad para llevar la mayor cantidad de alimento a la mesa del consumidor local. Para la implementación del modelo, propusimos la creación de un proyecto de certificación agroalimentaria que permitirá valorizar el adecuado aprovechamiento de los alimentos generados regionalmente, certificando el ciclo de distribución y aprovechamiento de los alimentos generados.

Durante el proyecto, identificamos tres problemáticas. La primera estaba relacionada con el proceso de distribución de los alimentos. Actualmente, llevar una pieza de fruta hasta la mesa de una familia implica perder otras tres piezas de fruta. Desde que la fruta sale del campo, su transporte y su venta al consumidor una gran cantidad de alimento es rechazado, eliminado y caducado sin llegar a ser consumido. En términos sociales, es éticamente cuestionable el desperdicio de alimentos en beneficio de la comodidad de un grupo de consumidores.

El segundo problema es de eficiencia del proceso. La pérdida de una parte importante del producto cosechado en el proceso de distribución implica un costo que el consumidor paga. En realidad, el consumidor está pagando todo el desperdicio generado en el proceso. Esto encarece el producto para el consumidor y ejerce presión en los productores para reducir el precio de origen para tener un precio competitivo.

El tercer problema, todo lo anterior se traduce en una pérdida de competitividad territorial. Un territorio que no tiene la capacidad de llevar al consumidor el cien por ciento de su cosecha y, en vez de ello, únicamente coloca una tercera parte se traduce en un empobrecimiento del campo, reduce la capacidad de competitividad y abre una ventana de oportunidad para la importación de productos con precios más bajos de otras regiones, pero provocando un mayor impacto en su huella ecológica o *footprint*.

La certificación agroalimentaria se propuso en su momento como una solución para mejorar los procesos de distribución de los alimentos, con la intención de mejorar el desarrollo económico y social regional, pero también como una posible solución para disminuir la escasez de alimentos en otros territorios.

Si este tipo de prácticas fuera adoptado a nivel internacional, eso podría llevarnos a una mejor distribución de los alimentos a nivel mundial. En este contexto, en nuestra propuesta, la revolución de los alimentos podría estar en asegurar que cada alimento cosechado llegue a una mesa.

Creada en los años setenta en Australia por Bill Mollison y David Holmgren, la permacultura es un sistema conceptual inspirado en el funcionamiento de la naturaleza. Durante cientos de millones de años, la naturaleza ha creado ecosistemas armoniosos y sostenibles, que, a su vez, crean las condiciones para el desarrollo de formas de vida más avanzadas. La permacultura significó, originalmente, agricultura permanente, luego el concepto se expandió para convertirse en una cultura permanente, en el sentido de sostenible.

En el bosque, las plantas y los microorganismos crean un ecosistema. Las abejas, otros insectos, animales herbívoros y carnívoros, el humus, degradación del lecho de roca, el sol, nitrógeno y carbono atmosférico, agua de lluvia son elementos que conjugados mantienen un equilibrio para todos los seres vivos en el bosque. En la agricultura de monocultivo, el ser humano tiene que replicar ecosistemas de forma artificial y se impone la obligación de tener que compensar con su trabajo y productos químicos las funciones cumplidas por los seres vivos de forma natural.

Existen diversos modelos que están surgiendo para ofrecer una alternativa a la agricultura de explotación intensiva. La permacultura es una de estas alternativas. Busca diseñar asentamientos humanos armoniosos, sostenibles, resilientes que ahorren mano de obra y eficientes en energía, al igual que los ecosistemas naturales. Sus conceptos de diseño se basan en un principio esencial: posicionar cada elemento de la mejor manera para que pueda interactuar positivamente con los demás. Crea interacciones beneficiosas, como en la naturaleza, donde todo está conectado. Por lo tanto, cada función se llena con varios elementos y cada elemento cumple varias funciones, el desperdicio de uno se convierte en el alimento del otro, lo que permite que el todo sea más que la suma de las partes. Es una visión holística y orgánica del mundo.

La permacultura se basa en tres principios éticos: cuidar de la Tierra, cuidar de las personas, compartir los recursos de manera equitativa. La permacultura integra la agroecología, construcción ecológica, energías renovables..., en una visión pragmática y flexible que se puede adaptar a cada país, a las necesidades y las aspiraciones de cada persona o comunidad.

La permacultura proporciona un marco conceptual en evolución con una capacidad fascinante para integrar las «mejores prácticas» de diferentes tradiciones, como los últimos avances en la ciencia contemporánea. Sus conceptos se pueden aplicar *a priori* a todos los asentamientos: ciudades (con el movimiento de ciudades en transición), empresas, comunidades (ecoaldeas), granjas y jardines...

La permacultura está bien adaptada a áreas pequeñas, ofrece soluciones de baja tecnología, pero se basa en una cuidadosa observación del medioambiente y un conocimiento profundo del funcionamiento de la vida. Promueve el surgimiento de una sociedad solidaria y descentralizada.

En la Granja Bec Hellouin, estudian las adaptaciones de los conceptos de permacultura a la agricultura orgánica. Contrario a la creencia popular, la permacultura no es un conjunto de técnicas de jardinería, sino un sistema conceptual. Sus aplicaciones son, sin embargo, particularmente relevantes en el campo de la producción agrícola. La permacultura permite diseñar agroecosistemas que son a la vez armoniosos, sostenibles, económicos y productivos.

Cinco años después de la creación de la Granja Bec Hellouin, han transformado su investigación en el método de Bec Hellouin

Farm, creado en el 2010 para promover el desarrollo de micro-granjas diseñadas según los principios de la permacultura. Este método está destinado a evolucionar en el curso de la investigación y el intercambio y solo necesita ser adaptado a otras áreas de cultivo.

Otra alternativa surge en 1924 como resultado de un programa de formación impartido por Rudolf Steiner a diversos agricultores. Surge la biodinámica, siendo posiblemente el primer movimiento organizado de agricultura biológica.

Steiner busca dar un soporte científico a la forma como desde hace cientos de años el hombre se ha relacionado con la agricultura y la naturaleza. Desde los inicios de la agricultura, el hombre se percató de que la agricultura dependía de la comprensión cosmológica.

Para Steiner, una unidad agrícola tenía que ser vista como un sistema donde todo y cada elemento juega un determinante papel en el equilibrio y sustentabilidad del sistema dentro de una percepción cósmica. Esto es evidente como que ello determina las estaciones del año y los ciclos agrícolas, los animales fertilizan las tierras y las tierras alimentan los animales y así cada elemento de una granja juega un rol en el equilibrio y productividad en la misma.

En 1928 se introduce por primera vez el símbolo Demeter y se crean los primeros estándares para el control de calidad de Demeter. En la Sierra Madre Occidental, Rodolfo y Walter Peters comienzan la primera plantación de café biodinámico en la Finca Irlanda en Chiapas, donde aún en la actualidad se cultiva de forma biodinámica.

Esta visión de la agricultura biodinámica está siendo de nuevo retomada para generar nuevos modelos de agricultura biológica. La organización Demeter International representa a más de cinco mil agricultores, con más de ciento ochenta mil hectáreas en cincuenta y cuatro países.

Los desafíos de la alimentación no están solo en la agricultura. La industrialización ha agregado complejidad al problema, así como la disminución de la calidad de vida, sobre todo en las grandes ciudades, donde la movilidad y las jornadas intensivas de trabajo llevan a las personas a optar por alimentos procesados que de alguna forma simplifican su vida, están listos para consumirse y son económicos, pero afectan su nutrición. Países como Estados Unidos o México sufren de una alta tasa de obesidad infantil derivada de los malos hábitos alimentarios forzados en su mayoría por los bajos recursos económicos.

En el 2010, el conocido chef británico Jamie Oliver inició un *show* de televisión llamado *Food Revolution*. Oliver pretendía transformar el programa de almuerzos escolares en EE.UU. Esta transformación del programa de almuerzo escolar pretendía ayudar a la sociedad americana a combatir la obesidad y cambiar sus hábitos alimentarios para vivir una vida más saludable.

Jamie Oliver, a lo largo del *show,* evidenciaba algunos de los principales problemas de la alimentación industrializada. En uno de los episodios, Jamie se encuentra en una sala de aulas frente a un grupo de adolescentes. Sobre una mesa tiene diversos productos y coloca en una licuadora cada uno de ellos, productos que nadie de forma consciente comería, los mezcla y posteriormente ofrece a los jóvenes que han presenciado cómo fue elaborado este cóctel. La cara de repudio es expectable. Sin embargo, cuando Jamie explica a su joven audiencia que los productos que ha colocado son la base de gran parte de los productos de la industria alimentaria, la sorpresa de la audiencia es abrumadora.

Las personas no son conscientes de la procedencia de muchos de los ingredientes que son utilizados para dar sabor, color, estabilidad, textura, resistencias y muchas otras características de la comida industrializada.

El *show* televisivo de Jaime fue transmitido por todo el mundo. Jamie cuenta con una gran credibilidad por parte de la audiencia. Su estilo despreocupado y rebelde transmite credibilidad a su mensaje. El *show* fue un éxito y se convirtió en un movimiento.

«El acceso a alimentos buenos, frescos y nutritivos es el derecho humano de cada niño». Es fácil estar de acuerdo con esto, pero la realidad es que unos asombrosos cuarenta y un millones de niños menores de cinco años tienen sobrepeso o son obesos. Jamie nos llama a todos a unirnos a la revolución alimentaria mundial para provocar el debate e inspirar un cambio real, significativo y positivo en la forma en que nuestros niños acceden, consumen y entienden la comida. Jamie ha creado un plan de acción de seis puntos sobre la obesidad infantil para que los Gobiernos de todo el mundo trabajen para lograrlo como prioridad.

Los servicios de salud en todo el mundo gastan grandes cantidades de dinero de su presupuesto anual en la atención de enfermedades relacionadas con una alimentación inadecuada. En la actualidad, mueren más personas por problemas relacionados con la obesidad que por hambre.

Las grandes compañías de industrialización de alimentos han jugado un papel controvertido en la definición de las políticas públicas relacionadas con este tema, pero más allá del papel de la industria los consumidores tienen que asumir también un papel de responsabilidad. Es verdad que comienzan a verificarse cambios y cada vez las personas están más preocupadas con la salud, la alimentación y su bienestar, pero aún falta mucho por hacer.

Pero es muy importante tener acceso a información y conciencia de lo que está por detrás de los desafíos de la alimentación; no basta con practicar una dieta vegetariana, vegana o paleolítica. Un vegetariano que consume frutas y vegetales sin tener atención al origen de estos puede estar ocasionando un impacto muy negativo al seleccionar alimentos cuyo origen internacional es un problema de impacto ambiental y económico.

Por ello algunas ciudades están optando por estimular el surgimiento de mercados de proximidad para agricultores locales, huertos públicos en ciudades y transformando las áreas verdes en áreas agrícolas, sustituyendo árboles, arbustos y plantas decorativas por frutícolas y vegetales. Ciudades como Todmorden, Cáceres, Castellón, Mánchester, Andernach son solo algunos ejemplos de transformación de espacios verdes ornamentales en espacios verdes agrícolas.

El World Food Program (WFP) de la ONU tiene como objetivo alcanzar el hambre cero. Para lograr esto, ha desarrollado un programa de apoyo y escalamiento de *start-ups* tecnológicas y proyectos con potencial para acabar con el hambre en el mundo. Una de cada nueve personas en el mundo sufre de hambre. Sin embargo, The Global FoodBanking Network considera que el problema va más lejos del acceso al alimento. Hoy el problema del hambre debemos definirlo como el acceso a comida nutritiva, inocua y en cantidad suficiente.

La industria alimentaria está siendo muy presionada para cambiar. Empresas como Tony's Chocolonely saben que la industria alimentaria es parte del problema. Esta empresa ha desarrollado un plan para luchar contra el consumo excesivo de azúcar, desde comunicación a sus clientes que los sensibilice de los riesgos del consumo excesivo de azúcar hasta la promoción de un impuesto sobre el azúcar.

En 2020, junto con Iker Arnabar, lanzamos Futoority en nuestra primera convocatoria para identificar soluciones científicas y tecnológicas para el campo y los alimentos. Nuestro programa Moonshots Agrofood recibió la postulación de más de ciento cincuenta tecnologías; hoy trabajamos con más de cuarenta tecnologías y estamos comprometidos con demostrar que se puede mejorar el mundo invirtiendo en las *startups* de impacto.

Entre las tecnologías con las que estamos trabajando destacan soluciones de IoT para el campo, soluciones de biotecnología para el campo, transformación de residuos del campo en energía, así como una solución para reducir el desperdicio de alimentos y combatir el hambre, colocando los excedentes de alimentos aptos para consumo humano en el sector social a través de los bancos de alimentos.

Por detrás de esta última solución está la *startup* EatCloud, donde tengo el privilegio de trabajar al lado de mis socios Jorge Correa, Isis Espitia, Juan Correa, Daniel Cárdenas y un increíble equipo de personas comprometidas con nuestro propósito: acabar con el hambre en el mundo llevando los excedentes del sector alimentario a quien más lo necesita, excedentes que se producen en el campo, industrias o CPG, hoteles, restaurantes, cafeterías, comedores, logística y distribución.

Durante los ocho primeros años de vida, nuestro cerebro se desarrolla, pero en los casos de desnutrición grave un niño puede perder hasta un 40 % de su desarrollo neuronal y cognitivo, condenándolo a un fracaso escolar, un trabajo precario en su vida adulta y la imposibilidad de salir del ciclo de la pobreza, sin contar con otros problemas de salud y sociales.

Según Unicef, 16 millones de niños sufren desnutrición aguda grave, pero en total más de 900 millones de personas viven en inseguridad alimentaria. Este no es un problema tan solo de los países pobres o en desarrollo donde es más agudo, también de los países desarrollados como Estados Unidos, donde uno de cada cinco niños vive en hogares que luchan por colocar comida en la mesa.

Un estudio de WWF de 2021 realiza una estimación de 1200 millones de toneladas de pérdidas de alimentos en las explotaciones agrícolas, a los cuales se suman los 931 millones de toneladas de pérdidas en el comercio al por menor, los servicios alimentarios, los hogares y los cálculos basados en el porcentaje de pérdidas alimentarias posteriores a la cosecha, según estudios de la FAO. A los cuales también se suman las pérdidas ocurridas en el transporte, almacenamiento, las fases de fabricación y de transformación que se consideran sean de alrededor de 436 millones de toneladas.

En resumen, 2500 millones de toneladas es una estimación indicativa de las pérdidas de toda la cadena de suministro; si consiguiéramos rescatar toda esa comida, podríamos alimentar a 4140 millones de personas tres veces al día durante un año. Hoy día se calcula que los bancos de alimentos tan solo consiguen rescatar menos del 1 % de esas pérdidas aptas para consumo humano.

En 2023 la ONU Habitat y el municipalidad de Dubái han otorgado el premio el Premio a las Mejores Prácticas Internacionales de Desarrollo Sostenible de Dubái en la categoría «Sistemas Alimentarios Urbanos Sostenibles» a EatCloud por su trabajo para ayudar a los bancos de alimentos a rescatar los excedentes del sector de alimentario.

Entre 2020 y 2023 EatCloud ayudó a más de ochenta bancos de alimentos de ABACO y Red BAMX a rescatar 37 000 toneladas de alimento, lo que implica mitigar 80 371 toneladas de CO_2eq y 21 357 millones de litros de agua; y contribuyó para que los bancos de alimentos distribuyeran el equivalente a 76 millones de platos de comida entre la población vulnerable, lo que le ha permitido ganar diversos reconocimientos en todo el mundo.

La industria de la distribución de alimentos está buscando también soluciones para el desperdicio de alimentos. Es por ello que muchas empresas se están sumando a la empresa EatCloud para llevar el 100 % de sus excedentes a la población más vulnerable a través de los bancos de alimentos. No voy a enlistarlas por no dejar ninguna atrás, pero es muy grato contar con cada una de ellas en este propósito.

Hoy día, EatCloud trabaja de la mano de importantes organizaciones como WWF, P4G, WRI, WFP, RutaN, SVX, Yunnus, WRAP, DMCC, ICCO, SAP y principalmente de los bancos de alimentos de Colombia ABACO y México BAMX, que han sido un pilar para el desarrollo de EatCloud.

Un poco por todo el mundo surgen soluciones que buscan atacar las diversas problemáticas alrededor de la alimentación. H2Grow es un proyecto impulsado por WFP que a través de soluciones hidropónicas asequibles y adaptables busca llegar a comunidades vulnerables en todo el mundo para el cultivo de vegetales frescos.

Campo Vivo es una empresa conjunta entre McCain Foods con la misión de mejorar los medios de vida de los agricultores locales y sus familias, que viven en comunidades de bajo nivel socioeconómico en las zonas rurales de Colombia. Campo Vivo trabaja con grupos de agricultores para mejorar su calidad de vida, así como la vida de quienes trabajan en toda la cadena productiva. Campo Vivo interviene en la cadena agrícola desde la producción hasta la comercialización.

Andrew Nobrega ha desarrollado soluciones basadas en la naturaleza. Con quince años de experiencia, ha trabajado en seis continentes en el diseño e implementación de iniciativas complejas de inserción de múltiples partes interesadas en las cadenas de suministro de alimentos, bebidas y textiles. Desde 2016, ha sido el líder clave detrás del desarrollo de programas y soluciones para clientes en PUR. Con experiencia en inversiones de impacto, servicios ecosistémicos y marcos ambientales, Andrew lidera el equipo global de PUR en la construcción y expansión de sus principales programas.

Philippe Birker es un emprendedor social que trabaja desde 2019 en escalar la agricultura regenerativa en Europa con su empresa Climate Farmers. Actualmente, apoya a alrededor de setecientos agricultores en dieciséis países europeos diferentes con la transición hacia la agricultura regenerativa. Lo están haciendo proporcionando una comunidad de apoyo, conocimiento de transición específico del contexto y financiación de transición en la granja de créditos de carbono.

Juan Carlos Garavito, con quien tuve la oportunidad de trabajar en el sector de la propiedad intelectual, es uno más de los directivos que dejó el mundo corporativo para emprender un proyecto. Con Moxe foods, Juan quiere impactar positivamente en las regiones de Colombia para combatir la pobreza y la vulnerabilidad, aprovechando la biodiversidad y la tierra fértil.

Moxe foods vende chocolate de alta calidad producido en los campos colombianos. Es un modelo de negocio sostenible que ayuda a las comunidades productoras y a todos los actores de la cadena a formar parte de una empresa.

Farmers Fresh Zone (FFZ) obtiene frutas y verduras frescas de los agricultores y las entrega a los consumidores. Por lo tanto, por un lado, proporciona un fácil acceso a los alimentos para los consumidores, mejora su salud y nutrición y, por otro lado, ayuda a los agricultores a aumentar sus ingresos. El negocio social capacita a agricultores pequeños y marginados en prácticas agrícolas sostenibles, especialmente en la reducción del uso de pesticidas que contaminan el suelo.

El trabajo que Yunus hace apoyando proyectos como Eat-Cloud, Godson o S4S es muy importante en un mundo donde los recursos para las empresas y proyectos de impacto aún son escasos.

Godson Export Commodities recolecta, procesa y exporta semillas de chía cultivadas por pequeños agricultores. Transfor-

man social y económicamente la vida y los medios de subsisten-
cia de los agricultores rurales al permitirles participar de manera
justa en las cadenas de valor de los alimentos nutricionales en el
mercado internacional.

La solución de S4S se basa en el secado descentralizado de productos alimentarios de grado B utilizando su tecnología paten-
tada de deshidratación solar. S4S adquiere productos de Grado
B directamente de los agricultores y proporciona a las mujeres
agricultoras su equipo de secado patentado y productos crudos
en sus hogares. Las agricultoras secan la materia prima y reciben
una compensación por su trabajo. S4S vende los productos secos
finales a grandes minoristas B2B, como Marico y Nestlé, así como
a pequeños restaurantes y empresas de *catering*.

Durante algunos años tuve la oportunidad de trabajar de
la mano de Edgar Fuentes, exportábamos fruta procesada de
México para Europa. Con la empresa Eluinni en su momento
tuvimos muchas dificultades, pero es un proyecto donde aún veo
viabilidad.

Eluinni es una empresa de exportación de fruta ohminizada
que normalmente se abastece de frutas descartadas de nivel 2 y 3
de pequeños y medianos productores locales, ayudando a evitar
el desperdicio en el campo.

Estos frutos pasan por un proceso óhmico y son vendidos a
otras empresas de la industria de alimentos lácteos o jugos que los
utilizan como insumo para su producción. El proceso óhmico es
un ultrapasteurizado que permite la conservación por al menos
365 días sin necesidad de refrigeración y conservando el 95 % de
sus características nutricionales, de sabor y color.

Bioavle es una *start-up* que surge del proyecto Futoority que comercializa diversas biotecnologías pre y pos cosecha con insumos
biológicos para eliminar los productos químicos del sector agrícola, desde biofertilizantes, biodetergentes hasta biopreservadores

que actúan como un recubrimiento que protege la manipulación y permiten alargar el periodo de vida de frutas y verduras hasta cuarenta y cinco días sin refrigeración reduciendo el desperdicio en la distribución local e internacional. Esto permite a los agricultores reducir el riesgo en la exportación y reducir las mermas generadas en el proceso logístico.

La alimentación es el origen de muchos de los problemas que arrastramos en la sociedad. Un niño con desnutrición crónica ve su desarrollo neuronal comprometido de forma irreversible, está comprobado que estos niños tendrán un 14 % menos de coeficiente intelectual, cinco años menos de escolaridad y un 54 % menos de ingresos en su vida adulta.

Tan solo en Colombia más de cuatrocientos mil niños viven en desnutrición crónica. Se calcula que eso tiene un efecto negativo en el producto interno bruto de Colombia de hasta un 11 % menos por el rezago que provoca el menor desarrollo académico y económico de estos niños.

La globalización de alimentos está afectando a los pequeños agricultores locales y la agricultura intensiva está afectando el ambiente desmineralizando los suelos, utilizando fertilizantes y plaguicidas químicos que están rompiendo el equilibrio ambiental. La lucha por la reducción de costos en la producción de alimentos está llevando a la industria alimentaria a generar productos poco nutritivos y más perjudiciales que benéficos para la salud.

Nuestra cultura de abundancia nos está llevando a desperdiciar más de un tercio de los alimentos que producimos mientras una de nueve personas se va a la cama sin haber probado alimento. Es claro que algo tiene que cambiar, los contrastes no son solo de opulencia y modestia. Hoy servimos oro comestible en los restaurantes y millones de personas terminan su día sin haber probado cualquier alimento. Tenemos que ajustar nuestras prioridades.

La revolución del territorio
(territory revolution)

Convertimos las piedras en casas, los animales salvajes en ganado, las semillas en agricultura, los vegetales en tejidos, los metales en herramientas, la madera en combustible, el oro en joyas, etc. Este proceso nos condujo a una lucha por territorios abundantes, con recursos que nos permitieron desarrollar civilizaciones.

Pasamos de las tribus a los feudos, a los reinos, a los imperios, a las naciones. Todo este trayecto se construyó a base de guerras, conquistas, alianzas que nos llevaron a entender la necesidad de colaborar para la paz, la mejora del nivel de vida y los derechos humanos después de la Segunda Guerra Mundial. Con este objetivo se crean la ONU y desde entonces hemos buscado entender cómo dejar de sobrevivir para pasar a ser sustentables.

Aún estamos muy lejos de conseguir esta sustentabilidad y los territorios aún hoy día viven conflictos bélicos en la lucha por recursos. Nuestra economía basada en bienes nos demanda más recursos, la creciente demanda de las economías en desarrollo está estresando nuestra relación con el planeta y entre los territorios.

Las economías de altos ingresos consumen trece veces más recursos que las de ingresos bajos, eso implica que el nivel de vida de los territorios más ricos depende en gran medida de los recursos de los territorios más pobres, generando un impacto adicional derivado de la logística de transporte.

La reducción del desperdicio, el consumo responsable y la economía circular busca no solo la menor utilización de los productos a lo largo de su vida útil, también busca la mejor gestión de los recursos disponibles en un territorio y la dinamización de la económica local.

Sofia Petridou, Ilias Papagianopoulos y Sophie Sarri buscan crear vecindarios circulares en Grecia con su proyecto Kyklos, partiendo de un cambio de mentalidad, hábitos cotidianos y dependencia de modelos lineares de producción y consumo. En el otro lado del mundo con el mismo nombre Kyklos, en Chile, liderado por Hernán Hochschild, trabajan con diversos actores de la sociedad para el desarrollo de proyectos de economía circular.

Por coincidencia o no, Jonathan Smales en su proyecto Human Nature busca crear lugares que revolucionen la forma en que vivimos y nos relacionamos con la naturaleza, con nuevas forma de vivir y trabajar; el barrio de Phoenix en Lewes, East Sussex, es su primer proyecto.

El creciente desarrollo tecnológico nos ha llevado a una búsqueda descontrolada de minerales; empresas como The Metals Company buscan la explotación de la minería marina profunda en la zona Clarion-Clipperton. Este es uno de los pocos territorios por conquistar, por ello la ONU ha creado la Autoridad Internacional de los Fondos Marinos para regular la gestión de este ecosistema ahora considerado patrimonio de la humanidad.

La polémica actividad minera a más de 3500 metros de profundidad pone en riesgo a más de cinco mil especies de animales. Es difícil estimar el impacto que esto tendrá, pero se vislumbra como una alternativa para la creciente demanda de metales, pues se calcula que tendría un menor impacto que la explotación minera terrestre.

Para los consumidores, principalmente de los territorios más desarrollados, todo lo que sucede por detrás para la obtención de *commodities* es desconocido e incluso irrelevante; pocos consumidores conocen en detalle las consecuencias para los territorios donde se generan *commodities* de la industria textil, minera, alimenticia o petroquímica.

El concepto de brecha, es decir, de distanciamiento entre dos realidades, está en la base del esfuerzo que diversas organizaciones realizan para buscar una equidad en los territorios. Buscan cerrar brechas entre los territorios más desarrolladas y los menos desarrollados, sin embargo, por detrás de este objetivo subyacen modelos de economías no sostenibles como una referencia.

Lauren Evans y Fleur Nash trabajan entre Cambridge y Kenia en el proyecto Human Nature para crear prácticas de conservación que escuchen y trabajen con las voces más marginadas en Kenia. El proyecto Herding 4 Health de Anna Haw y Jacques van Rooyen busca la regeneración de los pastizales de África utilizando el pastoreo y la adecuada gestión del ganado; actualmente actúan en Sudáfrica, Mozambique, Botsuana y Zambia, con el objetivo de llegar a todo el continente.

La colaboración y la ayuda para crear mejores condiciones entre territorios es muy importante. A pesar de ello, existe una línea muy delgada entre los conceptos de desarrollo y los conceptos de sustentabilidad. En diversos contextos las culturas preservadas por algunas comunidades son más próximas del concepto de sustentabilidad y su relación con el ecosistema tiene incluso un cariz espiritual; es importante no romper estas bases por quienes pretende ayudar.

Evaluamos tanto a las personas como a los territorios por su capacidad para generar dinero, esto obliga a los territorios a competir por la venta de bienes dentro y fuera de sus territorios a fin de conseguir obtener el mayor ingreso posible que les permita desarrollarse.

En los últimos años, la concepción de las fronteras ha cambiado. La globalización llevó a diversos países a diluir las fronteras, se crearon diversos tratados de libre comercio que han permitido liberar el tránsito de millones de productos y personas entre territorios todos los días. A tal grado que hoy día las diferencias entre las grandes capitales del mundo comienzan a ser difíciles de identificar, todas ellas han transformado edificios emblemáticos en grandes almacenes con los nombres de marcas multinacionales de ropa, como Zara, H&M, Nike, o de cadenas de alimentos, como McDonald's o Starbucks. Los barrios financieros o de negocios se llenan de edificios altos y acristalados que podrían representar a cualquier ciudad del mundo.

Las fronteras han quedado aún más diluidas gracias a internet. La transmisión y accesos a información han creado una verdadera ruptura del concepto de territorio, donde los buscadores son capaces de definir lo relevante, las redes sociales de decretar lo importante y los algoritmos de hacer global prácticamente cualquier cosa.

Si en algún momento la historia y la cultura de un territorio se determinó por los vencedores de las guerras, quienes escribían los libros, hoy la cultura global se determina por quienes dominan al algoritmo. Aquellos que consiguen aparecer en el primer lugar de los buscadores o ser virales.

La globalización también ha traído con ella la deslocalización de los medios de producción. Los territorios con mejor oferta costo/calidad de la mano de obra consiguen captar inversión extranjera para establecer sus unidades fabriles para enviar desde esa localización sus productos a todo el mundo.

Los productos buscan una identidad neutra capaz de encajar en los gustos, costumbres y cultura del mayor número de territorios para asegurar una mayor cuota de mercado, incluso buscan crear nuevos gustos o cultura para asegurar su aceptación por el mercado, homogenizando las personas y los territorios.

Los territorios buscan recobrar los elementos culturales que los distinguen en este mundo global. Los pueblos mágicos en México o las aldeas de Xisto en Portugal son una lucha por mantener ese carácter del territorio, pero existen territorios que van más lejos como Cataluña, que busca independencia de España, o Reino Unido, que busca independencia de la Comunidad Europea. Esto es consecuencia de la necesidad que los territorios tienen de redefinirse contrariando este mundo globalizado y altamente interconectado.

Pero no es solo una cuestión de la pérdida de los aspectos culturales que distinguen un territorio o el impacto ambiental, también es la dinámica económica local. Cuando los territorios consumen más productos procedentes del exterior, la producción local cae y se pierden empleos, los territorios luchan por mantener el consumo de sus productos locales, incluso colando barreras para los productos de fuera; por ejemplo, implementado monedas locales que obliguen al consumo de productos locales.

Mientras redefinimos las nuevas reglas entre territorios, millones de toneladas de arena son dragadas a cuatro kilómetros de la costa de Dubái, en el golfo Pérsico, para crear aproximadamente trescientas islas privadas que conforman The World, creando nuevos territorios utópicos, al mismo tiempo que SpaceX está próxima a expandir nuestro concepto de territorio a nuevos planetas.

Muchas especies en este planeta transforman su entorno. Las hormigas, los castores, en general las aves son ejemplos de animales que adaptan el entorno para vivir, sobrevivir o procrear. Pero ninguna como el hombre ha transformado de forma tan impactante el planeta hasta el grado de que podemos decir que nos convertimos en la mayor plaga del planeta.

Javier Peña, fundador de HOPE!, ha creado un movimiento para hacer llegar a las personas conocimiento científico sobre el clima y la ecología. La primera vez que vi un video de Javier fui sorprendido por la comparación que hace entre los hechos reales y la película *Don't Look Up*, de Adam McKay. Es preocupante ver cómo la sociedad sigue sin reaccionar, sin importar a cuánta información tenemos acceso. A pesar de que Javier consigue llegar a cuatrocientos millones de visualizaciones, vivimos en una sociedad dopada por la información. Como nos dice Otto Scharmer en su teoría U, tenemos un bloqueo en nuestra conciencia que se origina en el punto donde nuestra atención e intención se originan.

Ciudades como Madrid o París han implementado sistemas que permiten tener una calidad de agua excepcional en el servicio de agua pública, de tal forma que es posible beber esa agua. Sin embargo, si pensamos un segundo en lo que esto implica, de alguna forma estamos minimizando el valor del agua potable. Nuestro consumo medio de agua por día es de 250 litros, de esos solo dos serán bebidos, el resto van al desagüe o caño. En cuanto para unos el acceso a agua potable es solo abrir una llave, hay otras personas en el mundo que requieren caminar horas para tener acceso a unos pocos litros de agua que están más próximos de ser lodo que agua potable.

¿Cuál es la utilidad de la gestión territorial hoy día? Los territorios no son gobernados con base en las necesidades reales de sus habitantes y mucho menos de una sustentabilidad a largo plazo. Los intereses económicos y otros que no responden al equilibrio necesario en dicho territorio condicionan las decisiones políticas territoriales. Como dice Otto Scharmer, vivimos en un egosistema y no en un ecosistema, donde lo único que importa soy yo.

La ciudad de Ámsterdam que adoptó la teoría del donut de Kate Raworth busca crear un equilibro entre los recursos que requieren sus habitantes y la capacidad del ecosistema para satisfacer esas necesidades en un equilibrio, sin que eso afecte la sustentabilidad. Hoy muchas ciudades apuestan por lo que se ha denominado como *transition towns.* Muchas personas, yo incluido, comienzan esta jornada por la revolución humana inspiradas por el documental *Demain.*

Demain surge como una vitrina de esperanza en 2015. En el documental francés, se dan a conocer diversas iniciativas de las llamadas ciudades en transición. El documental nos muestra cómo en Francia, Finlandia, Dinamarca, Bélgica, India, Reino Unido, Estados Unidos, Suiza, Suecia e Islandia diversas personas promueven iniciativas locales que inspiran a un cambio global. Esta iniciativa global con proyectos en más de cuarenta países, donde personas y comunidades emprenden de una forma silenciosa un cambio.

Rob Hopkins, cofundador de Transition Network y de Transition Town Totnes, impulsa un movimiento de comunidades en más de cuarenta y ocho países que se unen para reimaginar y reconstruir nuestro mundo. Los grupos de transición liderados por la comunidad están trabajando por un futuro bajo en carbono y socialmente justo con comunidades resilientes, una participación más activa de la sociedad y una cultura solidaria.

Las comunidades de los Transition Town utilizan métodos participativos para imaginar los cambios necesarios, estableciendo proyectos de energía renovable, relocalizando los sistemas alimentarios y creando comunidades y espacios verdes, fomentando cambios culturales, de mentalidad social, ambiental y empresarial.

Desde 1961 World Wildlife Fund (WWF) busca proteger lugares y especies amenazadas por el desarrollo humano. Su trabajo les ha permitido comprender que salvar especies y ecosistemas solo es posible conseguirlo desde una visión integral, donde las personas están en el centro de la solución. Centrando sus esfuerzos en seis áreas estratégicas: bosques, marina, agua dulce, vida silvestre, alimentos y clima. WWF busca dirigir todos sus recursos a la protección de lugares, especies y comunidades vulnerables en todo el mundo.

WWF sabe que la protección de los ecosistemas depende de resolver los temas de ineficiencia del desarrollo humano, cuanto más ineficientes somos en la utilización de los recursos naturales para satisfacer las demandas humanas, mayor es nuestro impacto negativo en el planeta. Únicamente colaborando podremos cambiar la trayectoria de la destrucción de la naturaleza y garantizar la biocapacidad, es decir, la capacidad de regeneración de la biosfera, por el bien de todos los seres vivos, incluidos los humanos.

Los Gobiernos han demostrado su falta de capacidad para afrontar los desafíos medioambientales. Para algunos grupos de personas, esta crisis medioambiental ya no puede ser una simple transición, es necesario tomar medidas inmediatas y profundas. En 2018 un grupo de activistas británicos se reunió en la plaza del Parlamento de Londres para anunciar una declaración de rebelión contra el Gobierno del Reino Unido; hoy se ha convertido en Extinction Rebellion, un movimiento mundial.

Extinction Rebellion quiere influir sobre los Gobiernos del mundo y las políticas medioambientales globales mediante la resistencia no violenta para minimizar la extinción masiva y el calentamiento global; cuenta ahora con 1178 grupos locales en ochenta y tres países.

El sector privado como principal propietario de los medios de producción es no solo el mayor responsable, sino el principal actor en la resolución del problema. Pero el desafío al que se enfrenta está condicionado por su dimensión; muchas de las soluciones que se proyectan requieren de cambios de paradigma cuya implementación resultan en un problema de igual o mayor dimensión. Por ejemplo, pasar de la movilidad térmica a la eléctrica implica llevar a tal dimensión la producción de baterías y de energía que termina siendo insustentable.

La población mundial llegará a los 10 000 millones de habitantes para 2050, con esta cifra harían falta casi tres planetas para contar con los recursos naturales necesarios para mantener los modos de vida actuales.

Hoy sufrimos un déficit de habitación y los países hacen todo por dotar de una habitación digna a todas las personas, no en tanto el sector cementero es responsable del 8% del CO_2 en el mundo. Si esta industria fuera un país, sería el tercer mayor productor de CO_2 después de China y EE. UU.

La *start-up* Aurum Agri, dirigida por Agustín Llamas, genera dióxido de carbono negativo capaz de ser introducido en el concreto para potenciar soluciones como las de OPDA Investment, para construir casas de bajo costo y rápida construcción. Otras empresas como Low Carbon Materials también están desarrollando productos específicos para combatir en CO_2 en la industria de la construcción.

El proceso de Aurum Agri genera también bioetanol con diversas aplicaciones y, finalmente, genera también proteínas para consumo humano, todo utilizando un proceso biotecnológico, partiendo de residuos agrícolas, siendo de esta forma una solución a diversos problemas con alto impacto positivo. LanzaTech también genera diversos productos derivados principalmente de bioetanol, como perfumes, detergentes, poliéster, plásticos, calzado a partir de sus patentes, etc.

Es cuestionable hasta dónde la tecnología puede ser la solución de los problemas derivados de la tecnología; hoy día prácticamente no hay ninguna actividad que realicemos que no genere CO_2, una acción tan común y tan simple como una búsqueda en Google genera 0,2 gramos de CO_2.

Start-ups de base tecnológica como 44.01 se proponen capturar mil millones de toneladas de CO_2 para el 2040 a través de un proceso de mineralización en espertina y calcita. 44.01 podría tener la capacidad de secuestrar cincuenta billones de toneladas de CO_2, el equivalente a mil veces más de lo que la humanidad genera, resolviendo el problema de las grandes empresas buscan ser carbono neutrales.

Diversas iniciativas luchan por mantener nuestras florestas; la organización Assobio trabaja involucrando a la comunidad local en el proceso de plantación y mantenimiento del bosque, ofreciendo también educación y capacitación a las personas más desfavorecidas de la comunidad local.

La neutralidad de carbono no significa dejar de producir CO_2, implica tan solo compensar el carbono que se produce. Algunas empresas lo hacen plantando árboles, apoyando iniciativas como Assobio. Aunque por un lado buscamos cuidar nuestras florestas, por otro lado descuidamos nuestros océanos. La pesca exhaustiva está reduciendo la capacidad de producción de oxígeno de los océanos, que solía ser mayor al de las florestas.

La alimentación de nuestra población mundial es un gran desafío en cuestión de recursos necesarios. Los pescadores requieren ir cada vez más fondo y más lejos para encontrar pescado y compiten con la punta de la cadena alimentaria del océano rompiendo su biocapacidad. En la agricultura algo semejante pasa con los nutrientes de los suelos, que están llegando a su límite.

Si pensamos en la tierra arable como uno más de los recursos del territorio, su eficiencia depende de que todos los alimentos que se producen lleguen a una mesa con la menor cantidad de recursos empleados, desde su cultivo hasta su consumo. Si comparamos los alimentos con la energía eléctrica, tendríamos un flujo constante de alimentos; ese flujo estará limitado por los recursos minerales, orgánicos, agua y energía que se requieren para generar esos productos.

Se calcula que hasta un 40 % de los alimentos que produce un territorio van para la basura; estos alimentos son un cúmulo de recursos. Para producir un kilo de carne son necesarios 15 000 litros de agua, 31 400 gramos de CO_2 y 4.3056 kWh. A los recursos necesarios para su producción, se suman los recursos necesarios para su confección o procesamiento y finalmente los recursos para su disposición final y el impacto al medioambiente.

Cuando pensamos en combustibles, normalmente asociamos a movilidad, pero la preparación de alimentos también implica un desafío de suministro de gas natural o electricidad, pero no todos los territorios tienen acceso a estos combustibles. En África la utilización de madera o carbón de madera es un problema de deforestación, acceso y salud.

El concepto de movilidad está cambiando. Cómo serán los autos dentro de diez, veinte o treinta años no lo sabemos. No hace sentido mantener la misma estructura interior de los autos cuando están caminando hacia la autonomía, incluso deja de hacer sentido comprar un auto. Nos dirigimos a un escenario donde pasaremos de comprar autos a comprar soluciones de movilidad.

De la misma forma que hoy compramos soluciones de comunicación, las empresas nos proporcionarán el tipo de movilidad adecuada a nuestra necesidad inmediata. La integración de variables permitirá a esas empresas conocer mi agenda del día, saber los trayectos que realizaré y el momento en que los haré, por ello tendré siempre a la puerta el vehículo adecuado para hacer ese trayecto, incluso cuando ese trayecto implica cruzar un océano.

Empresas como Uber ya están implementando el concepto *Uber air (elevate)*, donde la movilidad deja de ser únicamente citadina. En la publicidad del Audi A8, la empresa nos dice «*forget the car*», porque dejaremos de pensar en el auto, pasaremos a pensar en soluciones de movilidad que se adecuan mejor a nuestro estilo de vida.

El nuevo concepto de movilidad estará redefinido por soluciones que se adecuan a nuestro estilo de vida, las empresas estarán enfocadas a proporcionarnos experiencias y soluciones de acuerdo con nuestra actividad. La empresa Audi nos dice *forget the car*, porque las empresas están dejando de pensar únicamente en el auto.

Ahora las empresas de autos se esfuerzan en identificar qué puedo hacer con el tiempo, qué más puedo ofrecer, adicional a la movilidad. Si la conducción pasa a ser autónoma e inteligente, el tiempo de mi trayecto puedo ocuparlo en otras cosas. Las empresas como Audi tienen que enfocarse en identificar lo que sus clientes quieren hacer con ese tiempo.

Por ello las empresas nos ofrecerán experiencias. Los monovolúmenes ofrecerán experiencias de convivencia con la familia o con los amigos, las limusinas serán experiencias de lujo, para el trabajo o los negocios, los todoterrenos experiencias de exploración de nuevos caminos o viajes que desafíen la naturaleza.

En el nuevo concepto de movilidad, la movilidad dejará de ser un elemento individual para ser un elemento colectivo y conectado. Los autos dejarán de ser conducidos por individuos que desconocen las intenciones del resto de los conductores creando caos y accidentes.

Cuando la movilidad pasa a ser autónoma, los vehículos comunicarán entre sí pasando a ser parte de un sistema, un sistema que también comunicará con la ciudad, alterando también el concepto de *smart cities*. Un escenario donde las personas comunican con las empresas de movilidad, donde la movilidad comunica con la ciudad, que, a su vez, comunica con los edificios, que, a su vez, comunican con las personas. Es un desafío donde la nube *(the cloud)* será sustituida o complementada por conceptos como la neblina *(the fog)*. Que, como su nombre indica, crea una camada baja utilizando los dispositivos existentes para crear una red paralela que comparte recursos e información.

En este escenario, las soluciones de movilidad se extienden desde la utilización de una bicicleta para un trayecto corto, como lo propone Ford con *Ford GoBike,* hasta viajes aéreos, como los propone Uber con *Uber elevate,* donde todo estará conectado para dar al usuario la mejor solución de movilidad en el tiempo y lugar donde la requiera.

Detrás de todo este concepto de movilidad, también existen otros elementos por los que la sociedad está preocupada. Toda esta información, qué utilidad tiene y quién la utiliza. Al final, saber todo sobre nuestras vidas, la hora a la que hacemos todo, con quién estamos, adónde vamos puede llevarnos. Cuando toda esta información sea controlada por las empresas que nos proveen servicios, llegará un punto en el que no sabremos si la tecnología está a nuestro servicio o si la tecnología está por condicionar nuestras decisiones o incluso manipularlas.

Actualmente, empresas con sus algoritmos han sido acusadas de manipular el acceso a internet, decidiendo o influenciando la información que está disponible o que es relevante. Cuando estos gigantes de la tecnología deciden entrar en el mundo del automóvil y nos presentan soluciones de IA para nuestra casa estamos por colocar en las manos de esta empresa la posibilidad de controlar o influenciar nuestras decisiones, ¿hasta dónde esto hace sentido?

Las ciudades inteligentes son realmente inteligentes. En una época en que las personas se cuestionan las características del territorio en el que quieren vivir, el concepto de *smart cities.*

Pero las ciudades son como seres vivos que a veces no son ni predecibles ni controlables. Al inicio del siglo, la empresa Segway trasladó sus conocimientos de autobalanceo a la creación de un nuevo tipo de vehículo personal que podría rodar a velocidades máximas de veinte kilómetros por hora y una autonomía hasta de cuarenta kilómetros. El Segway no consiguió ventas como sus creadores preveían; sin embargo, consiguió cambiar la movilidad. Segway se ha fusionado con la china Ninebot para competir en el mercado de los vehículos de movilidad personal (VMP). Hoy día millones de patinetes eléctricos de diversas empresas están invadiendo las ciudades, a tal punto que ciudades como Madrid ya regulan el uso de estos VMP.

Space10 es un laboratorio de diseño e investigación que trabaja de la mano de IKEA para la exploración de un nuevo concepto del hábitat. Así como Space10, muchas propuestas urbanísticas buscan reducir las necesidades de movilidad creando espacios híbridos de trabajo, ocio, comercio y vivienda. En muchas ciudades del mundo, esto ya es una realidad. Ciudad de México, una de las diez más pobladas del mundo, está optando por desarrollos como City Towers Green o Mitikah, que integran comercio, restaurantes, cines, áreas deportivas, diversión, de trabajo y vivienda. Para quienes viven en estos desarrollos, sus necesidades de movilidad reducen sustancialmente.

Ámsterdam cuenta ahora con un estacionamiento subacuático para bicicletas con siete mil plazas ubicado en el canal frente a la Estación Central de Ámsterdam, con conexión directa a los vestíbulos del metro y del ferrocarril a través de un túnel.

Dicho aparcamiento tiene diversos objetivos. Por un lado, su objetivo principal es liberar las calles y los alrededores del gran nodo de transporte público, hasta ahora lleno de bicicletas aparcadas, y retornar el espacio a los peatones, dando un aspecto más limpio y ordenado a todo el entorno. Mientras que, por otro lado, también tiene la finalidad de ofrecer a todos los ciudadanos un lugar seguro donde dejar sus bicicletas.

El problema de la movilidad es algo que venimos arrastrando por siglos. En 1900, el problema de la movilidad se resume en altos costes del combustible y contaminación. En ese momento, el combustible era el alimento para los caballos y la contaminación era resultado de los orines y excrementos que dichos animales generaban y se esparcían por toda la ciudad.

Ciudades como Nueva York a finales de siglo xix llegaban ya a los 3.5 millones de habitantes y la movilidad de la ciudad dependía de cerca de doscientos mil caballos. Ciudades como Londres, cincuenta mil caballos. Ahora cada caballo produce de diez a quince kilos de bosta, eso representaba medio millón de kilos de bosta diarias para Londres y dos millones para Nueva York, sin contar los litros de orina.

En el 1900, la gran solución fueron los autos con motor de combustión, mucho más eficientes, pues solo consumen combustible en su uso, que no consumen pastaje cuyo precio ya era muy elevado, y no contaminaban las calles con excrementos y orines, que, además, estaban acarreando problemas de salud. Inseguros, pues, a veces se perdía el control de los animales, causando grandes accidentes.

En el 2000, la gran solución se plantea que sean los autos con motor eléctrico, mucho más eficientes: utilizan un combustible más económico, no contaminan el ambiente, reducen los gases nocivos para la salud y cada vez más seguros con los diversos sistemas de ayuda a la conducción, incluso hasta la automatización. Parece que estamos condenados a repetir la historia.

Jean-Philippe Bahuaud es consejero delegado de The Future Is Neutral, una entidad del Grupo Renault de nueva creación especializada en economía circular de la automoción, liderando la metamorfosis del Grupo Renault en ese ámbito, con el objetivo de servir a la industria de la automoción en Europa.

La COP 28 quedó marcada por el desalentador resultado del primer balance del Acuerdo de París y la polémica en torno a la presidencia del evento por parte de sultán Al Jaber, director ejecutivo de la Compañía Nacional de Petróleo de Abu Dabi, quien días antes a la COP sostuvo que «no existe ninguna ciencia» que apunte a que la eliminación progresiva del petróleo, gas y carbón permita alcanzar la meta más ambiciosa del Acuerdo de París.

La creación de alternativas a los combustibles fósiles en todos los ámbitos es una prioridad. François Gabart, fundador de Mer-Concept, y su equipo están imaginando y diseñando barcos de alto rendimiento y trabajando para garantizar que la innovación y la alta tecnología jueguen un papel en la reducción del impacto ambiental de la movilidad marítima. En 2022, François se convirtió en cofundador de VELA, una empresa de veleros de carga para el transporte marítimo (100% a vela), eficiente y responsable, para hacer del mar el lugar más ecológico para el transporte de mercancías en el futuro.

Sandra Wolf es la CEO de Riese & Müller, empresa fabricante de bicicletas eléctricas. Para esta empresa, la movilidad del futuro implica reducir las emisiones y crear más espacio vital. Las *e-bikes* son una parte importante de este concepto: permiten cubrir fácilmente largas distancias o transportar sin esfuerzo cargas voluminosas, además de mantenernos activos y en movimiento.

No podemos mejorar lo que no medimos, por eso Webfleet busca cambiar la movilidad a través de los datos, permitiendo a sus usuarios de más de sesenta países hacer una mejor gestión de sus vehículos, reducir el consumo de combustible, mejorar el rendimiento del vehículo y ayudar a los conductores aumentando en general la eficiencia de su conducción.

Parece que estamos contando nuevamente la misma historia. La gran solución al problema de movilidad en las ciudades no parece cambiar mucho la ecuación. Por lo tanto, la gran pregunta será que estamos resolviendo realmente el problema de raíz, entonces, ¿cuál es el problema de raíz?

Pero la movilidad no es el único reto en los territorios donde los combustibles son un problema a resolver. Gran parte de las familias en África cocinan aún con carbón, aunado al problema de deforestación para la producción de carbón, se suman los problemas de salud respiratoria, resultado de la contaminación del aire interior en las casas y las emisiones de CO_2 generadas. Por ello *startups* como Green Bio Energy producen y distribuyen soluciones de energía limpia para familias de bajos ingresos en Uganda, A través de cocinas de bajo consumo y briquetas respetuosas con el medioambiente, fabricadas con biomaterial reciclado.

La tecnología está cambiando paradigmas que pueden contribuir a evitar los errores ambientales cometidos en los territorios más desarrollados. La implementación de soluciones más sustentables nos da la oportunidad de reducir el impacto de la curva de aprendizaje, pero enfrenta el desafío de los costos accesibles y la escala.

En esta revolución del territorio es necesario entender que para la naturaleza no hay fronteras, la sustentabilidad es del desafío de proteger local e impactar global, de pensar local y colaborar global, de regenerar local y sustentar global.

Es necesario crear sinergias que aumenten el impacto de las iniciativas locales, los territorios dependen unos de los otros, y solo con soluciones globales e interconectadas conseguiremos cambiar el destino que hemos trazado para este planeta que es único.

De poco sirve acceder a agua potable en una ciudad mientras cientos de ciudades carecen de agua, de nada sirve eliminar los vehículos de una ciudad si los alimentos que en ella se venden han hecho más de mil kilómetros para llegar hasta allí, de nada sirve implementar rigurosas leyes sobre la producción si la mayoría de los productos de consumo provienen de países pobres, de nada sirve el mejor sistema de seguridad social de un país si no desarrolla la economía local que asegure los empleos.

Pablo Servigne y Raphaël Stevens en sus libros *Colapsología* y *Otro fin del mundo es posible* buscan llevarnos a la reflexión de la importancia de nuestra actualidad, del cómo nuestras acciones están determinando nuestro futuro. Cuando pensamos en el apocalipsis, muchos se imaginan esto como algo que sucede de forma abrupta, pero quizás el fin del mundo está muy lejos de ser como imaginamos o como en algún momento la ciencia ficción lo presentó; el fin de mundo podrá ser tan lento y tan irreversible que cuando nos demos cuenta de ello será muy tarde para regresar atrás. Para muchos esta década 2020-2030 es decisiva para cambiar nuestro rumbo, para otros el colapso es inevitable y para otros tenemos que saber gestionar este colapso para que suceda tan lentamente que nos permita corregir el rumbo.

En cuanto a países como Qatar, que consumieron los recursos que su territorio es capaz de producir durante un año, el 10 de febrero (Overshot Day) una invasión militar con enormes repercusiones humanas y económicas se libra entre Rusia y Ucrania, retoma el largo conflicto Israel y Palestina, la selva amazónica desaparece, una Groenlandia y glaciares en diversas partes del mundo que se deshielan, el arrecife de coral australiano está bajo amenaza climática de desaparecer.

Y parece que nada cambia en nuestro día a día, mañana cuando termine este libro quizás nada cambie, saldrás a la calle y verás que todo será como siempre o quizás el cambio empiece por ti y te sumes a esta revolución.

La revolución
de la política
(politic revolution)

Con la llegada del sedentarismo, las tribus se convirtieron en pueblos. Es decir, aquellos que pueblan o habitan un territorio. Fue necesario determinar normas que permitieran la organización y el convivio, pero también se establecieron mecanismos de poder, ya fuera para definir la figura de autoridad, es decir, aquella autorizada a normar o aplicar las normas, o para promulgar códigos y leyes. Así pasamos de los jefes de tribu a señores feudales, a los reyes, a los dictadores, a los líderes comunistas, a los gobernantes democráticos.

Pero la carencia o escasez de recursos derivó en una eterna lucha por territorios con mejores condiciones de acceso a recursos como agua o alimentos, hasta el punto de la imposición violenta por la apropiación de los territorios, así surgieron los imperios otomano, macedonio, romano y muchos más a lo largo de la historia de la humanidad, hasta la consolidación de las naciones modernas.

Esta historia de construcción de las bases de convivencia de los pueblos se convirtió en la estructuración de una cultura de poder, que prevalece a los días de hoy. El nuevo paradigma de abundancia no ha sido capaz de revertir los preceptos del poder, de forma ilógica los ha acentuado, el 45.6% de la riqueza del mundo está concentrada en el 1% de la población.

Como si se tratara de un ejercicio de condicionamiento de ratones, la sociedad reacciona con una respuesta condicionada a las normas de la economía. Hoy día la riqueza es un espejismo, hemos perdido la capacidad de percepción de la riqueza real.

La riqueza ha pasado a ser determinada por la capacidad del acceso a los bienes de consumo y posicionales y la pobreza se mide por la incapacidad de llegar a un estereotipo de calidad de vida insustentable.

Esta visión de necesidad del crecimiento continuo y desarrollo de la economía nos ha llevado a un modelo donde valen más unos gramos de oro o una obra de arte digital (NFT) que un litro de agua o un kilo de arroz. Me parece que hemos perdido la capacidad de discernir entre lo realmente valioso y lo superfluo e innecesario.

Es un hecho que las normas que fuimos construyendo con el paso de los años para gobernar los pueblos distan mucho de la construcción del bienestar. El resultado es palpable en un mundo donde la degradación del medioambiente y la disparidad social nos indican que los modelos de gobierno y política no han conseguido establecer un equilibrio sustentable.

Si verificamos la diferencia de precio entre bienes de consumo que cumplen con las mismas funciones, pero que establecen su valor en elementos subjetivos y culturales, podremos verificar que el modelo económico en el que vivimos actualmente nos lleva a una ineficiencia de los medios de adquisición. Es decir, perdemos capacidad de compra a cambio de acceder a conceptos culturales.

En los modelos de gobierno democrático es supuesto que las personas eligen a sus gobernantes y los candidatos a Gobierno desarrollan sus propuestas de gobierno con base en las necesidades de las poblaciones que pretenden gobernar.

Podemos poner en duda la capacidad de la sociedad para saber lo que es mejor para ella, si las personas deciden quién los gobierne de la misma forma que eligen una fruta en el supermercado sin entender que una fruta con un origen de más de mil kilómetros tiene un impacto ambiental mayor al de una fruta de un productor local. Sin entender que esa simple decisión quizás para ahorrar unos centavos debilita su economía local.

Los Gobiernos tienen miedo de detonar una ecoansiedad colectiva, pero es necesario abordar la crisis climática y la movilización de acciones, enfocándonos en las soluciones, no en los problemas. Organizaciones como Force of Nature, fundada por Clover Hogan que trabaja desde la narrativa para movilizar jóvenes en pro del medioambiente colaborando con instituciones y empresas, rompiendo la creencia de que somos impotentes, dejando de lado miedos a la magnitud del problema o a nuestro propio potencial para solucionar la emergencia climática.

La legislación es lenta y avanza con miedo de afectar los intereses de los *lobbies* empresariales, por ello han surgido sindicatos ecológicos que abogan por un cambio transformador en la sociedad y promueven prácticas respetuosas con el medioambiente dentro de las empresas. Anne Le Corre es cofundadora de Printemps Écologique, una federación de sindicatos que trabaja en estrecha colaboración con los empleados para alentar a sus empresas a adoptar prácticas más sostenibles.

La sociedad vive al margen de lo que sus decisiones y acciones afectan su contexto; esta falta de comprensión pone en juicio nuestra capacidad como sociedad de tomar las mejores decisiones sobre quién y cómo nos gobierna.

Una sociedad democrática no es aquella que tiene la posibilidad de elegir a sus gobernantes, una sociedad democrática es aquella que se sirve de sus gobernantes para crear bienestar para todos.

Es importante crear espacios y canales donde los ciudadanos puedan presentar ideas de proyectos a la comunidad, votar sobre ideas existentes y debatir. *Startups* como DAOCracy ofrecen una plataforma de democracia participativa que permite la interacción entre ciudadanos y gobiernos.

La sociedad busca espacios de diálogo para discutir sobre la política local, legislación de temas controversiales como la marihuana, la eutanasia o el aborto, así como la definición de posturas ante específicos movimientos como feminismo vs. antifeminismo, vegetarianos vs. carnívoros. *Start-ups* como Mixmaind o QallOut ofrecen mecanismos que incentivan a la población al diálogo controversial pero constructivo.

La necesidad de generar una revolución en el mundo a partir de un objetivo común que nos permita poner el esfuerzo de todos en la solución de aquellos problemas que nos son realmente relevantes. J. F. Kennedy movilizó a la sociedad norteamericana a fin de llevar el primer hombre a la luna, Mariana Mazzucato toma este ejemplo para hablar en su libro, *Mission Economy*, de la necesidad de colaborar como humanidad.

Los Gobiernos no solo requieren abrir la participación a la sociedad, deben dar un énfasis espacial a las próximas generaciones de jóvenes que tendrán en sus manos el mundo. Jóvenes como Adélaïde Charlier, que a sus veintidós años es asesora del vicepresidente de la Comisión Europea para apoyar medidas enérgicas destinadas a hacer frente a los desafíos de su generación, es una activista por la justicia social y climática. Cofundadora de Juventud por el Clima de Bélgica, ha contribuido a diversas acciones a escala belga, europea e internacional. También jóvenes como

Frances Fox, Dominique Palmer, Eric Njuguna, Fi Quekett, Timi Barabas, Iker Arnabar o Gloria Álvarez.

En octubre de 2014, Gloria Álvarez pasó de ser prácticamente desconocida a ser una figura de notoriedad mundial con miles de seguidores en las redes sociales. El video de su discurso en el Parlamento Iberoamericano de la Juventud, realizado en Zaragoza, ha sido visto por millones de personas gracias a internet.

Gloria lanzó su candidatura a la presidencia de Guatemala en 2019; la probabilidad de ganar era tanta como la de Donald Trump en 2016. En ambas situaciones las redes sociales jugaron un papel controvertido en la forma como influenciaron el resultado final. La participación de Cambridge Analytica y Facebook en las elecciones norteamericanas causó pérdidas de 37 000 millones de dólares a Facebook y la credibilidad de las redes sociales y la democracia.

Otras *start-ups* buscan romper el efecto de eco de las redes sociales, donde los algoritmos determinan qué temas son relevantes para nosotros y terminan por viciar el contenido al que tenemos acceso. The Perspective quiere visibilizar temas complejos dando oportunidad a la creación de una visión más abierta, dando voz a las diversas opiniones.

Para la sociedad resulta a veces complejo distinguir entre la verdad y la mentira, las *fakenews* se han convertido en una estrategia política, utilizadas de tal forma indiscriminada que, aunado a la realidad de la corrupción, resulta muy complejo distinguir entre los buenos y malos gobernantes.

José Sócrates, Donald Trump, Pedro Castillo, Lula da Silva, Alejandro Toledo, Iván Duque, Peter Murrell, Imran Khan, Andrew Alturo, Muhyiddin Yassin, Abdala Hamdok, Keith Schembri son solo algunos políticos con altos cargos que fueron arrestados en los últimos diez años, reflejando una destrucción de los valores y características que deberían definir a un gobernante o un político.

Ante la falta de credibilidad de los gobernantes, la sociedad requiere ejercer un papel proactivo en la construcción de la política. En los últimos años, han surgido diversos movimientos ciudadanos que buscan crear presión a los Gobiernos en temas que consideran relevantes, como el movimiento Extinction Rebellion, que ha crecido en más de ochenta países. Esto demuestra que no se trata de una percepción local, es un problema global.

Las desigualdades entre países y dentro de los países continúan aumentando; las brechas económicas, educativas, sanitarias, alimentarias, entre otras, están aumentando y las personas cuestionan con mayor frecuencia si los Gobiernos y los modelos políticos/económicos están cumpliendo su propósito. Existe una acentuada pérdida de credibilidad de las instituciones.

La Primavera Árabe fue un aliento de esperanza para esa región, donde las redes sociales demostraron que podían ser una herramienta de movilización capaz de cambiar la ecuación del control de los medios y los mecanismos sociales. Sin embargo, la promesa de que la Primavera Árabe daría paso a nuevos Gobiernos, reformas políticas y justicia social no se cumplió. Al día de hoy, la guerra y la violencia en la región prevalecen, generando la mayor crisis de refugiados del siglo XXI.

Por todo el mundo, los discursos extremistas en la política se han acentuado, ya sea a la derecha o a la izquierda, provocando que los electores moderados solo se sientan representados en los discursos más radicales. En países como México o Brasil, el discurso político de Obrador y Lula ha fragmentado la sociedad; en cualquier ámbito familiar, laboral o recreativo permea esa polaridad.

El enfoque de populismo radical de la izquierda ha dado poder a los regionalismos o nacionalismos radicales donde las clases medias y el ciudadano común son obligados a identificarse en alguno de estos extremos radicales al sentirse ajenos al discurso opuesto, siendo esta la principal causa de la polarización radical de la sociedad.

«*Make America great again*» en EE. UU., el Brexit en UK, el movimiento antineoliberalismo en Francia o el crecimiento del partido Chega! en Portugal son un resultado del fortalecimiento de la derecha radical, donde la clase media ve como raíz de sus problemas económicos la globalización.

El impacto económico de la globalización en la clase trabajadora, que ve sus empleos en riesgo por la pérdida de competitividad de sus empleadores, que a su vez se enfrentan de forma desfavorable con productos importados de menor precio, resultado de los bajos costos de producción de los países emergentes.

Recientemente los trabajadores del mundo ven más próxima la amenaza a sus puestos de trabajo por la tecnología. Los partidos políticos tendrán una oportunidad para representarlos ante esta amenaza; no sorprendería un discurso humanista de parte de los partidos políticos que quieran captar estos electores para las próximas elecciones.

Las empresas detrás de la inteligencia artificial se están abriendo un camino para gobernarnos, la visión del futuro sobre la AGI de OpenAI es «garantizar que la inteligencia general artificial (AGI) —sistemas de IA que generalmente son más inteligentes que los humanos— beneficie a toda la humanidad».

¿Será que los políticos también sienten sus empleos amenazados con la consolidación de la IA y el ChatGPT? Hace solo diez años inició una alargada adopción de los sistemas de *e-government* para simplificar mucha de la burocracia que caracteriza a los gobiernos y reducir su tamaño.

Desde entonces los sistemas de gestión ciudadana para agilizar las denuncias, los documentos de identificación inteligentes, los sistemas de trazabilidad de los ciudadanos y la interconexión de información entre distintas dependencias gubernamentales son solo algunas de las primeras soluciones que han integrado la tecnología a la gobernanza.

La tecnología es solo una herramienta, las soluciones que puedan mejorar la vida de las personas y hacer mejores países depende de la participación e integración de los diferentes *stakeholders* en el proceso de desarrollo. Organizaciones como la fundación eGov comprenden la necesidad de estructurar equipos multidisciplinares de tecnólogos, estrategas y profesionales de políticas para dar solución de los desafíos sociales.

La tecnología pretende hacer los gobiernos más eficaces y responsables. Empresas como OpenGov atiende a más de mil seiscientas agencias públicas en EE. UU. para acceder a información de presupuesto, gestión financiera, servicios ciudadanos del sector público, gastos y comunicación de sus prioridades a los ciudadanos y funcionarios electos.

Sin duda, la experiencia de empresas como OpenGov está cambiando la forma de cómo los Gobiernos tienen capacidad de responder a sus ciudadanos y la forma de cómo los ciudadanos tienen de interactuar y exigir a los Gobiernos. Pero es importante dar claridad y transparencia a la forma de cómo se utilizan los datos que resultan de esta gestión de información de los ciudadanos.

Es necesario no perder la visión de que la tecnología es solo un habilitador. Para tener un impacto sostenible a escala es necesaria la participación colectiva para promulgar políticas favorables, comprender las necesidades locales y desarrollar la capacidad local para resolver problemas locales.

Las empresas de *e-government* enfrentan el desafío de la ética en el uso de la tecnología. En democracias soportadas por los poderes legislativo, ejecutivo y judicial, la tecnología es ahora un cuarto poder, antes ocupado por los medios. La *app* Municipio de la empresa italiana Maggioli es una solución digital que atiende millones de ciudadanos para los municipios de Italia.

Las organizaciones autónomas descentralizadas DAO son un modelo derivado de la aplicación de *blockchain* para dar transparencia a procesos democráticos, para proporcionar un entorno seguro, confiable, de fácil acceso y favorable al sector público.

En la organización DAO no existe un gobierno. A través de la tokenización se busca que todos los miembros de una comunidad —ya sea una ciudad, una región o incluso un país— tengan el derecho a votar y decidir sobre nuevos proyectos sociales. No existe el incumplimiento, todo se rige con contratos inteligentes, que hacen las veces de leyes.

Es necesario identificar soluciones holísticas para problemas globales complejos y promueven iniciativas políticas y acciones para permitir que la humanidad salga de múltiples emergencias planetarias. Enfocada en áreas clave como las nuevas civilizaciones emergentes, emergencia planetaria, reencuadre de la economía, repensar las finanzas, liderazgo juvenil, diálogos intergeneracionales y desarrollo tecnológico. Organizaciones como Club of Rome son necesarios como plataforma que integre diversos líderes de pensamiento, como el de Mamphela Ramphele o Sandrine Dixson-Declève.

En un mundo donde la individualidad es diversa, donde los territorios no son reconocidos por la naturaleza, donde las brechas acentúan los rezagos de desarrollo y la preservación del estilo de vida de las económicas más ricas pone en riesgo la vida de las personas más pobres, donde los Gobiernos no están consiguiendo mejorar las condiciones de sus ciudadanos, la tecnología se presenta como una oportunidad, pero también como una amenaza.

Vivimos en una sociedad que se transforma rápidamente, moldeada por la tecnología que crea un nuevo contexto, una tecnología que responde a intereses económicos, donde el marco legal es inexistente y avanza más lento que el desarrollo tecnológico y heterogéneo entre territorios.

Al mismo tiempo que la tecnología transparenta nuestras fragilidades sociales, miles de personas en todo el mundo están asumiendo un rol de transformadores de la realidad, atendiendo y solucionando los vacíos donde los Gobiernos no están cumpliendo su labor. Si queremos construir un nuevo modelo político y de gobierno, tenemos que transformar la sociedad cerrando las brechas de la educación, la alimentación, la salud y la habitación en un modelo eficiente y sustentable. Solo una sociedad en igualdad de condiciones será exitosa en cualquier desafío futuro que tenga que enfrentar la humanidad.

La revolución
de la economía
(economy revolution)

El destino nos alcanzó. En algún momento, imaginamos que en el futuro las máquinas sustituirían a los hombres en el trabajo, siendo el trabajo nuestra forma de generación de ingreso o riqueza. Si no trabajamos, ¿cuál será nuestra forma de sustento? La economía no puede mantenerse si no hay personas con poder adquisitivo. El funcionamiento de la economía depende de la circulación del dinero, esto nos obliga a retomar el tema del llamado ingreso mínimo garantizado.

Pero ¿cómo definir el monto del ingreso mínimo garantizado? Cuanta más capacidad de consumo tenemos, mayor nuestra pegada en el planeta, pero si hasta ahora como consumidores definimos el desarrollo, ¿qué pasará en este nuevo limbo donde las máquinas cambiarán las reglas del juego? ¿Cuánto vale la hora de trabajo de una máquina en la China y cuánto vale la hora de trabajo de la misma máquina en Alemania?

Si hoy cada decisión que tomamos define el mercado, ¿seguirán siendo nuestras decisiones las que definen el mundo o serán sustituidas por las decisiones de la IA?

Bankinter nos dice: «Dime lo que compras y te diré qué dejas. Dime lo que ahorras y te diré tus sueños». Que después de todo, el progreso es eso: que el que venga atrás tenga un poco más, en lugar de menos.

El Parlamento de la UE dio su aprobación final. A partir de 2035 solo se permitirá la circulación de autos libres de emisiones. Así se pone en marcha una «revolución» hacia los coches eléctricos climáticamente neutros. Cada vez que un europeo compra un auto eléctrico, está tomando una decisión que afecta al planeta.

Cada vez que cualquier persona en el mundo toma una decisión de compra, está afectando el planeta. El dinero es el medio que tenemos de acceder a bienes de consumo y los bienes de consumo resultan de recursos humanos y naturales. Vivimos en un modelo económico basado en los bienes de consumo, donde el desarrollo está medido por la capacidad de crear riqueza para acceder a dichos bienes de consumo.

Durante siglos, la humanidad ha considerado el oro y la plata como valiosos. Las primeras monedas nacieron en la actual Turquía en el siglo VII a. C. de la idea del rey Argos. Elaborarlas de oro y plata. Sin embargo, en Mesoamérica las semillas de cacao fueron utilizadas como moneda. En el siglo XI, el emperador mongol Kublai Khan inventó los billetes, que después del 1700 se adoptaron en Europa.

Estamos tan habituados al dinero que hoy día a pesar de ser intangible no dudamos de su valor o de su existencia, la posibilidad de comprar a crédito convirtió a la banca en un sistema de promesas confiables. La banca se consolidó como una institución de confianza y el acceso al crédito como el mecanismo del desarrollo social.

Sin embargo, los sistemas no son tan confiables. En 2016 el banco portugués Espiritu Santo BES se vio vuelto en un escándalo donde millones de euros simplemente desaparecieron; al final las cuentas no fueron muy transparentes, siendo los clientes, accionistas y contribuyentes quienes tuvieron que soportar las pérdidas y el Gobierno portugués tuvo que asegurar la gestión del banco.

El sistema bancario se resiste a la introducción del *blockchain* como mecanismo de trazabilidad y control de las operaciones bancarias. De igual forma, el sistema bancario se manifiesta contra las criptomonedas, pero cada día que pasa es más importante integrar estos dos mundos, tanto para una mejor regulación de las criptomonedas como para la transparencia del sistema bancario.

Hoy las *start-ups* buscan la integración al sistema de banca y crédito de todas las personas, pero será que brindar crédito es una solución. Cuando la burbuja inmobiliaria rompió en EE. UU. y Europa, miles de familias perdieron. A pesar de tener casas y autos de lujo, no tenía dinero para comprar comida. Aun vendiendo sus casas no eran capaces de liquidar la deuda bancaria, que ahora era imposible de lograr con la caída del precio de las casas. Por tanto, la deuda de la casa era mayor al precio de la casa, muchas familias terminaron por perder sus casas.

El principal problema de los países que adoptaron el euro es la falta de autonomía para determinar políticas económicas para enfrentar crisis con acciones como la depreciación de la moneda a través del aumento de emisión de moneda o aumento de la moneda circulante, situación por la cual muchos economistas han sugerido la necesidad de abdicar del euro, pero, aunque parezca contradictorio, algunos países de América Latina, como Panamá o Ecuador, hicieron exactamente lo contrario para salir de la crisis. Ante un escenario de fuerte devaluación de su moneda, optaron por adoptar el dólar americano como moneda oficial en circulación. Una moneda que no controlan, pero que estabiliza la economía.

Con el recrudecimiento de la crisis económica en Europa, los hábitos y la mentalidad de los europeos, las personas toman diferentes posiciones ante la falta de capacidad del Gobierno para resolver los problemas financieros de las familias. Una de estas posiciones incluye la adopción de monedas alternativas para el euro. En todos los diferentes países que utilizan el euro como moneda, desde Alemania y Francia hasta Grecia, varias ciudades han adoptado monedas alternativas reguladas por el principio básico de intercambiar el valor del trabajo de productos o servicios como Tem de Volvos en Grecia, Sol-Violette de Toulouse en Francia o el Lewes Pounds de East Sussex en Inglaterra.

Otra tendencia derivada de la crisis económica europea fue el crecimiento de los sitios de internet para el intercambio o venta de productos nuevos y usados, intensificando el comercio electrónico C2C (cliente a cliente).

¿Será que la solución a un mundo económico pasa por la bancarización de la sociedad? El acceso al crédito es el mejor mecanismo para el desarrollo económico y social.

Muhammad Yunus, economista y premio nobel de la paz en 2006 por desarrollar un sistema de microcréditos a personas pobres en la India, hoy día se ha convertido en uno de los principales fondos internacionales de apoyo al emprendimiento de impacto impulsando *start-ups* como EatCloud. Para Yunus, «la pobreza no la crean las personas pobres, la crea el sistema que hemos construido. Si quieres arreglar la pobreza, debes cambiar el sistema que la creó».

En este sistema, la disparidad entre el valor de las monedas trae consigo diversos problemas globales. Las monedas de mayor valor dan a sus usuarios o a los habitantes de los países donde son usadas mayor poder adquisitivo, pero, al mismo tiempo, ponen en riesgo los puestos de trabajo de esos mismos habitantes al incentivar la deslocalización de las unidades productivas a los países de monedas de menor valor a fin de bajar costos de mano de obra o materias primas.

Hace unas décadas, Detroit era la ciudad de la producción de automóviles en los Estados Unidos. Hoy día es casi una ciudad fantasma que pasa por una fuerte crisis económica y social. El presidente Obama comentó que para él era difícil saber qué decir en relación con la industria. No sabía si motivar a los americanos a comprar un auto de una marca americana como GM, pero fabricado en México, que genera más de veinte mil empleos en México, o comprar un auto japonés de la Toyota, fabricado en EE. UU., que genera más de treinta y seis mil empleos en EE. UU. Esto hace que los ciudadanos americanos se cuestionen incluso quién se beneficia de las ayudas que el Gobierno de los Estados Unidos ha dado a su industria automotriz en las últimas tres décadas.

Las monedas surgen con la necesidad de equilibrar el cambio de bienes entre personas. Sin embargo, nos encontramos en una encrucijada. El sistema monetario internacional ha creado un desequilibrio entre las monedas de cada país que está colapsando la economía. Un 1 yuan renminbi chino equivale a 0.14 dólar americano; eso significa que si la moneda china valiera lo mismo que la norteamericana tendría siete veces más poder de compra.

En marzo de 2023, Bernard Arnault era la persona más rica del mundo, con una fortuna cercana a los 211 000 millones de dólares. Elon Musk ocupa el segundo lugar, con 180 000 millones de dólares. Por su parte, Jack Ma, con 25 600 millones de dólares, es el más rico de China. Si su fortuna valiera siete veces más, estaría al mismo nivel de riquezas que Elon Musk. Por otro lado, un asalariado chino es siete veces más pobre que un asalariado norteamericano.

Si una hora de trabajo en EE. UU. costara lo mismo que en México o una hora de trabajo de Alemania costara lo mismo que en Portugal, las empresas no tendrían motivos para trasladar su producción a otros países donde la mano de obra es más barata.

Pero no es solo la disparidad monetaria lo que crea este desequilibrio. La diferencia entre precio y valor de un producto crea también otra disparidad, productos para fines semejantes o servicios pueden tener enormes diferencias en sus precios. Un agricultor de manzanas solo tiene una cosecha por año, una manzana vale menos que un corte de cabello que se realiza en una hora. ¿Cuántas manzanas tendría que cultivar para ganar lo mismo que un peluquero por año? La oferta y la demanda que establecen los precios es un modelo socialmente imperfecto.

Cuando pensamos que la agricultura es de las actividades menos lucrativas a pesar de ser vital alimentarnos y diversos productos de los cuales podríamos prescindir para vivir son altamente lucrativos. Por tanto, es importante entender hasta dónde la regulación de precios por oferta y demanda está penalizando la sustentabilidad.

Esta misma oferta y demanda está penalizando el desarrollo sostenible, en cuanto son necesarios recursos para alcanzar las metas de los 17 ODS. Vemos NFT a ser vendidos por millones de USD. El futuro de la economía virtual trae consigo una serie de cuestionamientos tanto éticos como pragmáticos. La cuestión no es si el *blockchain* consigue transparentar y dar trazabilidad a las operaciones financieras; la cuestión es la volatilidad de los activos digitales como criptos o NFT.

Las tecnologías de la información han transformado el sistema financiero, el control de grandes cantidades de operaciones ha permitido dinamizar el mercado financiero. Hoy en día es posible realizar prácticamente cualquier tipo de operación financiera sin importar el lugar o momento en que la realicemos. La gente poco a poco ya no tiene que ir a los bancos, hoy desde la comodidad de tu casa u oficina haces la mayoría de tus operaciones bancarias.

Esta sencillez y seguridad con las que actualmente realizamos nuestras operaciones bancarias a distancia también se ha visto reflejada en las compras en línea. Las personas han ganado confianza en las operaciones vía *online*. Para las generaciones más jóvenes, es natural pensar en el comercio en línea y tramitar diversos servicios y productos. En el 2011, las compras en línea en Portugal solo tenían un valor de 680 millones de euros, en el 2013 este valor había aumentado a 2600 millones de euros.

Como parte de esta tendencia, han surgido varias monedas virtuales con el objetivo de facilitar las transacciones comerciales electrónicas, PayPal.

Pero ¿quién controla a los bancos de esta manera? Monedas como *bitcoin* han llegado a crear una alternativa sencilla y económica para realizar operaciones internacionales a bajo costo y de manera sencilla. Pero se ha cuestionado la legalidad de este tipo de monedas, porque estas monedas funcionan fuera del sistema financiero, ya que las monedas virtuales no están respaldadas por ninguna otra moneda y no necesitan pasar por los filtros financieros habituales de las monedas normales, situación que permite que las monedas virtuales escapen de la especulación del sistema financiero.

El Banco Espirito Santo en Portugal es solo uno de los muchos ejemplos de la pérdida de credibilidad que la banca está creando. Tras la desaparición en 2014 de por lo menos 2000 millones de euros, de los cuales 600 millones a manos de Alvaro Sobrinho, banquero gestor del BES en Angola, quien en 2013 fundó su propio banco, Banco Valor, del cual ya no es CEO, pero mantiene el control accionario, nos hace cuestionarnos la confianza que las instituciones bancarias llegaron a representar. Credit Suisse,

Deutsche Bank, Bankia, HSBC, Barclays son solo algunos de los bancos que se han visto envueltos en escándalos recientes.

El presidente ecuatoriano Rafael Correa en su momento manifestó su oposición al uso del dólar como moneda oficial en su país. Al anunciar la creación de una moneda virtual o digital, con el apoyo de su Gobierno, aunque no pretende reemplazar al dólar, la idea puede despertar el interés de otros países de la región, llevándola a otro nivel.

Ecuador enfrenta un déficit que no puede controlar y, al igual que países como Portugal, no puede definir sus políticas económicas monetarias, ya que no tiene su propia moneda.

Pero ¿cuáles son las implicaciones de que un país como Ecuador adopte una moneda virtual? Retomando algunos puntos de este artículo, esto implicaría el surgimiento de la primera moneda oficial de un país para operar fuera del sistema financiero, como ocurre con *bitcoins*. Esto permitiría estar fuera del alcance de la especulación financiera y podría destruir el sistema bancario local, ya que solo requiere un sistema virtual para su funcionamiento.

En teoría, permitiría potenciar el comercio local y C2C, pero tendría que afrontar dos grandes retos. Por un lado, el intercambio económico y comercial internacional y si consigue el apoyo de otros países de su entorno, como Argentina, Venezuela, Bolivia, podría sortear la situación y hasta podría devolver fuerza o el proyecto de Chaves para la unificación de esa región.

Si logré que leyera hasta aquí, pido disculpas por la mezcla de temas tratados, pero todo esto era necesario para enmarcar el dilema que quería compartir con ustedes de complejidad económica en que vivimos. Claro que las cosas no son tan simples ni lineales como aquí las planteo, pero centrémonos en el concepto.

Como en otras revoluciones, diversos actores están impulsando soluciones más o menos tecnológicas. La *start-up* Fairplay busca llevar a la banca mayor equidad, reduciendo el sesgo algoritmo de la IA para la aprobación de préstamos para llegar a grupos desatendidos.

Cycle Connect comenzó a operar en 2014 como un negocio de bicicletas de arrendamiento con opción a compra dirigido a pequeños agricultores rurales en el norte de Uganda. Después de tres años, su modelo resultó exitoso y en 2018 Cycle Connect decidió aplicar el mismo modelo a activos más productivos. El negocio conecta a los pequeños agricultores rurales con las herramientas necesarias para salir de la pobreza a través de ciclos de préstamo de activos productivos que han demostrado aumentar los ingresos.

Isabelle Delannoy es cofundadora de L'entreprise symbiotique, dedicada a acelerar la economía regenerativa a través de la formación, la investigación-acción y el desarrollo de herramientas y comunicación adaptadas a la regeneración ecológica, económica y social. Basada en la teoría simbiótica, busca demostrar que los modelos técnicos, productivos, económicos, sociales y de vida capaces de regenerar sus recursos funcionan sistemáticamente según seis principios comunes. Aplicados a los tres campos económicos —producción, consumo y gobernanza— y tres esferas de recursos —vivas, sociales, técnicas—, son suficientes para describir y construir una economía regenerativa.

Donut Economics es una visión para que la humanidad consiga prosperar en el siglo XXI. Explora la mentalidad y las formas de pensar necesarias para llevarnos allí. Publicado por primera vez en 2012 por Kate Raworth, el concepto de Donut rápidamente ganó fuerza a nivel internacional, desde el papa y la Asamblea General de la ONU hasta Extinction Rebellion.

Adoptado por las ciudades como Ámsterdam, el modelo de economía Donut pasó de una teoría a un instituto que ayuda a diversas organizaciones a implementar este modelo. Hoy día se ha transformado en un movimiento.

Mariana Mazzucato, inspirándose en las misiones del programa lunar, propone que se aplique ese mismo nivel de innovación a una serie de objetivos sociales, económicos y políticos clave con el fin de salir de nuestro estancamiento rumbo a un futuro más optimista. Sus ideas se están adoptando en diversas partes del mundo.

La revolución económica es compleja, tiene varias propuestas, pero es compleja su transformación, sin que eso sea una limitante, ya que se está generando un cambio, con más preguntas que respuestas.

La revolución
de la ética
(ethic revolution)

Bryan Johnson, el fundador de Kernel, y Elon Musk, con su empresa Neuralink, tienen como objetivo desarrollar tecnología que permita aumentar las capacidades del cerebro de las personas. La gran pregunta es ¿para qué? Cuando existe un algoritmo que se esfuerza por mostrar la información que él determina es relevante para mí, ¿dónde está el límite de mi libertad de elección? Cuando un auto autónomo tiene que tomar una decisión entre poner en riesgo la vida de un ocupante para evitar la muerte de cinco peatones, ¿cómo se define la decisión que debe tomar? Cuando la inteligencia artificial toma una decisión, ¿quién asegura que esta decisión sea ética?

La ética se entiende como las costumbres y normas que dirigen o valoran el comportamiento humano en una comunidad, pero cuando tenemos que extender la ética más allá de lo humano, ¿cómo encontramos el consenso entre el bien y el mal, entre lo correcto y lo incorrecto, entre la libertad y los límites?

Es difícil afirmar que en los últimos quinientos años la humanidad ha tomado las mejores decisiones. Es incluso imposible afirmar que ha tomado las mejores decisiones en los últimos cincuenta o cinco años, donde hemos acentuado el cambio climático, la degradación del suelo arable, la crisis alimentaria, el distanciamiento social, etc. ¿Podemos confiar en nuestra capacidad de tomar decisiones para definir la ética que debe regir a la inteligencia artificial?

La solicitud de patente de Newman Stuart para la creación de quimeras —híbridos entre humanos y animales— fue denegada en argumentando conflictos éticos y morales.

Pero ¿qué pasará con las patentes que estén relacionadas con el aumento de capacidades del cerebro humano? Al final, ¿cuáles son los límites éticos o morales que esta tecnología ultrapasa? Si incrementar biológicamente las capacidades humanas a través de la creación de quimeras supera esos límites, incrementarse a través de la electrónica también lo hace y, sin embargo, diversas empresas trabajan en ello de forma pública sin que esto sea cuestionado.

La utilización de chips para aumentar las capacidades del cerebro humano de Neuralink, Blackrock Neurotech, Mirai, Kernel y Synchron; la multiplicación artificial de células madre para fabricar carne de laboratorio de Meatable; la destrucción de miles de kilómetros submarinos de la ClarionCliperton Zone para la extracción de nódulos polimetálicos de la The Metals Company; la modificación de moléculas para la creación de la eritropoyetina del medicamento Epogen, producida por Amgen; el maíz genéticamente modificado de Bayer-Monzanto... Estamos jugando con la naturaleza transformando nuestra comida, nuestros medicamentos, nuestro cuerpo y la propia naturaleza sin una idea muy clara de las repercusiones. Esto implica más riesgos para las personas que la inteligencia artificial o el ChatGPT4 que tanta polémica ha creado.

Sin embargo, no está ni en las responsabilidades ni en las capacidades de las entidades reguladoras de la propiedad intelectual determinar la dirección del avance de la tecnología, pero si no está en ellas, entonces, ¿en quién radica esa responsabilidad? ¿Será que podemos dejar esa decisión al mercado?, ¿qué pasará cuando nuestras capacidades estén definidas por el tipo de chip al que podemos acceder o tenemos capacidad de adquirir, como mantener la equidad entre personas, organizaciones, comunidades, países? ¿Esta no debería ser una preocupación ética?

Es un hecho que la ciencia y la tecnología avanzan mucho más rápido que nuestra capacidad como sociedad o de las instituciones responsables de la legislación para normar la dirección en que la tecnología pueda o no avanzar. Las directrices que los Gobiernos intentan dar a la ciencia y la tecnología no marcan una frontera al desarrollo tecnológico.

En la mayor parte de los países, el Poder Legislativo está separado del Judicial. Es decir, es una entidad la que promulga las leyes y otra la que se encarga de velar porque se cumplan. Pero existe una incapacidad de acompañar legislativamente la velocidad del desarrollo tecnológico, queda en duda si existe de igual forma la capacidad judicial de vigilarla, aunque desfasada la legislación existente. En dado caso podrán existir algunas demandas de daños ocasionados por tecnologías existentes, en muchos casos a las empresas que las comercializan o que impactan negativamente, pero esto no es suficiente para orientar el desarrollo tecnológico.

Por ello cada vez es más frecuente que las personas terminen por aceptar contratos que ni siquiera revisan donde las empresas de tecnología se eximen y liberan de cualquier posible demanda sobre los daños ocasionados a sus usuarios.

La mayor parte de las personas saben que las empresas que brindan servicios tecnológicos gratuitos se soportan financieramente con la venta de los datos que recolectan de sus usuarios, pero no es suficiente. ¿Dónde está el límite ético definido para estas empresas? ¿Será que al aceptar consciente o inconscientemente que estas empresas sean dueñas de nuestros datos no existe un límite ético para su uso?

Si los límites éticos se rigen por la definición de bien y mal, esto queda sujeto a la cultura, siendo que esta última es diversa a nivel global. De hecho, temas como la homosexualidad, la violencia de género, el aborto, la clonación han sido y son controversias, además de abordados de forma muy diferente de país a país por el marco cultural que prevalece y acentuado en muchos casos por la religión mayoritaria de cada territorio.

Pero existen otros temas transversales que revelan una enorme brecha en la sociedad. De la misma forma que la riqueza del mundo se encuentra concentrada en una minoría, el conocimiento, la tecnología, la representatividad o la justicia son temas que se encuentran reservados para una minoría generando una brecha ética.

Cuando la sociedad pasó del proletariado al cognitariado, acentuamos la brecha social. Hace unos años entendíamos el acceso al conocimiento como una vía para el escalamiento social a través del acceso al empleo mejor remunerado. Sin embargo, en un contexto donde la tecnología está siendo integrada en todos los aspectos de la vida cotidiana, esto ha dado como resultado la llamada brecha digital. La tecnología evolucionó a tal velocidad que no fuimos capaces de integrar en toda la sociedad en sincronía con su evolución.

Según el McKinsey Global Institute, se calcula que más de un 10% de los empleos podrán ser sustituidos por la IA y que podrían desaparecer un tercio de las tareas de un 60% de los empleos. Es decir, la inteligencia artificial alterará el contexto para el 70% de los empleados. Si el empleo es la base de sustento de la población y de ese sustento depende el equilibrio del modelo económico en el que vivimos mayoritariamente, aquí la ética juega un papel fundamental para definir el impacto que estamos generando en la sociedad con nuestras decisiones tecnológicas.

Miles de artistas han creado un movimiento para rebelarse en contra de la aplicación de la IA en el arte. Stable Diffusion y Midjourney han despertado controversia en las plataformas donde los artistas comercializan sus trabajos, como ArtStation o Getty Images. El propio Elon Musk lidera un movimiento que ha detonado una reflexión social acerca de los riesgos de la IA con su carta colectiva.

La Revolución Industrial consumió casi un siglo para llevar las nuevas tecnologías a todos los ámbitos de la sociedad en los países desarrollados. De 1780 a 1914 fue un periodo de grandes transformaciones sociales, como el nacimiento del proletariado y el surgimiento de la burguesía. Esta nueva división social dio pie al desarrollo de problemas sociales y laborales, protestas populares y nuevas ideologías que propugnaban y demandaban una mejora de las condiciones de vida de las clases más desfavorecidas por la vía del sindicalismo, el socialismo, el anarquismo o el comunismo.

En un momento en que la tecnología no solo nos ayuda, sino que comienza a reemplazarnos, ¿cómo enfrenta y enmarca el derecho del trabajo esta realidad? ¿Puede la ley protegerte si eres el próximo trabajador en ser reemplazado por «tecnología inteligente»?

Es previsible que la velocidad a la que la tecnología se desarrolla hoy día abrupte sus consecuencias. Hoy nuevas ideologías como el ambientalismo, el aceleracionismo, el desaceleracionismo, el colapsismo son propuestas y nuevas ideologías que promulgan y demandan una nueva postura ante el desarrollo y la tecnología que nos están encaminando hacia un colapso del equilibrio necesario para sustentar nuestra existencia en este planeta. Ya no se trata únicamente de luchar por las clases más desfavorecidas; se trata de luchar por las condiciones de vida de la humanidad en su conjunto.

La actividad científica y tecnológica tiene que asumir un compromiso ético diferente al que ha primado hasta hoy. No se trata de buscar una censura; se trata de buscar una dirección a la resolución de los problemas más relevantes de la sociedad y el planeta. No se trata de frenar nuestra capacidad de generar nuevo conocimiento o tecnología; se trata de entender que hemos acentuado las consecuencias del efecto mariposa. A cada avance tecnológico que conseguimos, sus repercusiones son más tangibles en la vida de las personas a nivel global y es un hecho que esas consecuencias no están siendo lo suficientemente positivas una vez que estamos muy lejos de cumplir con los compromisos de la Agenda 2030.

La Unesco en 1998 creó la Comisión Mundial de Ética del Conocimiento Científico y la Tecnología (COMEST), que interviene como órgano consultivo y foro de reflexión para asesorar a la organización sobre su programa relativo a la ética del conocimiento científico y la tecnología. Este foro intelectual para el intercambio de ideas y experiencias busca identificar los primeros indicios de situaciones de riesgo. Pretende ser un asesor de los tomadores de decisiones y promover el diálogo entre las comunidades científicas, los tomadores de decisiones y el público en general.

A pesar de los esfuerzos que la ONU ha realizado en los últimos años para establecer un objetivo para la humanidad, el nivel de compromiso y las capacidades varían de país para país y lo que en este ámbito sucede me parece distante de la realidad palpable. En noviembre de 2021, los ciento noventa y tres Estados miembros de la Conferencia General de la Unesco adoptaron la recomendación sobre la ética de la inteligencia artificial del COMEST, a pesar de que la comisión reconoce el potencial del impacto positivo de la IA, las recomendaciones evidencian lo extenso que son los riesgos de ultrapasar el límite ético. En los más de ciento cincuenta parágrafos, hace una muy completa evaluación de diversos aspectos a cuidar. Aún hay que aguardar a que estas recomendaciones sean legisladas por entidades responsables en cada país, lo cual puede ser demasiado lento.

Para muchos de los que trabajan en el desarrollo de la inteligencia artificial su objetivo es alcanzar un algoritmo que supere las capacidades humanas para la construcción de una sociedad perfecta y ética. La cuestión es, si la tecnología es desarrollada por personas, el problema no está en la tecnología que resulte, está en las intenciones, cultura, valores y ética que tienen las personas por detrás de su creación y desarrollo.

Anteriormente, la COMEST también se pronunció en temas como el COVID-19 al inicio de la pandemia, a través de su comité específico de biotecnología, hizo recomendaciones para la colaboración y la apertura del conocimiento en relación con las vacunas para garantizar la llegada a toda la población. Esas recomendaciones fueron relevantes, pero no trascendieron. Al final el interés empresarial primó.

¿Hasta dónde el COMEST es suficientemente influyente para asegurar la ética mundial de la ciencia y la tecnología? ¿Y cuáles son los mecanismos y responsabilidades de otros actores para garantizar la ética en este campo si las recomendaciones en temas de IA, por ejemplo, se legislan en los ciento noventa y tres países que las adoptaron?

En el modelo de libre mercado se asume que el consumidor actúa como regulador, ¿será que estamos consumiendo de forma consciente la tecnología?, ¿sabemos para dónde estamos orientando la tecnología con nuestras decisiones de compra?

Un estudio de BCG nos indica que el 80 % de los consumidores están preocupados con la sustentabilidad, pero solo el 7 % paga por productos más sostenibles. Las personas se preocupan más con lo que compran. Está surgiendo un consumismo más consciente o ético que considera el medioambiente, el bienestar animal, los derechos humanos y la justicia social de los productos que elige.

El internet cambió las reglas del juego. Las corporaciones y las marcas están cada vez más expuestas a sus comportamientos y elecciones y promesas, se les exige ética, ya que son confrontados diariamente a través de la opinión que sus clientes o usuarios emiten sobre ellas.

Las *start-ups* están cambiando las reglas del juego con un mayor compromiso ético, introduciendo innovaciones que buscan de forma responsable brindar soluciones con nuevos estándares; apostando a la transparencia de materiales, ingredientes, procesos productivos, impacto social, ambiental; la relación con trabajadores, clientes, proveedores, comunidad y el medioambiente.

Según estimaciones, los residuos de la industria textil son responsables del 20 % de la contaminación. La marca finlandesa Rens ha creado un calzado deportivo utilizando botellas de plástico y residuos de café para fabricar un hilo con el que elabora su calzado. La reacción de las grandes empresas como Nike ha sido lanzar una serie de productos y materiales denominados sustentables, pero manteniendo una oferta de productos que no lo son. Los consumidores deben ser cautelosos y exigentes para tomar las mejores decisiones de compra.

La industria de la higiene utiliza diversas sustancias cuyos efectos a la salud son desconocidos por los consumidores. La marca ecuatoriana de pasta de dientes Atuk —una empresa que conjugó prácticas ancestrales para crear productos de higiene oral naturales, saludables, amigables con el medioambiente y libres de componentes nocivos para la salud, como los derivados del benceno y parabenos, triclosán, flúor, laurilsulfato, preservantes artificiales, conservantes, colorantes artificiales y aromas artificiales presentes en los productos de higiene oral convencionales— pretende competir con las grandes empresas como Colgate, quien consciente de ello adquirió en el 2006 a Tom's of Maine y en 2020 a Hello Products para ofrecer productos naturales que compiten con sus propios productos.

El impacto económico, social y ecológico en las comunidades agrícolas que soportan las grandes industrias del sector de alimentos es solo la punta del iceberg de un sector que genera 2500 millones de toneladas de alimentos desperdiciados, mientras 900 millones de personas viven en carencia alimentaria. Empresas como la colombiana Moxe Food o la ecuatoriana Pacari buscan llevar un producto de calidad con impacto social positivo. Las grandes empresas de chocolate luchan contra legislaciones, como la recientemente implementada en México, que les obligó a retirar la palabra «chocolate» de sus embalajes y sustituir por la leyenda «sabor a chocolate» en aquellos productos que no contienen realmente chocolate o tienen un porcentaje muy bajo de chocolate en sus ingredientes, que en vez de chocolate utilizan grasas vegetales y saborizantes.

La movilidad es uno de los grandes desafíos de la actualidad. Las críticas de la sustentabilidad de la electrificación de la movilidad se suman a la pérdida de confianza en la transparencia del sector con relación a la información de impacto que presentan de sus productos. El escándalo del Dieselgate involucró a las marcas pertenecientes al Grupo Volkswagen en un escándalo relacionado con las emisiones contaminantes de 11 millones de vehículos fabricados entre 2009 y 2015. El Grupo VW fue sancionado con multas de casi 20 000 millones de dólares y la penalización de algunos de sus ejecutivos.

Las redes sociales se escudan en la idea de que ellas no son responsables del contenido que sus usuarios hacen de las plataformas, no en tanto la venta de información o el acceso de los datos personales es un desafío no solo para las redes sociales, sino para todas las empresas que hoy día buscan obtener datos de sus usuarios. Facebook acordó resolver la demanda colectiva presentada a raíz del escándalo de Cambridge Analytica. La sanción es de 725 millones de dólares para los usuarios que afirman que la plataforma de redes sociales permitió que terceros accedieran a sus datos sin su consentimiento. Que se suman a las multas antes establecidas en EE. UU. y Reino Unido.

Movimientos como B Corp o Empresability están transformando la economía. Buscan establecer un modelo de empresa consciente, sostenible, responsable y regenerativa que actúe con ética social y ambiental, transparencia pública y responsabilidad legal. Para crear una sociedad más justa, equitativa y con mejores niveles de bienestar.

El concepto de las inversiones éticas no es algo nuevo. Nació en los Estados Unidos con los movimientos estudiantiles por la paz de Vietnam y la no inversión en empresas militares. Así surgió el interés por las inversiones éticas en su momento por empresas que no contribuyen con la guerra, hoy día con las que no impactan social o ecológicamente.

Unos años después, surge el Dow Jones Sustainability Index, el primer índice global que introduce criterios de sostenibilidad, y el PRI, una iniciativa de inversionistas en asociación con UNEP Finance Initiative y UN Global Compact, que buscan implementar los seis principios de inversión responsable de la ONU, basados en premisas para tener en cuenta los efectos de la sostenibilidad.

La respuesta de los grandes corporativos se llama indicadores ESG. Los criterios ESG abarcan el factor ambiental (E), para tomar decisiones en función de cómo afectan las actividades de las empresas en el medioambiente; el factor social (S), para tener en cuenta la repercusión que tienen en la comunidad las actividades desempeñadas por la compañía, por ejemplo, en términos de diversidad, derechos humanos o cuidados sanitarios; y el factor de Gobierno (G), que estudia el impacto que tienen los propios accionistas y la Administración y se basa en cuestiones como la estructura de los consejos de administración, los derechos de los accionistas o la transparencia, entre otros.

La verdadera prueba habrá que buscarla en la transparencia. Las empresas ahora abusan del *marketing* comunicando como responsables, sustentables, reciclables sus productos, empaques, procesos productivos a los consumidores; pero se requiere de ética en el uso de estos calificativos. En ocasiones, dichas afirmaciones no son del todo como se comunican.

Los consumidores son engañados a través de publicidad, etiquetas, colores, marcas o supuestas certificaciones que llevan a la confusión o engaño para crear la percepción de que las empresas preservan el medioambiente, el llamado *greenwashing*. La cuestión es que la ética no es lo mismo que la justicia y las empresas que realizan estas prácticas no son punidas.

Las organizaciones intentan pasar un mensaje de comportamiento ético. Sin embargo, termina siempre la responsabilidad en la sociedad por validar o aceptar comportamientos menos éticos. A pesar del escándalo del Dieselgate, el Grupo Volkswagen vendió 8.26 millones de vehículos en el 2022, Nike mantiene el 90% de sus productos fuera del concepto sustentable, las personas compran pastas de dientes Tom's of Maine y Hello, sin saber que ahora son Colgate-Palmolive, y que Facebook es la mayor red social con 2960 millones de usuarios. No es una cuestión de definir si lo que estas corporaciones hacen está errado.

La honestidad y la transparencia se han convertido en un objetivo, aquí incluso los productos o soluciones que no requieren de tecnología ganan terreno. Las personas están regresando al consumo de los productos artesanales, biológicos, ecológicos, responsables, locales y ancestrales.

En el documento *Inside Bills Braind*, se le pregunta a Bill Gates por qué quiere resolver todo con tecnología y su respuesta es: «Porque soy bueno desarrollando tecnología». En la actualidad, Bill está enfocado en encontrar soluciones tecnológicas a la energía, el cambio climático y la erradicación de enfermedades.

Utilizar la tecnología para solucionar grandes problemas de la humanidad no hace necesariamente de ello algo bueno, si para conseguir que esa tecnología genere un bienestar global se requieren millones de insumos materiales y de energía, generando millones de residuos. Eso no es algo bueno, es hacer algo malo que parece algo bueno.

La revolución ética hoy día tiene el desafío de la complejidad, en un mundo que se aproxima rápidamente a los diez millones de habitantes, un mundo que consume más de lo que el planeta es capaz de producir, la complejidad es inherente a cualquier acción o actividad humana.

¿Será que el mundo requiere de una revolución ética que construya los mecanismos y organizaciones para garantizar su aplicación?, ¿o será que la ética es en sí un fin utópico cercado de particularidades individuales?

The Next
Big Revolution

Un agricultor cosecha fresa Irapuato (México) a 3297 kilómetros de la planta en Wisconsin que produce sesenta litros de leche
diarios por vaca a través de estimulación hormonal para utilizarla
en la elaboración de un yogur de fresa que comprará una mujer en
Chicago a su hija que viste unas zapatillas nuevas de una empresa
alemana que fabrica sus tenis en Camboya, donde una joven cos-
turera emigrante de las Filipinas ha escapado de la precariedad
de los campos de fresa derivada de los altos costos de los precios
de transporte marítimo de la empresa marítima comprada por el
corporativo chino que da mejores precios a la industria de la fresa
en China, que se ha convertido en la mayor del mundo y benefi-
ciando a otras industrias chinas que han aprovechado la crisis de
los chips electrónicos para llevar industrias chinas como la automotriz a México, donde cuatro marcas han duplicado sus ventas
aprovechando que la industria automotriz del mundo no tiene
chips. Eso ha dado a los agricultores de fresa mexicanos autos a
menor precio y menor tiempo de entrega que podrán comprar
con la venta de sus fresas a EE.UU.

Al contrario de lo que pensamos, la globalización ya no es solo la posibilidad del libre tránsito de mercancías por el mundo. La globalización se ha convertido en el resultado de las decisiones que tomamos todos los días que terminan por impactar a todo el planeta. En diversas partes del mundo, las personas están tomando conciencia de la relevancia de sus decisiones y están buscando un cambio.

En el centro de los grandes cambios que podemos anticipar en la sociedad, está la gran pregunta sobre el papel que las personas tienen de cara a los conflictos geopolíticos, los nuevos paradigmas morales y éticos, las grandes necesidades básicas aún sin colmatar, la escasez de los recursos energéticos y naturales.

Así como el papel que la tecnología está jugando en la definición de las propias personas y su futuro de cara a la automatización, la inteligencia artificial, la robotización y la hibridación humano-máquina. Estos y muchos otros aspectos están movilizando personas, grupos, localidades, regiones y países donde surgen nuevas propuestas y soluciones a estos y otros nuevos desafíos.

Al contrario de lo que sería más fácil de pensar, la próxima gran revolución no será tecnológica. En el centro de la próxima gran revolución está la humanidad. La velocidad con que el mundo está cambiando de la mano de la tecnología está creando una reflexión sobre el futuro de la humanidad, tanto en lo colectivo como en lo individual.

Las personas se están redefiniendo. Están buscando en su interior un nuevo camino, un propósito, una comprensión de la conciencia, la espiritualidad y la sabiduría emocional.

El acceso a la información ha permitido a miles de personas conocer y comprender cómo otras personas en otros países, regiones, ciudades o comunidades están redefiniendo y repensando el papel que las personas juegan en la construcción de un escenario futuro.

Esta reflexión que miles de personas por todo el mundo están haciendo abarca todos los aspectos de nuestra vida. Las personas cuestionan, analizan, proponen e implementan nuevas soluciones y modelos que están cambiando la alimentación, la agricultura, la educación, el dinero, la movilidad, la política, el urbanismo, etc.

Los desafíos tecnológicos, la sobrepoblación, la pérdida de credibilidad en las instituciones están llevando a las personas a cuestionar los modelos económicos, sociales, políticos y tecnológicos.

Con mayor o menor complejidad, con mayor o menor intervención tecnológica, las personas están redefiniendo los modelos que entienden que ya no cumplen con sus expectativas o que no acompañan la evolución de la humanidad.

Este libro no pretende señalar o proponer líneas orientadoras para el futuro. Pretende simplemente exponer algunas preguntas que están dispersas y cambiando al mundo en diversos ámbitos, mostrando cómo diversas personas y comunidades están dando respuesta a estas preguntas en sus localidades.

Creo que es utópico pensar que en esta revolución habrá un despertar de conciencias en el corto plazo, que nos convertirá en una sociedad equilibrada y distributiva de los recursos existentes en equilibrio con las capacidades del planeta para satisfacer nuestras necesidades, pero, sin duda, este es el camino por el que debemos optar. No importa cuánto tiempo nos lleve llegar a ese escenario.

El futuro es incierto, pero estos brotes de iniciativas que buscan moldear nuevas alternativas nos generan una idea de por dónde podemos tomar alguna dirección. Nos demuestra que tenemos alternativas y, lo más importante, nos alientan a buscar nuevos mecanismos de solución para aquellas situaciones que nos incomodan o indignan y nos conducen a encarar nuestro propósito.

Las metodologías que en este libro comparto nacieron en el modelo en que vivimos actualmente. En cuanto este modelo económico, social y político no cambie, ellas son válidas y útiles para desde el marco existente construir alternativas. Si en determinado momento esta revolución nos lleva a un cambio en el modelo, quizás pierdan su utilidad. Hasta que eso no suceda, confío en que puedan ayudarte a tomar una postura proactiva en la construcción de soluciones que hagan de este un mejor mundo.

Es urgente desarrollar un debate global sobre los objetivos de la ciencia y la tecnología. Cuando Einstein desarrolló la teoría de la energía, nunca lo hizo con el propósito de abrir la caja de Pandora de donde surgiera la bomba nuclear, de la comprensión del comportamiento de la energía podría asegurar la autonomía de la humanidad e impulsar el desarrollo social y económico.

Sin embargo, semejante a lo que sucede en el análisis económico clásico, las personas tienden a comportarse de forma muy distinta a la lógica económica. En los avances científicos, su aplicación en muchas ocasiones se distancia del propósito original, a veces positivamente, en muchas otras negativamente.

La gran pregunta es ¿adónde queremos que nos lleve la tecnología? Será que aún podemos tomar control sobre el rumbo que debe tomar o esta desintegración como sociedad no nos permite llegar a un consenso o un objetivo para ser nosotros como sociedad que llevemos a la tecnología a donde realmente la necesitamos.

En 1997, Newman Stuart, con la finalidad de desarrollar nuevas terapias y curas para diversas enfermedades, solicitó la patente de quimeras humanas, es decir, la hibridación entre humanos y otros tipos de animales. Las intenciones del bienestar humano reflejadas en las investigaciones de Newman Stuart llevan la tecnología de la mutación de humanos a un límite impredecible, incluso hoy desconocido para la mayoría de las personas.

La generación de ovocitos funcionales a partir de ratones macho *in vitro*, de Katsuhiko Hayashi, del laboratorio de la Universidad de Osaka. Katsuhiko ha convertido células de un ratón macho en óvulos que fecundó con el esperma y de los cuales obtuvo embriones que nacieron en septiembre de 2021. Es decir, consiguió la reproducción de mamíferos sin necesidad biológica de una madre.

Chips que pueden ser aplicados en el cerebro humano, quimeras que pueden incorporar órganos de otros animales en humanos, óvulos biotecnológicos que permiten la partenogénesis masculina, es decir, reproducción asexual sin hembra.

Inteligencia artificial que aprende, siente y puede sustituir a los humanos en diversas actividades. Estos avances científicos son un desafío a la ética de su futura aplicación. La cuestión más importante es que estos son solo cuatro ejemplos de tecnologías que se suman a miles de investigaciones en laboratorios por todo el mundo donde estamos jugando con los límites de la ética.

La propiedad intelectual es una ventana a la tecnología. Los avances científicos están disponibles para todos. Es posible acceder a todo el conocimiento tecnológico del mundo que se encuentra documentado a través de las patentes, identificar los límites éticos por los cuales estamos llevando la tecnología e identificar cuáles son las tecnologías en las que estamos concentrando la inversión.

Como sociedad requerimos eliminar aquellas tecnologías que impactan negativamente nuestro contexto, gobernar aquellas que desafían los límites éticos y apropiarnos de aquellas que conseguirán impulsar una revolución de alto impacto en la agenda de desarrollo mundial.

No hay duda de que en diversos ámbitos las personas reclaman una revolución e incluso en algunos ámbitos esa revolución se está construyendo de una forma orgánica, donde de forma colectiva y sin aparente liderazgo los individuos han sentido la libertad de reclamar un nuevo modelo.

El desarrollo del ciclo tecnológico está llevando a un extremo la sociedad, en donde la deshumanización está construyendo un escenario que obliga a una reflexión sobre la definición de lo que es humanamente correcto. Las personas se cuestionan si es necesario retornar a un modelo paleolítico, pero en una era donde el acceso a internet se reclama como un derecho universal es muy difícil consensuar cuál es el modelo de humanidad que queremos construir.

Las plataformas electrónicas que nos permiten contactar con millones de personas en el mundo, conocidas como redes sociales, WhatsApp, Facebook, Messenger, Instagram, TikTok, Twitter han buscado jugar un papel neutro dentro de la sociedad, estableciéndose como un canal de contenidos y comunicaciones, pero sin responsabilidad por lo que en ellas se publica.

Hoy se busca una responsabilidad social en la gestión de estas plataformas, pero sería, por tanto, injusto considerarlas fútiles. Finalmente, el poder de comunicación que tienen es aprovechado de forma positiva o negativa en la medida en que los usuarios encauzan su aprovechamiento para solucionar o no temas relevantes de la sociedad.Sin duda, han jugado un papel fundamental en la revolución de la primavera en los países del norte de África, pero también han jugado un papel cuestionable en las elecciones de 2014 en los Estados Unidos, solo por citar un par de casos, donde a pesar de su neutralidad jugaron un papel relevante.

Sin importar cuál sea la base de la tecnología, ya sea informática, biotecnológica, química, mecánica u otras, todas ellas son como las redes sociales, es fácil deslindarse de responsabilidad sobre su uso y aplicación. Quien es más responsable, quien establece el primer punto de partida teórico, quien la desarrolla hasta crearla en un laboratorio, quien la saca del laboratorio para aplicarla a una tecnología, quien comercializa esa tecnología, quien la insiere en la sociedad, quien elige si usa esa tecnología de forma positiva o negativa.

En muchas de las revoluciones que se suceden por todas partes, han sido un motor. Aunque vivimos en esta lucha entre el distanciamiento tecnológico, es verdad que la velocidad y facilidad con que hoy nos comunicamos contiene un enorme potencial.

El resultado final es que no hemos conseguido sacar el mayor provecho de la posibilidad de conectar a todo el mundo para trabajar en beneficio de un bien común. Al final, son solo herramientas y el cómo las utilizamos depende de nosotros. Necesitamos tomar un rumbo diferente para no convertirnos en herramientas de la inteligencia de la tecnología.

En determinados países, el contexto legal que se ha establecido para las redes sociales las obliga a evitar cualquier tipo de intervención que las aproxime a lo que podría ser considerado censura o línea editorial. De otra forma, pasarían a ser considerados en medio de comunicación y podrían ser directamente responsables del contenido que en ellas se publica.

Si las redes sociales son un medio, los problemas que de ellas se derivan son solo un reflejo de la sociedad, al igual que los desafíos que ahora nos amenazan con la IA, que se moldea a través del entrenamiento que como sociedad le demos. Si al final toma decisiones sesgadas o que nos afectan como sociedad, deberemos tener claro quién está por detrás de las decisiones de un algoritmo, el que programa o la sociedad que moldea su aprendizaje.

Las redes sociales se definieron jurídicamente como una herramienta, como se define jurídicamente la IA, quien asume la responsabilidad es también una herramienta. Cuando OpenAI afirma que es incluso más inteligente que los humanos, no la convierte en un actor. Si bien las decisiones no son tomadas por sus creadores, ¿no les corresponde a estos la responsabilidad jurídica de lo que pueda acontecer con su aplicación?

No podemos dejar que todas las tecnologías queden simplemente libres, lanzadas a la sociedad como si ella realmente tuviera la capacidad de elegir lo mejor. Somos la generación que al día de hoy ha conseguido los mayores avances tecnológicos en el menor tiempo, pero también las mayores brechas en la sociedad.

Seguramente en el futuro seremos más rápidos y llegaremos más lejos en el desarrollo tecnológico. El problema está en tener claro adónde llegaremos, cuál es el escenario lejano al que nos estamos encaminando y cuáles sus repercusiones y costo. Necesitamos saber si realmente queremos ir a ese escenario futuro, necesitamos tomar el control para conducirnos a donde necesitamos estar.

No somos una sociedad homogénea y que aquellos que somos privilegiados en tener educación, alimento, salud, acceso a tecnología, energía, agua potable, habitación tenemos una mayor responsabilidad en cada decisión que tomamos, en la forma como utilizamos nuestros privilegios, en el camino que decidimos para la tecnología, la inversión, el consumo y en el cierre de las brechas de aprendizaje, alimentación, salud, tecnológica y todas las brechas que estamos generando.

«Dime de quién te rodeas y te diré si alcanzarás tus metas», «Te conviertes en las personas en las que inviertes tu tiempo», «Dime con quién andas y te diré quién eres», «Un hombre se define por sus amistades», «Las personas en las que inviertes tu tiempo en el presente definen tu futuro». Seguramente alguna vez escuchaste o leíste alguna de las frases anteriores; ellas son una reflexión sobre la importancia de nuestras decisiones. Las decisiones que tomamos hoy nos definen, es decir, son el reflejo de lo que pensamos, sentimos y hacemos.

«Dime cuáles son tus mayores empresas y te diré qué sociedad eres». Lo que consumimos, hacemos, pensamos y sentimos colectivamente nos define como sociedad. ¿Cuáles son las mayores empresas del mundo y cómo eso habla de nosotros como sociedad?

Primera: Aramco, la mayor empresa del mundo es una petrolera, nuestra vida está rodeada de hidrocarburos y derivados de la petroquímica. Desde los plásticos que hoy representan el mayor material utilizado en el mundo a los combustibles, que son su principal aplicación. Aramco también encabeza la lista de las empresas que más contribuyen con las emisiones de CO_2 en el planeta.

Apple, Microsoft, Alphabet Inc. son la segunda, tercera y cuarta mayor empresa del mundo. Han transformado nuestra vida, la tecnología ha impulsado el desarrollo en las últimas cinco décadas de forma exponencial, hasta un punto donde la tecnología hoy día representa algunos de los más importantes desafíos para la sociedad, como el uso de los datos personales o nuevos lenguajes de código generado por inteligencia artificial.

Amazon es la quinta empresa más grande del mundo; es la mayor empresa de comercio de la actualidad, nos permite acceder desde cualquier parte del mundo a millones de productos que serán entregados en casa en un clic.

Hoy como sociedad somos el reflejo de estas empresas en las que invertimos la mayor parte de sus recursos. Sin duda somos una sociedad carbonodependiente, tecnodependiente y consumista. Pero estoy convencido de que podemos cambiar el futuro.

Según la Organización de las Naciones Unidas es necesario resolver los problemas de pobreza, hambre, salud, educación, agua, energía y medioambiente para asegurar nuestro futuro como sociedad en este planeta. ¿Cuáles tendrían que ser las mayores empresas del mundo para asegurar nuestro futuro?

Uno de los mayores desafíos para mí al escribir este libro fue conseguir abrir el panorama de la tecnología. Normalmente, cuando las personas escuchan la palabra «tecnología» piensan en aplicaciones, *smartphone, software,* computadoras, y, claro, inteligencia artificial, que está de moda, pero se nos olvida que vivimos rodeados de muchas otras tecnologías que impactan a nuestro planeta de forma estresante, desde el algodón de nuestra ropa, la madera de nuestros muebles, los químicos de nuestros alimentos, los plásticos de miles de productos. En fin, prácticamente todo lo que nos rodea se ve afectado por tecnología.

Por otro lado, existen tecnologías que implican un riesgo del cual no estamos conscientes, donde estamos cambiando las reglas de la física, la química, la biología, de la naturaleza, transformando nanopartículas, modificando células, que posteriormente son aplicadas a diversas soluciones tecnológicas que terminarán por estar dentro de nuestro cuerpo, del de otro ser vivo o simplemente en el planeta impactando el equilibrio que le da sustentabilidad.

Pero, ante todo, el mensaje de este libro no es sobre los riesgos de la tecnología. Es sobre los riesgos de la no intervención en la dirección que sigue la tecnología y que sin importar que su desarrollo está fuera del alcance de nuestra vista debemos tomar sus riendas para resolver de forma prioritaria desafíos como los objetivos de desarrollo sostenible de la Agenda 2030.

Todos los productos que nos rodean tienen por detrás procesos y tecnologías que tenemos que saber cuál es su impacto social y ambiental, principalmente aquellos que están detrás de nuestros alimentos o medicamentos, pero como ya señalé, todas y cada una de las tecnologías existentes, tengan mayor o menor relación con nosotros, no están exentas de afectar el planeta.

Tenemos obligación de facilitar el acceso a la información del impacto de todo aquello que la tecnología genera, tenemos el derecho de acceder a toda la información del impacto de las tecnologías contenidas en las solicitudes de patentes y tenemos la responsabilidad de educar a la sociedad para que pueda tener capacidad de entender, discernir y elegir sobre la tecnología que queremos para el futuro y el futuro que queremos construir con la tecnología.

Es imprescindible agregar otro elemento a la concesión legal de las patentes, hoy día sujetas al cumplimiento de los aspectos de producción inventiva, novedad y demostrable, se debe incluir su impacto.

Es imprescindible que si bien no sea un aspecto regulador, es decir, determine su otorgamiento, se una condicionante la inclusión de esta información de cara a la transparencia para la sociedad.

Resulta complejo integrar como factor la ética, una vez que esta no la entendemos como algo universal, sin embargo, los organismos de ética internacionales deben tener mayor peso y estar alineados de forma internacional, ya sea desde la ONU o la OMPI o cualquier otro identificado como apto para tal responsabilidad. Y deberá ser obligación de quien cree tecnología la mayor transparencia para la posible intervención y regulación por parte de este organismo.

Tenemos la responsabilidad de saber en qué tecnologías están invirtiendo las empresas, las universidades, los centros de investigación, sean públicos o privados, y cuáles son las posibles aplicaciones positivas y negativas de esas tecnologías, y exigir la legislación necesaria para reducir los riesgos e impacto de la tecnología.

Nunca antes fue tan importante el sistema de patentes como ventana que permite transparentar la tecnología que estamos desarrollando por todo el mundo y tener una mayor participación en la definición del futuro de la tecnología, de su aplicación y, por tanto, del futuro de nuestra sociedad y del planeta.

Este libro trata principalmente de explicar que la revolución más importante es la revolución humana, centrada en el cambio de las personas para la construcción de un mundo en equilibrio. Trata también de la urgente necesidad de humanizar la tecnología.

El cambio está en cada uno de nosotros. Aunque no es fácil, tenemos que enfrentarlo y sumarnos a la próxima gran revolución. Ya que, de no tomar las decisiones correctas hoy, quizás sea la última revolución que este planta soporte.

Enlaces de interés

https://sdgs.un.org/goals

https://chasingthepresent.com/

https://www.youtube.com/watch?v=j6FROLKtD1Q

https://www.heforshe.org/es

https://hoperevolution.earth/

https://stats.oecd.org/

https://openai.com/about

https://egov.org.in/about-us/

https://www.municipiumapp.it/#servizi-per-il-comune

https://www.maggioli.com/

https://unearthodox.org/

https://impacthub.net/

https://unearthodox.org/2022/09/the-future-of-conserva-tion-ngos-innovation-challenge-winning-ideas/

https://www.humannature-places.com/

https://www.kyklos.cl/

https://www.clubofrome.org/

https://www.wecaninternational.org/

https://www.lentreprisesymbiotique.com/

https://www.u-school.org/

https://ethic.es/

https://seas.harvard.edu/active-learning-labs

https://www.innerdevelopmentgoals.org/

https://29k.org/

https://www.bancomundial.org/es/news/immersive-story/2019/01/22/pass-or-fail-how-can-the-world-do-its-homework

https://news.un.org/es/

https://openknowledge.worldbank.org/server/api/core/bitstreams/0ddd65d5-acd9-5267-9de3-1a178482dd1e/content

https://www.unicef.org/media/117626/file/Where%20are%20we%20in%20Education%20Recovery?.pdf

https://www.foundation29.org/#thefoundation

https://www.lavozdegalicia.es/noticia/sociedad/2023/04/11/nacen-cuatro-ratones-creados-laboratorio-solo-celulas-ma-dre-dos-machos/00031681224587962389726.htm#:~:tex-t=Los%20han%20creado%20en%20un,nacieron%20en%20septiembre%20de%202021.

https://space10.com/project/urban-village-project/

https://www.cepal.org/sites/default/files/publication/files/5080/S00080715_es.pdf

https://blogs.iadb.org/ciudades-sostenibles/es/acciones-reducir-deficit-vivienda-activos-publicos/

https://blogs.iadb.org/ciudades-sostenibles/es/problema-de-vivienda/

https://home.kleverness.com/

http://www.opdainvestment.com/

https://www.calearth.org/

https://forbes.es/listas/259195/lista-forbes-ricos-mundo-2023/

https://www.yunussb.com/funds/portfolio?sector=Agriculture+%26+Livelihoods

https://www.yunussb.com/portfolio/eatcloud

https://doughnuteconomics.org/

https://ec.europa.eu/eurostat/statisticsexplained/index.php?title=Housing_statistics/es&oldid=498645#Asequibilidad_de_la_vivienda

https://marianamazzucato.com/

https://time.com/5930093/amsterdam-doughnut-economics/

https://www.youtube.com/watch?v=Rhcrbcg8HBw

https://www.indexmundi.com/map/?v=81&l=es

https://unesdoc.unesco.org/ark:/48223/pf0000373434_spa

https://unesdoc.unesco.org/ark:/48223/pf0000381137_spa

https://vetromas.cl/

https://franciscoactivista.com/

https://oerestadgym.dk/

https://www.fundaciontelefonica.com/cultura-digital/publicaciones/476/

https://826valencia.org/

https://doorstepschool.org/

https://www.barefootcollege.org/

https://profuturo.education/

https://es.khanacademy.org/

https://www.42madrid.com/

https://redcrossmuseum.ch/

https://museudoamanha.org.br/

https://nicpennington.wixsite.com/glampingdoze

https://yonisurfboards.com/

https://holmgren.com.au/

https://www.fermedubec.com/

https://www.biodynamics.com/es

https://demeter.net/

https://www.jamieoliver.com/features/food-revolution/

https://www.wfp.org/

https://www.futoority.com/

https://www.eatcloud.com/

https://metals.co/

https://hoperevolution.earth/

https://transitionnetwork.org/

https://www.karmafilms.es/peliculas/manana/

https://www.worldwildlife.org/

https://rebellion.global/

https://4401.earth/

https://asobio.org/

https://www.uber.com/es/es-es/elevate/

https://media.ford.com/content/fordmedia/fna/mx/es/news/2017/
07/13/ford-gobike--la-bicicleta-compartida-creada-por-ford-en-co-
labora.html

https://es-es.segway.com/

https://www.thefutureisneutral.com/

https://greenbioenergy.org/

https://overshoot.footprintnetwork.org/

https://www.forceofnature.xyz/

https://www.printemps-ecologique.fr/

https://daocracy.world/fr/

https://www.youtube.com/c/QallOut

https://mixmind.netlify.app/

https://marianamazzucato.com/books/mission-economy

https://www.theperspective.com/

https://egov.org.in/

https://opengov.com/about/

https://www.maggioli.com/es-es

https://temtum.com/tum

https://solana.com/es

https://getfairplay.com/

https://cycleconnect.org/

https://cycleconnect.org/

https://www.lentreprisesymbiotique.com/

https://www.kernel.com/

https://neuralink.com/patient-registry/

https://synchron.com/

https://neuralink.com/patient-registry/

https://meatable.com/

https://metals.co/products/

https://www.un.org/sustainabledevelopment/es/2015/09/la-asam-blea-general-adopta-la-agenda-2030-para-el-desarrollo-sostenible/

https://www.unesco.org/en/ethics-science-technology/comest

https://www.bcg.com/press/13september2022-consumers-sustaina-ble-choices

https://www.linkedin.com/company/rensoriginal/about/

https://www.instagram.com/atukorg/?hl=es

https://www.bcorporation.net/en-us/

https://moxefoods.com/

https://www.empresability.org/

https://www.spglobal.com/spdji/en/indices/esg/dow-jones-sustainability-world-index/#overview

https://www.unpri.org/

https://www.netflix.com/es/title/80184771

Patente de quimeras humanas

US20030079240A1
Estados Unidos

Aplicación US10/308,135 eventos
1997-12-18 Prioridad a US99356497A
2002-12-03 Solicitud presentada por Newman
Stuart A.
2002-12-03 Prioridad a US10/308,135
2003-04-24 Publicación de US20030079240A1

CAMPO DE LA INVENCIÓN

Esta invención se refiere a animales y embriones quiméricos. Más específicamente, la invención se refiere a embriones quiméricos y animales quiméricos creados a partir de embriones humanos o células madre embrionarias (ES) y embriones o células ES de uno o más animales no humanos, que se han agregado en condiciones en las que se forma un embrión viable. Los embriones quiméricos son embriones derivados de células cuyo origen está en dos especies diferentes, o en dos cepas o genotipos diferentes de una misma especie. Los animales quiméricos son cualquier animal resultante del desarrollo de embriones quiméricos. La disponibilidad de embriones quiméricos y animales que contengan células humanas facilitará el estudio del desarrollo celular humano, mejorará nuestra capacidad para ensayar y desarrollar nuevas terapias y avanzará en el estudio del trasplante de órganos y tejidos.

Será evidente para los expertos en la materia que se pueden realizar modificaciones y variaciones en el método de formación de embriones quiméricos y animales quiméricos, y en los tipos particulares de embriones quiméricos y animales que se forman, sin apartarse del alcance o espíritu de la invención. Por ejemplo, en las realizaciones analizadas en esta solicitud, se identifican varias metodologías y cuatro puntos finales específicos. Numerosas metodologías adicionales y numerosos puntos finales adicionales son posibles. A modo de ejemplo, actualmente se están investigando métodos alternativos y es posible que en el futuro se desarrollen, que permitan la formación de un embrión o animal quimérico. Además, la variedad de modelos de investigación está limitada únicamente por la creatividad e imaginación del investigador. Por lo tanto:

1. Ratón quimérico/embriones humanos para estudios en biología del desarrollo.
    Los blastómeros humanos o de ratón agregados con blastómeros o células ES de otras especies se almacenarán congelados para su uso en estudios experimentales de desarrollo

embrionario. Estas dos especies son fisiológica y anatómicamente diferentes debido a su distancia filogenética dentro de la categoría de mamíferos. Por lo tanto, se espera que las quimeras de sus células embrionarias se desarrollen cooperativamente solo en un grado limitado *in vitro* o, si se implantan en madres adoptivas de ratones, en el útero. No obstante, la medida en que dichas células pueden cooperar en la formación de un embrión es de gran interés para los científicos que trabajan en el campo de la biología del desarrollo. La oportunidad de aumentar la capacidad de dichas quimeras para experimentar un mayor desarrollo mediante la introducción en los blastómeros de una especie de genes derivados de la otra especie o alternativamente:

2. Embriones quiméricos de babuino/humano o chimpancé/ humano para ensayos de toxicología del desarrollo.
Se espera que las quimeras de blastómeros de primates humanos y no humanos o blastómeros y células ES progresen al menos hasta las etapas fetales de desarrollo, en virtud del hecho de que estas especies son fisiológica y anatómicamente similares y filogenéticamente cercanas dentro de la categoría de mamíferos. Dichos embriones se pueden construir para que contengan menos del 50% de células humanas y se puede permitir que se desarrollen *in vitro o en el útero en madres adoptivas de primates. Este sistema sería de gran utilidad para las compañías farmacéuticas y los fabricantes de productos químicos que deseen determinar la teratogenicidad y la toxicidad del desarrollo de compuestos en desarrollo para uso médico, industrial o de consumo. Los embriones en desarrollo pueden estar expuestos a fármacos o compuestos químicos a través del medio de cultivo de tejidos o de la circulación materna y los efectos sobre el resultado del*

desarrollo pueden evaluarse morfológica e histológicamente. Es de particular interés determinar si los tejidos de origen humano tenían una susceptibilidad diferencial a los compuestos de prueba. El estado no humano de los embriones de primates quiméricos los convertiría en un sistema de ensayo particularmente favorable para estos fines.

3. Quimeras chimpancé/humano para estudios de fisiología cardiovascular.

   Los embriones quiméricos de chimpancé/humano pueden gestarse en madres adoptivas de chimpancé o humanas. Aquellos organismos que progresan a la etapa fetal pueden usarse como fuente de corazones para estudios fisiológicos de los efectos del estrés ventricular en la degradación y reparación de proteínas cardíacas *in vitro*. Pueden evaluarse los efectos diferenciales sobre los componentes humanos y no humanos de los corazones quiméricos. Esto proporcionará datos importantes, que antes no se podían obtener con tejidos humanos, sobre el daño cardíaco y proporciona un sistema para la evaluación de fármacos que podrían proteger contra el daño tisular en condiciones de estrés, como la hipertensión. Si las incompatibilidades de desarrollo entre los blastómeros de chimpancés y humanos o las células ES pueden superarse experimentalmente, estos fetos quiméricos podrían llegar a término.

4. Quimeras chimpancé/humano y cerdo/humano como fuente de corazones para trasplante a pacientes cardíacos.

   A medida que se superen las barreras para la compatibilidad del desarrollo entre los chimpancés y los humanos —como ya lo han hecho las ovejas y las cabras, parientes más distantes—, será posible llevar a término las quimeras entre estas especies. Los corazones de estas quimeras pueden usarse en trasplantes médicamente indicados con la expectativa relativamente alta de que no serán rechazados por el huésped humano, como inevitablemente lo han sido los xenotrasplantes de corazones de babuinos a humanos. La posibilidad de usar blastómeros de embriones humanos donados junto con células madre embrionarias de chimpancé puede obviar las posibles dificultades asociadas con la escasez de chimpancés. De hecho, como se describió anteriormente, eventualmente será posible producir quimeras que se deriven completamente de células ES. Actualmente, los cerdos se crían y utilizan para el xenotrasplante de corazones a pacientes cardíacos humanos, ya que se reconoce que los corazones de los cerdos son anatómica y fisiológicamente similares a los corazones humanos. Ahora se está intentando la ingeniería genética de la línea germinal de los cerdos para reducir el rechazo inmunitario de los corazones, pero con un éxito limitado. Usando la invención descrita aquí, eventualmente será posible llevar a término quimeras de cerdos/humanos y así tener una fuente no humana de corazones que contienen algo de tejido humano y es más probable que sean tolerados por pacientes humanos que corazones de puramente no humanos. Origen humano, pero con un éxito limitado. Usando la invención descrita aquí, eventualmente será posible llevar a término quimeras de cerdos/humanos y así tener una fuente no humana de corazones que contienen algo de tejido humano y es más probable que sean tolerados por pacientes humanos que corazones de puramente no humanos. Origen humano, pero con un éxito limitado. Usando la invención descrita aquí, eventualmente será posible llevar a término quimeras de cerdos/humanos y así tener una fuente no humana de corazones que contienen algo de tejido humano y es más probable que sean tolerados por pacientes humanos que corazones de puramente no humanos. Origen humano.

Estos ejemplos no pretenden ser una lista exhaustiva de realizaciones de esta invención. Será evidente para los expertos en la técnica que se pueden realizar diversas modificaciones y variaciones en la creación de embriones quiméricos y animales quiméricos de la presente invención sin apartarse del alcance o espíritu de la invención. Por ejemplo, en las realizaciones mencionadas anteriormente, se pueden realizar varios cambios en los tipos de células huésped o donantes o en el origen de esas células sin apartarse del alcance y el espíritu de la invención. Además, puede ser apropiado realizar modificaciones o cambios adicionales en el cultivo y la propagación de estos embriones quiméricos y animales quiméricos sin apartarse del alcance de la invención. Por lo tanto:

Reclamaciones

Un embrión quimérico que comprende células de una primera y una o más segundas especies animales, en el que dicha primera especie animal es humana, en el que dicha segunda especie animal no es humana y en el que dicha segunda especie animal no es un primate.

https://patents.google.com/patent/US20030079240

450

Derechos de autor y propiedad intelectual

El contenido de este libro se sustenta en las opiniones, análisis, experiencia y conocimiento del autor. Las personas citadas fueron previamente consultadas para incluir sus nombres, así como las experiencias u opiniones relatadas.

Los datos proporcionados son analizados y plasmados por el autor con objetivo de contextualizar al lector. Cualquier ambigüedad o error no deberá ser considerado intencional una vez que el único fin de ellos es dimensionar o contextualizar al lector sobre el tema sin que estos hagan parte estructural de las opiniones del autor en este libro.

Las metodologías presentadas han sido desarrolladas por el autor en su trayecto profesional y son de su única e individual autoría.

Los títulos de películas o nombres de personalidades públicas son considerados información de dominio público y se utilizan únicamente para contextualizar al lector, sin que estos hagan parte fundamental de las opiniones, conceptos, ideas o análisis del contenido principal de libro. Por lo tanto, no considera una violación a ningún derecho intelectual, de identidad o de información de datos.

Sobre el autor

Jorge Illich Carpinteyro Espinosa se forma en Diseño Industrial, con máster en Diseño, Gestión y Desarrollo de Nuevos Productos y estudios en Economía.

Inicia en su experiencia profesional en México en 1994 como consultor en Gestión del Desarrollo de Productos y a nivel internacional en 2001 en el Desarrollo de Escenarios Futuros en el sector automóvil en Milán, Italia.

Desde entonces ha creado una amplia experiencia internacional en gestión de desarrollo de nuevos productos, gestión de innovación, gestión de conocimiento, desarrollo de escenarios futuros, análisis tendencias, comportamiento de mercado y actitudes de consumo, planeación estratégica, transferencia de tecnología y gestión estratégica de activos intangibles, patentes, desarrollo tecnológico, propiedad intelectual y desarrollo sustentable.

Nacido en México, ha vivido desde 2001 en Europa y desempeñado su trabajo en Europa, África y América Latina como consultor de Gobiernos y empresas. Principalmente, en proyectos financiados por multilaterales como BID, CAF, World Bank y CE, EuropeAid. Cuenta con experiencia en diversos sectores como agro, alimentos, química, construcción, TIC, movilidad, banca, farma, *fintech* y energía.

Ha desarrollado diversas metodologías como la matriz de apropiación tecnológica, la matriz de monetización de activos intangibles, la matriz de codesarrollo tecnológico y el modelo *patent thinking*, lo que le ha permitido ser reconocido como uno de los 300 mejores profesionales del mundo en la gestión de la propiedad intelectual por Leaders League y IAM.

Hoy día centra su trabajo en el desarrollo de *startups deep tech* de impacto y ha sido reconocido como uno de los mejores quinientos profesionales de la responsabilidad social y sustentabilidad en LATAM.

https://www.linkedin.com/in/jorge-illich-carpinteyro-e-b805189/

www.jorgecarpinteyro.com

Índice